工业和信息化普通高等教育"十三五"规划教材立项项目

21 世纪高等学校计算机规划教材

21st Century University Planned Textbooks of Computer Science

计算机应用基础教程

Fundamentals of Computers

万家华 程家兴 主编

徐梅 贺爱香 王美荣 刘丽 陈岩 副主编

U0277668

高校系列

人民邮电出版社

北京

图书在版编目（CIP）数据

计算机应用基础教程 / 万家华，程家兴主编. —— 北京：人民邮电出版社，2020.9（2022.7重印）

21世纪高等学校计算机规划教材

ISBN 978-7-115-54279-3

Ⅰ．①计… Ⅱ．①万… ②程… Ⅲ．①电子计算机－高等学校－教材 Ⅳ．①TP3

中国版本图书馆CIP数据核字(2020)第107173号

内 容 提 要

本书参考教育部高等学校大学计算机课程教学指导委员会发布的《大学计算机基础课程教学基本要求》中提出的大学计算机基础课程"一般要求"和安徽省计算机等级考试大纲要求进行组织编写，其内容包括计算机基础知识、Windows 操作系统、Office 2010 办公软件、网络基础知识、多媒体技术、程序设计基础与常用工具软件。全书注重理论与实践相结合，侧重应用、通俗易懂、案例丰富、实用性强。为了方便教与学,本书另配套一本实验教程,同时提供相应课件、MOOC 视频等资源,是一本立体化教材。

本书可作为应用型本科院校、高职院校的计算机基础课程教学教材,同时可以作为国家计算机等级考试（一级）和安徽省计算机水平考试（一级）的参考用书,也可供广大读者自学参考。本书是安徽省一流教材项目（项目编号：2018yljc019）的建设成果。

◆ 主　　编　万家华　程家兴

　　副 主 编　徐　梅　贺爱香　王美荣　刘　丽　陈　岩

　　责任编辑　刘　博

　　责任印制　王　郁　陈　犇

◆ 人民邮电出版社出版发行　　北京市丰台区成寿寺路 11 号

　　邮编　100164　电子邮件　315@ptpress.com.cn

　　网址　https://www.ptpress.com.cn

　　涿州市京南印刷厂印刷

◆ 开本：787×1092　1/16

　　印张：18.25　　　　　　　2020 年 9 月第 1 版

　　字数：435 千字　　　　　2022 年 7 月河北第 3 次印刷

定价：49.80 元

读者服务热线：(010)81055256　印装质量热线：(010)81055316
反盗版热线：(010)81055315
广告经营许可证：京东市监广登字 20170147 号

前　　言

随着高等教育从传统的精英型向大众型转变，应用型人才成为大多数高校的培养目标。根据教育部高等学校大学计算机课程教学指导委员会发布的《大学计算机基础课程教学基本要求》，并结合计算机技术发展的实际情况，为了更好地满足应用型人才培养目标的需要，适应信息技术的快速发展，本书把读者需要熟练掌握的计算机基本应用方法作为重点。在软件版本方面，本书选用当前比较成熟的 Windows 7 操作系统和 Office 2010 办公软件。为了提高读者的学习兴趣，本书增加了实践练习在教材中的比重，并设计了相关例题。为了方便读者学习，本书还提供了丰富的学习资源，读者可以自行扫码学习。

本书共 9 章。第 1 章主要介绍计算机的诞生、发展和主要应用范围，冯·诺依曼结构计算机的系统组成及常用的微型计算机的系统组成，不同数制之间的转换规则和计算机中字符的编码规则，同时简要介绍计算机技术的新发展、计算机文化和计算思维。第 2 章主要介绍 Windows 7 操作系统及其基本操作方法，同时简要介绍一些其他操作系统。第 3 章主要介绍 Word 2010 的基本操作方法。第 4 章主要介绍 Excel 2010 的基本操作方法。第 5 章主要介绍 PowerPoint 2010 的基本操作方法。第 6 章主要介绍计算机网络的定义、功能、分类、体系结构、协议、硬件、局域网、Internet 常用服务等。第 7 章主要介绍多媒体概念及相关技术等。第 8 章主要介绍程序设计的基本概念、一般过程、方法以及常用的程序设计语言等。第 9 章主要介绍一些常用的工具软件的安装及使用。

为了方便读者的学习，本书配套《计算机应用基础实验教程》，还提供与本书内容相配套的练习软件及教学课件。如果读者有这方面的需要，请与我们联系（349826355@qq.com）。

本书由万家华、程家兴担任主编。第 1 章由程家兴、徐梅编写，第 2 章由万家华、徐志红编写，第 3 章由蔡庆华、王美荣编写，第 4 章由贺爱香、陈岩编写，第 5 章由陈岩、徐梅编写，第 6 章由陈岩、万家华编写，第 7 章由徐志红、贺爱香编写，第 8 章由徐梅、蔡庆华编写，第 9 章由王美荣、陈岩编写。全书由万家华、程家兴修改、统稿。郭元、胡晓天、沈娟等人也为本书的编写及修改做了大量的工作。在本书的编写过程中，许多专家及同行给予了指导与帮助。在此，一并向他们表达诚挚的谢意。

限于编者水平，书中难免存在疏漏和不足之处，恳请读者批评指正。

编　者

2020 年 4 月

目　　录

第1章
计算机基础知识

计算机是一门科学，同时也是一种能够按照指令，对各种数据和信息进行自动加工和处理的电子设备，因此，掌握以计算机为核心的信息技术的一般应用，已成为各行业对从业人员的基本素质要求之一。本章将主要介绍计算机的诞生、发展和主要应用范围；介绍冯·诺依曼结构计算机的系统组成及常用的微型计算机的系统组成；讲解计算机中不同数制之间的转换规则和计算机中字符的编码规则；介绍计算机技术的新发展，以及计算机文化和计算思维。

【知识要点】
- 计算机的诞生和发展。
- 计算机的主要应用范围。
- 冯·诺依曼结构计算机及计算机系统构成。
- 计算机零部件组成。
- 各种数制之间的转换。
- 计算机中字符的编码规则。
- 计算机新技术。
- 计算机文化及计算思维。

1.1 计算机的发展和应用

1.1.1 计算机的诞生及发展

电子数字计算机(Electronic Numerical Computer)简称计算机，它是一种能自动、高速、精确地进行信息处理的电子设备，俗称电脑，是20世纪人类最伟大的发明之一，它的出现使人类迅速步入了信息社会。

计算机的由来
与发展

1. 计算机的起源

人类为什么要发明计算机？追踪现代计算机的起源，究其原因主要是为了计算。在原始时期人们主要通过手指、结绳、石子等进行数字计算，但速度很慢，比如祖冲之利用算筹棍耗费15年心血，才把圆周率计算到小数点后7位。历史记载，一千多年后，英国人香克斯以毕生精力把圆周率计算到小数点后 700 位。但是实际应用中计算时间长有时会失去意义，比如气象预报需要分析大量资料，如果用手工计算，需要较长时间，则失去了预报的意义。因此从数学产生之日，人类就不断地寻求更方便的计算方式，同时也不断寻找能加速计算的工具，计算工具的演变也经历了漫长的发展过程。

中国人在计算技术和计算工具的发展中有过杰出的贡献。早在春秋战国时期，我国就有了人工制成的小棒来计数的"算筹"，如图 1.1 所示。它是世界上最早的计算工具，祖冲之就是利用它将圆周率计算到了小数点后 7 位，在当时这个精度在世界上是最高的。

随着计算科学的发展，另一个计算设备——"算盘"被发明出来。算盘是在算筹的基础上发明的，它本身非常简单，一个矩形框里面固定着一组小棍，每个小棍上面又串上 7 个珠子，如图 1.2 所示。它比算筹更加方便实用，在小棍子上，通过把算法口诀化，拨动珠子上下移动来表示不同的值，从而相对提高了计算效率。正是这些珠子的位置代表了这台"计算机"所表示和存储的数据。这台"计算机"是依靠人的操作来控制算法执行的。因此，算盘自身只能算是一个数据存储系统，它必须在人的管理和操作下才能完成计算的功能。

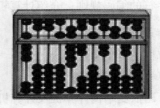

图 1.1　算筹　　　　　　　　　　　　　　图 1.2　算盘

从中世纪到近代，人们就开始探索更复杂的计算机器。在计算机家族中逐渐出现了机械计算机、电子计算机等。

到 17 世纪，商业、航海和天文学都提出了许多复杂的计算问题，一批欧洲数学家投入到了计算机的研制中，此阶段出现了一批机械计算机。

1642 年，年仅 19 岁的法国数学家帕斯卡为了协助父亲计算，利用齿轮原理，发明了第一台机械式计算机。这台计算机通过手摇的操作方式，仅能做加减法运算。但它向人类揭示了：用机械装置可以替代人的大脑进行思考和记忆，这是计算工具史上的一大发明。

30 年后，德国数学家莱布尼茨加以改良，发明了基于齿轮技术设计的可以做乘除运算的计算器。它主要利用齿轮在不同位置标识不同的数据，从齿轮的初始位置输入数据，通过观察齿轮的最终位置得到最终计算结果。

到 1834 年，英国科学家查尔斯·巴贝奇（Charles Babbage）提出了制造自动化计算机的设想，并引进了程序控制的概念，设计了差分机和分析机。这两种机器都使用蒸汽机作为动力，而且在分析机中已经具有输入、处理、存储、输出及控制 5 个基本装置的构思。这台分析机不仅可以做数值运算，还可以做逻辑运算，同时它还可以把计算的结果打印在纸上，从而杜绝了抄写结果可能出现的错误。它的设计思想已经具有现代计算机的概念。由于当时的技术和工艺所限，实际机器并没有能制造出来，但它正是现代计算机的雏形，这些构思，已成为今天计算机硬件系统组成的基本框架。

随着 20 世纪初期电子技术的进步，1944 年美国数学家艾肯（Aiken，Howard Hathaway）博士发现了查尔斯·巴贝奇的论文，在 IBM 的支持下，他和一组 IBM 工程师在哈佛大学用机电方式而不是纯机械方法来实现巴贝奇分析机的想法，先后制造了 MARK I、MARK II 和 MARK III 电子计算机。

这之后，计算机技术开始沿着两条路发展：一条是各种机械式计算机的发展道路，另一条是以继电器作为计算机电子元件的发展道路。

2. 第一台通用电子计算机的产生

1946 年 2 月，在美国宾夕法尼亚大学研制成功了世界上第一台大型电子数字积分器和计算器（Electronic Numerical Integrator And Calculator，ENIAC），这就是人们常常提到的世界上第一台通用电子计算机，如图 1.3 所示。ENIAC 的主要元件是电子管，共使用了 18000 多只电子管、1500 多个继电器、70000 多个电阻和 10000 多个电容，耗电 150kW，占地面积约为 170m^2，重 30t，每秒能完成 50000 次加法运算、300 多次乘法运算，是一个十足的庞然大物。

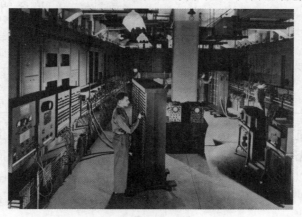

图 1.3　ENIAC 计算机

但这台计算机也存在着很多严重的缺点，它的计算程序是通过"外接"线路实现的，没有采用"程序存储"方式。而且，成本很高，电子管体积大，又常发生故障，使用不便。

针对 ENIAC 设计过程中的问题，1945 年 3 月美籍匈牙利数学家冯·诺依曼和莫尔小组通力合作，共同起草报告并提出了制造离散变量自动电子计算机（Electronic Discrete Variable Automatic Computer，EDVAC）的新思想，率先提出了计算机应采用"二进制"代码表示数据指令和"程序存储"原理，计算机由 5 个部分组成，即运算器、控制器、存储器、输入设备和输出设备，程序由指令组成，并和数据一起存放在存储器中，机器一旦运行，就能按照逻辑顺序把指令从存储器中读出来，逐条执行，自动完成程序所描述的处理工作。这是计算机与一切其他计算工具的根本区别。

1951 年 EDVAC 开始正式运行，它的运行速度是 ENIAC 的 240 倍。直到今天，无论是什么规模的计算机，其基本结构仍依照冯·诺依曼提出的基本原理，因而被称为冯·诺依曼型计算机。EDVAC 被认为是现代计算机的原型，冯·诺依曼也被誉为"现代电子计算机之父"。

3. 现代电子计算机的发展

从 ENIAC 在美国诞生以来，现代计算机技术在半个多世纪的时间里获得了惊人的发展。从硬件角度来看，自第一台计算机出现至今，计算机的发展经历了 4 代，如表 1.1 所示。

表 1.1　　　　　　　　　　　　　　　计算机发展的 4 个阶段

阶段	划分年代	采用的元器件	运算速度（每秒指令数）	主要特点	应用领域
第一代计算机	1946—1957 年	电子管	几千条	内存采用磁芯，外存采用磁带。体积庞大、耗电量大、运行速度低、可靠性较差、内存容量小，输入 / 输出装置主要采用穿孔卡；采用机器语言编程，即用 "0" 和 "1" 来表示指令和数据	国防及科学研究工作
第二代计算机	1958—1964 年	晶体管	几万 ~ 几十万条	内存采用磁芯，外存采用磁盘，存储器容量有较大提高；开始使用高级程序及操作系统，运算速度提高、体积减小	工程设计、数据处理
第三代计算机	1965—1970 年	中小规模集成电路	几十万 ~ 几百万条	内存采用半导体存储器，外存采用大容量磁盘。集成度高、功能增强、价格下降；系统软件与应用软件迅速发展，出现了分时操作系统和会话式语言；在程序设计中采用了结构化、模块化的设计方法	工业控制、数据处理
第四代计算机	1971 年至今	大规模、超大规模集成电路	上千万 ~ 万亿条	内存采用高集成度的半导体，外存采用磁盘、光盘等，性能大幅度提高，软件也越来越丰富，为网络化创造了条件。同时计算机逐渐走向人工智能化，并采用了多媒体技术，具有听、说、读和写等能力	工业、生活等各个方面

前人对机械计算机不断探索与研究，不断追求计算的机械化、自动化和智能化，不断思考如何能够自动存取数据，如何能够让机器像人一样思考？这些探索逐渐推动着计算机可以理解和执行复杂程序，可以进行任意形式的计算，如数据计算、逻辑推理、图形图像处理变换、数据挖掘与分析、人工智能与问题求解等，计算机解决问题的能力也在不断提高。

4. 计算机的分类

科学技术的迅速发展带动了计算机类型的不断分化，形成了各种不同种类的计算机。不同的工作应用需要不同类型的计算机支持，例如，处理天气预报和设计一个办公大楼外形图所需要的计算环境和计算机类型就相差甚远，前者通常需要高性能计算机，而后者用微型计算机就可以处理。因此我们首先就需要了解计算机的分类。计算机的种类非常多，划分的方法也有很多种。

按照计算机的用途，可以将计算机分为专用计算机和通用计算机两种。其中，专用计算机是指为适应某种特殊需要而设计的计算机，如计算导弹弹道的计算机等。因为这类计算机都增强了某些特定功能，而忽略了一些次要要求，所以有高速度、高效率、使用面窄和专机专用的特点。通用计算机广泛适用于一般科学运算、学术研究、工程设计和数据处理等领域，具有功能多、配置全、用途广和通用性强等特点，目前市场上销售的计算机大多属于通用计算机。

按照所使用的信号，可以将计算机分为电子模拟计算机和电子数字计算机，通常我们所说的计算机就是指电子数字计算机，它是现代科学技术发展的结晶，特别是微电子、光电、通信等技术以及计算数学、控制理论的迅速发展带动计算机不断更新。

按照计算机的性能、规模和处理能力，可以将计算机分为巨型计算机、大型计算机、中型计算机、小型计算机和微型计算机 5 类，具体介绍如下。

- 巨型计算机。巨型计算机（见图 1.4）也称超级计算机或高性能计算机，是速度最快、处理能力最强的计算机，是为少数部门的特殊需要而设计的。通常，巨型计算机多用于国家高科技领域和尖端技术研究，是一个国家科研实力的体现，现有的超级计算机的运算速度大多可以达到每秒数亿亿次以上。2018 全国高性能计算学术年会揭晓了中国高性能计算机 TOP100 排行榜，夺得第一名的是神威·太湖之光，第二名为天河二号，第三名为天河一号。

- 大型计算机。大型计算机（见图 1.5）也称大型主机，其特点是运算速度快、存储量大和通用性强，主要针对计算量大、信息流通量多、通信能力高的用户，如银行、政府部门和大型企业等。目前，生产大型主机的公司主要有 IBM 等。

图 1.4　巨型计算机

图 1.5　大型计算机

- 中型计算机。中型计算机的性能低于大型计算机，其特点是处理能力强，常用于中小型企业和公司。
- 小型计算机。小型计算机是指采用精简指令集处理器，性能和价格介于微型计算机服务器和大型计算机之间的一种高性能 64 位计算机。小型计算机的特点是结构简单、可靠性高和维护费用低，常用于中小型企业。随着微型计算机的飞速发展，小型计算机最终被微型计算机取代的趋势已非常明显。
- 微型计算机。微型计算机简称微机，是应用最普及的机型，占了计算机总数中的绝大部分，而且价格便宜、功能齐全，被广泛应用于机关、学校、企事业单位和家庭中。微型计算机按照结构和性能可以划分为单片机、单板机、个人计算机（PC）、工作站和服务器等，其中个人计算机又可分为台式计算机和便携式计算机（如笔记本电脑）两类，分别如图 1.6 和图 1.7 所示。

图 1.6　台式计算机

图 1.7　笔记本电脑

5. 计算机的发展趋势

从计算机的发展历史来看，计算机的体积越来越小、耗电量越来越小、速度越来越快、性能越来越佳、价格越来越便宜、操作越来越容易。

未来计算机的发展趋势可以用"四化"来概括，即呈现出巨型化、微型化、网络化和智能化4个趋势。它们代表了在现有电子技术框架内和现有体系结构的模式下，计算机硬件和软件技术的发展方向。

（1）巨型化。

巨型化不是指计算机的体积逐步增大，而是指计算机的计算速度更快、存储容量更大、功能更强大和可靠性更高。巨型化计算机的应用范围主要包括天文、天气预报、军事和生物仿真等，

图 1.8 神威·太湖之光

这些领域需要进行大量的数据处理和运算，这需要性能强的计算机才能完成。相对于第一代计算机，当时运算速度仅在每秒数千个操作的量级上，能存储数十个数，而新一代巨型计算机运算速度在每秒亿亿次以上。例如，图 1.8 所示为我国自行研制的神威·太湖之光高性能计算机，全球首个理论性能达到 10 亿亿次的超级计算机，登顶国际 TOP500 榜首。它的诞生标志着我国的高性能计算技术已经迈入世界前列。

（2）微型化。

世界上第一台通用电子计算机 ENIAC 是一个庞然大物，然后从电子管计算机到晶体管计算机，再随着超大规模集成电路的进一步发展，计算机的体积越来越小，当计算机主机能够纳入一个小的机箱时，称为微型计算机。现在看来，计算机体积变小的过程并没有就此终结，个人计算机将更加微型化。随后出现的笔记本电脑、手持计算装置等机器的体形更加精巧，体积小巧的计算机便于携带、支持移动计算，能够突破地域的限制、拓展计算机的用途，因此受到越来越多的用户的喜爱。

（3）网络化。

随着计算机的普及，计算机网络也逐步深入人们工作和生活的各个部分。计算机网络从局域网到城域网再到广域网和互联网，连接的计算机设备越来越多，覆盖的范围越来越广，承载的资源越来越丰富，其影响越来越大。通过计算机网络可以连接地球上分散的计算机，然后共享各种分散的计算机资源。计算机网络逐步成为人们工作和生活中不可或缺的事物，计算机网络化可以让人们足不出户就能获得大量的信息以及进行通信、网上贸易等。

（4）智能化。

智能化是指应用人工智能技术，使计算机系统能够更高效地处理问题，能够为人类做更多的事情。早期，计算机只能按照人的意愿和指令处理数据，而智能化的计算机具有类似人的智能，如能听懂人类的语言，能看懂各种图形，可以自己学习等，即计算机可以进行知识的处理，从而代替人的部分工作。未来的智能型计算机将会代替甚至超越人类某些方面的脑力劳动，人工智能促进了计算机及其他技术的发展，使计算机系统功能更强大，处理效率更高。

1.1.2　计算机的应用

在计算机诞生的初期，计算机主要应用于科研和军事等领域，负责的工作内容主要是大型的高科技研发活动。近年来，随着社会的发展和科技的进步，计算机的性能不断提高，计算机在社会的各个领域都得到了广泛的应用。计算机的应用可以概括为以下几个方面。

1. 科学计算

科学计算，即数值计算，是指完成科学研究和工程技术中提出的复杂数学问题的计算。计算机具有较高的运算速度，以往人工难以完成甚至无法完成的数值计算，计算机都可以完成，如气象资料分析和卫星轨道的测算等。目前，基于互联网的云计算，甚至可以达到每秒 10 万亿次的超强运算能力。

2. 信息和数据处理

信息是各类数据的总称。信息和数据处理，泛指数据的收集、表示、传输、存储、加工、查询等一系列动作，其应用范围涉及几乎所有领域及个人。例如，人事档案管理、学籍管理、人口普查、人才资源管理等，现在都采用计算机进行计算、分类、检索、统计等处理。

3. 实时过程控制

实时过程控制指利用计算机对生产过程和其他过程进行自动监测以及自动控制设备工作状态的一种控制方式，被广泛应用于各种工业环境中，并替代人在危险、有害的环境中作业，不受疲劳等因素的影响，可完成人类所不能完成的有高精度和高速度要求的操作，从而节省了大量的人力物力，并大大提高了经济效益。例如，由雷达和导弹发射器组成的防空控制系统、地铁指挥控制系统、自动化生产线等，都需要在计算机的控制下运行。

4. 计算机辅助技术

制造业是计算机的传统应用领域，在制造业的工厂中使用计算机可以减少工人数量、缩短生产周期、降低生产成本、提高企业效益等。计算机在制造业中的辅助技术是近几年来迅速发展的应用领域，它包括计算机辅助设计（Computer Aided Design，CAD）、计算机辅助制造（Computer Aided Manufacture，CAM）、计算机集成制造（Computer Integrated Manufacturing System，CIMS）、计算机辅助测试（Computer Aided Testing，CAT）等多个方面。

5. 多媒体应用

多媒体计算机的出现提高了计算机的应用水平，扩大了计算机技术的应用领域，计算机除了能够处理文字信息外，还能处理声音、视频、图像等多媒体信息。

6. 网络通信

网络通信是计算机技术与现代通信技术相结合的产物。网络通信是指利用计算机网络实现信息的传递功能，随着 Internet 技术的快速发展，人们可以在不同地区和国家间进行数据的传递，并可通过计算机网络进行各种商务活动。

7. 人工智能

利用计算机模拟人类大脑神经系统的逻辑思维和逻辑推理能力，使计算机能够通过"学习"积累知识，进行知识重构并自我完善。目前，人工智能主要应用在智能机器人、机器翻译、医疗诊断、故障诊断、案件侦破和经营管理等方面。

1.2　计算机系统组成

1.2.1　冯·诺依曼型计算机

1. 冯·诺依曼型计算机的基本特征

冯·诺依曼（1903—1957），美籍匈牙利人，经济学家、物理学家、数学家、发明家。1946 年，冯·诺依曼等人提出了以存储程序概念为指导的计算机设计思想，即"存储程序"原理，该思想描绘出了一个完整的计算机体系结构。这一设计思想是计算机发展史上的里程碑，标志着计算机时代的真正到来，冯·诺依曼也因此被誉为"现代计算机之父"。

尽管计算机经历了多次的更新换代，但到目前为止，就其本质面言，多数是基于冯·诺依曼提出的计算机体系结构理念，因此被称为冯·诺依曼型计算机。根据冯·诺依曼的思想，计算机的基本特征如下。

① 采用二进制数表示程序和数据。

② 能存储程序和数据，并能自动控制程序的执行。

③ 具备运算器、控制器、存储器、输入设备和输出设备 5 个基本部分，基本结构示意如图 1.9 所示。

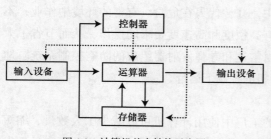

图 1.9　计算机基本结构示意图

在这个系统中，以运算器为核心，其他各个部件通过互相连接的数据线在各部件之间传送着各种数据信息和控制信息，在图 1.9 中用实线表示数据信息，用虚线表示控制信息。各个部件相互配合运行，从而使计算机实现接收输入、存储数据、处理数据、自动控制、产生输出的功能。

相对于前期的计算机，冯·诺依曼型计算机首先从运算基础着手，虽然十进制符合人们的使用习惯，但是硬件实现相对比较困难。采用二进制后，用 0 和 1 的不同组合表示所有的数据，充分发挥了电子组件高速计算的优越性。其次，它实现了将完成计算机功能的指令和计算时需要的数据一起存储，计算机不需要外部指令，而是按照自动设计好的程序进行计算，接近了人类大脑的工作方式，标志着电子计算机时代的真正开始，是电子计算机发展史上的一个里程碑，同时推动了存储程序式计算机的设计与制造。

这种体系结构使得可以根据中间结果的值改变从而改变计算过程，从而保证机器工作的完全自动化。冯·诺依曼体系结构思想对计算机技术的发展具有深远影响。70 多年来，现代计算机的结构都一直沿用存储程序式体系结构的原理。

2. 冯·诺依曼型计算机的基本部件和工作原理

按照这一设想构造的计算机应该由五大基本部件组成，计算机各个基本部件所承担的功能如下。

（1）运算器。

运算器是冯·诺依曼型计算机的核心部件，它的主要功能是进行算术及逻辑运算，所以也被称为算术逻辑部件（Arithmetic Logic Unit，ALU）。除计算外，运算器还应当具有暂存运算结果和传送数据的能力，但这一切活动都受控于控制器。

运算器每次能处理的最大的二进制数长度称为该计算机的字长（一般为 8 的整数倍）。

（2）控制器。

控制器是整个计算机的指挥控制中心，它的主要功能是用于分析指令，根据指令要求产生各种协调各部件工作的控制信号；使整个机器自动、协调地工作。控制器管理着数据的输入、存储、读取、运算、操作、输出以及控制器本身的活动。

（3）存储器。

存储器是实现"程序内存"思想的计算机部件。冯·诺依曼认为：对于计算机而言，程序和数据是一样的，都可以被事先存储。存储器用来存放控制计算机工作过程的指令序列（程序）和数据（包括计算过程中的中间结果和最终结果）。程序设计员只需要在存储器中寻找运算指令，机器就会自动计算，这样就解决了计算机需要每个问题都重新编程的问题，"程序内存储"标志着计算机自动运算实现的可能。

（4）输入设备。

输入设备用来输入程序和数据；将程序和原始数据转换成二进制字符串，并在控制器的指挥下按一定的地址顺序送入内存。

（5）输出设备。

输出设备用来将运算的结果转换为人们所能识别的信息形式，并在控制器的指挥下由机器内部输出。

计算机工作的过程实质上是执行程序的过程。程序是由若干条指令组成的，计算机逐条执行程序中的指令就可完成一个程序的执行，从而完成一项特定的工作。指令就是让计算机完成某个操作所发出的命令，是计算机完成该操作的依据。计算机执行指令一般分为两个阶段：第一阶段称为取指令周期；第二阶段称为执行周期。执行指令时，首先将要执行的指令从内存中取出送入 CPU，然后由 CPU 对指令进行分析译码，判断该指令要完成的操作，并向各部件发出完成该操作的控制信号，完成该指令的功能。一台计算机所有指令的集合称为该计算机的指令系统。计算机的程序是一系列指令的有序集合，计算机执行程序实际上就是执行这一系列指令。程序执行时，系统首先从内存中读出第一条指令到 CPU 执行，指令执行完毕后，再从内存中读出下一条指令到 CPU 内执行，直到所有指令执行完毕。因此，了解计算机工作原理的关键就是要了解指令和程序执行的基本过程，如图 1.10 所示。综上所述，计算机的基本工作原理就是计算机取出指令、分析指令、执行指令，再取下一条指令，依次周而复始地执行指令序列的过程。

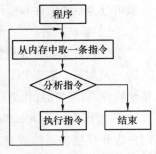

图 1.10　程序执行过程示意图

1.2.2　现代计算机系统

通常所说的计算机实际上指的是计算机系统，一个完整的计算机系统包括硬件系统和软件系统两部分。计算机硬件系统是物理上存在的实体，也就是构成计算机的各种物质实体的总和；计算机软件系统是指包括计算机正常使用所需要的各种程序和数据，只有这两者紧密地结合在一起，才能成为一个正常工作的计算机系统。

1. 硬件系统

计算机的硬件系统一般指构成计算机的物理实体，通常由运算器、控制器、存储器、输入设备和输出设备 5 部分组成，不装有任何软件的计算机称为"裸机"。在计算机系统中，各部件通过地址总线、数据总线、控制总线联系到一起，并在中央处理器（Central Processing Unit，CPU）的统一管理下协调一致地工作。各种原始数据、程序由输入设备输入到内存储器存储；在控制器的控制下逐条从存储器中取出程序中的指令，并依指定地址取出所需数据，送到运算器进行运算，运算结果存入内存储器，重复此过程，直到执行完所有指令；最终结果通过输出设备输出。

在整个过程中，程序是计算机操作的依据，数据是计算机操作的对象。其各部分联系示意如图 1.11 所示。

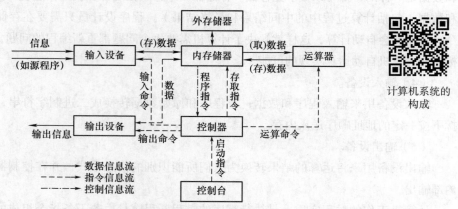

计算机系统的
构成

图 1.11　计算机硬件系统各部分联系示意图

2. 软件系统

软件是人们为了在计算机上完成某一具体任务而编写的一组程序，这些程序能告诉计算机做什么、怎么做。它是指程序、程序运行所需要的数据，以及开发、使用与维护这些程序所需要文档的集合。软件系统是指由系统软件与应用软件组成的计算机软件系统，计算机软件系统一般可分为系统软件和应用软件两大类。

（1）系统软件。

系统软件是指控制计算机的运行、管理计算机的各种资源，以及为应用软件提供支持和服务的一类软件。它是用户和裸机的接口，在系统软件的支持下，用户才能运行各种应用软件，系统软件通常包括操作系统、程序设计语言和语言处理系统等。

① 操作系统（Operating System，OS）是电子计算机系统中负责支撑应用程序运行环境以及用户操作环境的系统软件，同时也是计算机系统的核心与基石。它主要负责管理计算机中软、硬件资源的分配、调度、输入 / 输出控制和数据管理等工作，用户只有通过它才能使用计算机。典型的操作系统有 DOS、Windows XP、Windows 7、UNIX、Linux 等。

② 程序设计语言是人与计算机之间进行信息交换使用的语言。人们把自己的意图用某种程序设计语言编写成程序，并将其输入计算机，告诉它完成什么任务以及如何完成，达到计算机为人做事的目的。程序设计语言经历了机器语言、汇编语言和高级语言 3 个阶段。

- 机器语言。机器语言是机器的指令序列。机器指令是用一串 0 和 1 的二进制编码表示的，可以直接被计算机识别并执行。机器语言是面向机器的语言，与计算机硬件密切相关，针对某一类计算机编写的机器语言程序不能在其他类型的计算机中运行。机器语言的缺点是编写程序很困难，而且程序难改、难读，只适合专业人员使用。但机器语言编写的程序执行速度快，占用内存空间少。由于是直接根据硬件的情况来编制程序的，因此可以编制出效率高的程序。

- 汇编语言。为了克服机器语言的缺点，汇编语言用一些有特定含义的符号替代机器的指令作为编程用的语言，其中使用了很多英文单词的缩写，这些字母和符号称为助记符，如助记符 ADD 表示加法、SUB 表示减法等。汇编语言又称为符号语言。这些助记符易编程、可读性好、修改方便，但机器并不认识，所以需把它翻译成相对应的机器语言程序，这种翻译的过程就叫汇编。将汇编语言程序翻译成相对应的机器语言程序是由汇编程序完成的。汇编语言的每一条语句和机器语言指令一一对应，故仍属于一种面向机器的语言。

- 高级语言。为了根本改变机器语言和汇编语言带来的缺陷，使计算机语言更接近于自然语言并力求使语言脱离具体机器，从而达到程序可移植的目的，20 世纪 50 年代，高级语言出现了。高级语言是用英文单词、数学表达式等易于理解的形式书写的，并按严格的语法规则和一定的逻辑关系组合的一种计算机语言。高级语言编写的程序独立于机型，可读性好、易于维护，提高了程序设计效率。常见的过程化高级语言有 BASIC、C 语言等，针对面向对象的程序设计方法出现的可视化编程语言有 Visual Basic、Delphi、Visual C++ 等，以及计算机网络语言有 Java、C# 等。

③ 语言处理系统用来将汇编语言与高级语言翻译成计算机能够识别的机器语言。按汇编语言和各种高级语言语法规则编写的程序叫源程序。源程序通过语言处理程序翻译成计算机能够识别的机器语言程序，即目标程序。语言处理程序翻译方式有两种：编译和解释。编译是指在编写完源程序后，由存放在计算机中事先用机器语言编好的一个编译程序将整个源程序翻译成目标程序的过程。该目标程序代码经连接程序连接后形成在计算机上可执行的程序。解释则是由解释程序对高级语言逐句解释，边解释边执行，解释完后只出现运行结果而不产生目标程序。

（2）应用软件。

应用软件是由用户根据自己的工作需求，为解决各种实际问题而自行开发或者从厂家购买来完成某一特定任务的软件，如文字处理软件、表格处理软件、信息管理软件、辅助设计软件、实时控制方面的软件等。根据应用范围的不同，一般可将应用软件分为以下两类。

① 专用应用软件是指为解决专门问题而定制的软件。它按照用户的特定需求而专门开发，其应用范围窄，往往只局限于本单位或部门使用。如某高校教学管理系统、超市销售系统、铁路运行调度管理系统等。

② 通用应用软件是指为解决较有普遍性的问题而开发的软件，其可广泛应用于各领域。如办公软件包、计算机辅助设计软件、各种图形图像处理软件、电子书刊阅读软件、多媒体音乐、视频播放软件等。它们在计算机应用普及的进程中，被迅速推广流行，又反过来推进了计算机应用的进一步普及。也有一些应用软件被称为工具软件，或称实用工具软件。它们一般较小，功能相对单一，却是解决一些特定问题的有力工具，如下载软件、阅读器、杀毒软件等。

1.3 微型计算机系统组成

微型计算机系统是计算机的一种，从外形看由主机系统与外部设备组成，如图 1.12 所示。主机系统安装在主机箱内，是计算机的主要部件，包括主板、CPU、内存、硬盘、电源等。外部设备包括鼠标、键盘、显示器和打印机等，外部设备通过各种总线接口连接到主机系统。

图 1.12 微型计算机的外形

按照计算机的系统组成来分，微型计算机系统是由硬件系统和软件系统两大部分组成的，如图 1.13 所示。硬件是指物理上存在的各种设备，如计算机的机箱、显示器、键盘、鼠标、打印机及机箱内的各种电子器件或装置，它们是计算机工作的物质基础；软件是指运行在计算机硬件上的程序、运行程序所需的数据和相关文档的总称。硬件与软件是相辅相成的，硬件是计算机的物质基础，没有硬件就没有所谓的计算机；软件是计算机的灵魂，没有软件，计算机硬件的存在就毫无价值。

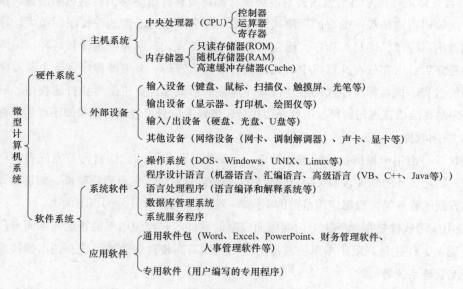

图 1.13 微型计算机系统组成

1.3.1 主板

主板（Main Board），又称为主机板、母板或系统板，是安装在机箱内最大的一块方形电路板，上面安装有计算机的主要电路系统。主板的类型和档次决定着整个计算机系统的类型和档次，主板的性能影响着整个计算机系统的性能。在主板上安装有控制芯片组、BIOS 芯片和各种输入 /

输出接口、键盘和面板控制开关接口、指示灯插接件、扩充插槽等元件。CPU、内存条插接在主板的相应插槽中，驱动器、电源等硬件连接在主板上。主板上的接口扩充插槽用于插接各种接口卡，这些接口卡扩展了计算机的功能。常见接口卡有显示卡、声卡、网卡等。现在的主板已经把许多设备的接口卡集成在上面了，如音频接口卡（声卡）、显示接口卡（显卡）、网络接口卡（网卡）、内置调制解调器（Modem）等，使用这样的主板就没有必要再另配单独的接口卡。台式计算机主板构图如图 1.14 所示。

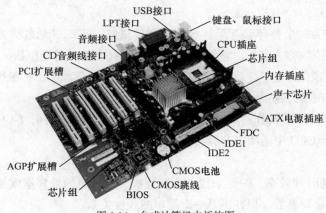

图 1.14　台式计算机主板构图

1.3.2　CPU

中央处理器（Central Processing Unit，CPU）通常也称为微处理器，安装在主板上的专用插槽内，是整个计算机系统的核心，也是计算机系统的最高执行单位，所以常被人们称作计算机的"心脏"。

CPU 负责处理、运算计算机内部所有数据，计算机上其他的所有设备都在 CPU 的控制下，有序、协调地工作。与传统的 CPU 相比，微处理器具有体积小、重量轻和容易模块化等优点。图 1.15 所示为 Intel 微处理器。

当前可选用的微处理器产品较多，主要有 Intel 公司的 Pentium 系列、DEC 公司的 Alpha 系列、IBM 和 Apple 公司的 PowerPC 系列等。在中国，Intel 公司的产品占有较大的优势。常用产品已经从 80486、Pentium、Pentium Pro、Pentium4、Intel Pentium D（即奔腾系列）、Intel Core 2 Duo 处理器，发展到目前的 Intel Core i7/i5/i3 等处理器。CPU 也从单核、双核，发展到目前常见的 4 核、6 核。

图 1.15　Intel 微处理器

微处理器主要由运算器和控制器组成，其基本结构简介如下。

1. 运算器

运算器是计算机对数据进行加工处理的核心部件。其主要功能是对二进制编码进行算术运算（加、减、乘、除等）和逻辑运算（与、或、非、异或、比较等），所以也称为算术逻辑运算单元（Arithmetic Logic Unit，ALU）。参加运算的数（称为操作数）由控制器控制，从存储器内取到运算器中。

2. 控制器

控制器是整个计算机系统的控制指挥中心。其主要负责从存储器中取出指令，并对指令进行译码，再根据指令的要求，按时间的先后顺序，负责向其他各部件发出控制信号，保证各部件协调一致地工作，一步一步地完成各种操作。控制器主要由指令寄存器、译码器、程序计数器、操作控制器等组成。

衡量 CPU 的主要性能指标有字长、主频和运算速度等。

1. 字长

在计算机中，作为一个整体参与运算、处理和传送的一串二进制数称为一个"字"，组成"字"的二进制数的位数称为字长。它指 CPU 一次性能处理的二进制位数，即 CPU 能进行多少位二进制数的并行运算，决定了计算机的精度、寻址速度和处理能力，一般情况下，字长越长，计算机精度越高，处理能力越强。

例如，微型计算机的字长先后有 8 位、16 位、32 位和 64 等多种，64 位 CPU 是指 CPU 的字长为 64 位，也表示 CPU 中通用寄存器为 64 位。

2. 主频

主频是指 CPU 的时钟频率，一般来说，主频越高，计算机的处理速度越快。因此主频是影响计算机运算速度的重要参数。但并不是一个简单的线性关系。

例如，在描述微型计算机的 CPU 时，经常见到 PIV/1.7G 之类的形式，其中"1.7G"则是 CPU 的主频，表示 1.7GHz。

3. 运算速度

运算速度是指 CPU 每秒能执行的指令条数，运算速度的单位用 MIPS（百万条指令/秒）表示。

1.3.3 存储器

在冯·诺依曼计算机体系结构中，存储器的作用无疑是实现计算机自动化的基本保证，因为它实现了"程序存储"的思想，主要用于存放计算机的程序和数据。

对于计算机存储系统，总是希望存储的容量越大越好，存取的速度越快越好，价格越低越好，但三者恰好是互相矛盾的。所以仅仅采用一种技术组成存储器是不可能同时满足这三个要求的。随着计算机技术的不断发展，一般是采用了分层次的存储器结构，把几种存储技术结合起来构成多级存储体系。

目前存储器主要由主存储器和辅助存储器两个部分构成，又分别称为内存储器与外存储器。通常，将运算器、控制器和主存储器这三大部分合称为计算机的"主机"。

1. 内存储器

内存储器（内存）是直接与 CPU 相联系的存储设备，是微型计算机工作的基础。内存容量一般为 2GB ~4GB，但运转速度非常快，存取速度可达 6ns（1ns 为十亿分之一秒），主要存放将要运行的程序和数据。

微型计算机的内存采用半导体存储器（见图 1.16），其体积小，功耗低，工作可靠，扩充灵活。CPU 工作需要的数据事先都存放在内存储器中，根据需要不断地从中取

图 1.16　微型计算机内存

出。从使用功能上分，内存储器有只读存储器（Read Only Memory，ROM）、随机存储器（Random Access Memory，RAM）和高速缓冲存储器（Cache）三类。

主存储器

RAM 就是人们通常所说的内存，RAM 中的内容可按地址随时进行存取，是一种既能读出也能写入的存储器，适用于存放经常变化的用户程序和数据。RAM 的主要特点是数据存取速度较快，但只能在电源电压正常时工作，一旦电源断电，里面的信息将全部丢失。

RAM 主要性能指标有两个：存储容量和存取速度。主板上一般有两个或 4 个内存插槽可以用于内存条的扩充，但是存储容量的上限受 CPU 位数和主板设计的限制；存取速度主要是由内存本身的工作频率决定的，目前可以达到 3200MHz。

ROM 是一种只能读出而不能写入的存储器，用来存放固定不变的程序和常数，如监控程序，操作系统中的计算机启动程序 BIOS（基本输入输出系统）等。与 RAM 相比，ROM 中存放的数据只能被读取而不能写入，ROM 也必须在电源电压正常时才能工作，但断电后信息不会丢失而会自动保存。在计算机开机时，CPU 加电并且准备执行程序，此时由于电源关闭，RAM 中没有任何的程序和数据，因此这时 ROM 就发挥了作用。

Cache 是在 CPU 与内存之间设置一级缓存 L1 或二级缓存 L2 的高速小容量存储器，集成在主板上。计算机工作时，系统先将数据通过外部设备读入 RAM 中，再由 RAM 读入 Cache 中，CPU 则直接从 Cache 中取数据进行操作。由于 CPU 处理数据的速度比 RAM 的快，为解决两者间数据处理的速度不匹配而专门设置了 Cache。

2. 外存储器

常用的外存储器（外存）有磁盘、光盘、磁带等。通过更换盘片，容量可视作无限，主要用来存放后备程序、数据和各种软件资源。但因其速度低，CPU 必须先将其中的数据调入内存，再通过内存使用其资源。

（1）磁盘。

磁盘有软盘和硬盘。软盘容量较小，一般为 1.2MB ~ 1.44MB。硬盘的容量目前已达 2TB ~ 4TB，常用的也在 500GB 以上。硬盘是计算机中利用磁记录技术在涂有磁记录介质的旋转圆盘上进行数据存储的辅助存储器。操作系统、各种应用软件和大量数据都存储在硬盘上。硬盘是磁存储器，不会因为关机或停电而丢失数据。它具有容量大、数据存取速度快、存储数据可长期保存等特点，是各种计算机安装程序、保存数据的最重要存储设备。

需要注意的是，任何一种存储技术都包括两个部分：存储设备和存储介质。存储设备是在存储介质上记录和读取数据的装置，如硬盘驱动器、DVD 驱动器等。有些技术的存储介质和存储设备是封装在一起的，如硬盘和硬盘驱动器；而有些技术的存储介质和存储设备是可以分开的，如 DVD 和 DVD 驱动器。

硬盘外观如图 1.17 所示，硬盘驱动器和硬盘是作为一个整体密封在防尘盘盒内的，不能将硬盘从硬盘驱动器中取出。在进行磁盘读写操作时，通过磁头的移动寻找磁道，在磁头移动到指定磁道位置后，就等待指定的扇区转动到磁头之下（通过读取扇区标识信息判别），称为寻区，然后读写一个扇区的内容。

为了在磁盘上快速地存取信息，在磁盘使用前要先进行初级格式化操作（目前基本上由生产厂家完成），即在磁盘上用磁信号划分出图 1.18 所示的若干个有编号的磁道和扇区，以便计算机通过磁道号和扇区号直接寻找到要写数据的位置或要读取的数据。为了提高磁盘存取操作的效率，计算机每次要读完或写完一个扇区的内容。在 IBM 格式中，每个扇区存有 512B 的信息。所以从外部看，计算机对磁盘执行的是随机读写操作，但这仅是对扇区操作而言的，而具体读写扇区中的内容却是一位一位顺序进行的。

图 1.17　硬盘示意图

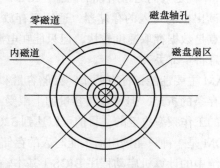

图 1.18　磁盘格式化示意图

一般衡量硬盘的主要技术指标有两个：存储容量和转速。

①存储容量是硬盘的最主要的参数。一般微型计算机配置的硬盘容量为几百 GB 和几 TB。存储容量的计算公式为：

$$存储容量 = 盘面数 × 磁道数 × 扇区数 × 扇区容量$$

例如，一个硬盘有 640 个盘面，1600 个磁道，1024 个扇区，每个扇区有 512 字节，则它的容量是（640 × 1600 × 1024 × 512）/1024/1024/1024=500GB。

②转速是指硬盘盘片每分钟转动的圈数，单位是 r/min。转速越快意味着数据存取速度越快，硬盘的转速主要有 3 种：5400r/min、7200r/min、10000r/min。

（2）光盘。

光盘是注塑成形的碳粉化合物圆盘，其上涂了一层铅质的薄膜，最外面又涂了一层透明的聚氯乙烯塑料保护层。光盘是以激光束记录数据和读取数据的数据存储媒体，是一种新型的大容量辅助存储器，需要有光盘驱动器（见图 1.19）配合使用。与软盘和硬盘一样，光盘也能以二进制数据（由 "0" 和 "1" 组成的数据模式）的形式存储文件和音乐信息。要在光盘上存储数据，首先必须借助计算机将数据转换成二进制，然后用激光按数据模式灼刻在扁平的、具有反射能力的盘片上。激光在盘片上刻出的小坑代表 "1"，空白处代表 "0"。

光盘的种类很多，但其外观尺寸是一致的。一般光盘尺寸统一为直径 12 cm，厚度 1 mm，如图 1.20 所示。按读 / 写方式来分，光盘存储器大致可分为以下 4 种类型。

只读光盘（CD Read-Only Memory，CD-ROM）是一次成型的产品，用户只能读取光盘上已经记录的各种信息，但不能修改或写入新的信息。只读式光盘由专业化工厂规模生产，首先要精心制作好金属原模，也称为母盘，然后根据母盘在塑料基片上制成复制盘。因此，只读式光盘特别适合大批量地制作同一种信息，非常廉价。这种光盘的数据存储容量在 650 MB ~ 700 MB。此外，还有一些小直径的光盘，它们的容量在 128 MB 左右。

一次性可写入光盘（CD-Recordable，CD-R）需要专用的刻录机将信息写入，刻录好的光盘不允许再次更改。这种光盘的数据存储容量一般为 650 MB。CD-R 的结构与 CD-ROM 相似，不同的是 CD-ROM 的反射层为铝膜，故称为 "银盘"；而 CD-R 的反射层为金膜，故称为 "金盘"。

可擦写的光盘（CD-ReWritable，CD-RW）与 CD 光盘本质的区别是可以重复读 / 写，即对于存储在光盘上的信息，可以根据操作者的需要而自由更改、读取、复制和删除。

　　数字视频光盘（Digital Video Disc，DVD）主要用于记录数字影像。它集计算机技术、光学记录技术和影视技术等为一体。一张单面 DVD 光盘有 4.7 GB 的容量，相当于 7 张 CD 盘片（650 MB）的总容量。DVD 碟片的大小与 CD-ROM 的相同，由两个厚 0.6 mm 的基层粘成，最大的特点在于可以单面存储，也可以双面存储，而且每一面还可以存储两层资料。DVD 的碟片分为 4 种：单面单层（DVD-5），存储容量为 4.7 GB；单面双层（DVD-10），存储容量为 9.4 GB；双面单层（DVD-9），存储容量为 8.5 GB；双面双层（DVD-18），存储容量为 17 GB。

图 1.19　光盘驱动器示意图

图 1.20　光盘示意图

1.3.4　输入 / 输出设备

　　输入/输出(I/O)设备又称外部设备或外围设备,简称外设。计算机能够接收各种各样的数据,既可以是数值型的数据,也可以是各种非数值型的数据,例如,文字符号、语音和图形图像等。对于这些信息形式,计算机往往无法直接处理,必须把它们转换成相应的数字编码后才能处理。因此输入设备就是把待输入的原始信息转换成能为计算机处理的数据形式（二进制）后输入到计算机中。常用的输入设备除了键盘、鼠标,还有扫描仪、触摸屏等。

　　与输入设备相反,输出设备用于接收计算机数据,将内存中计算机处理后的信息以人们或其他设备所能接受的信息形式输出。常见的输出设备有显示器、打印机、投影仪等。

1. 键盘

　　键盘是微型计算机最常用的输入设备,用户不仅可以通过按键盘上的键输入命令或数据,还可以通过键盘控制计算机的运行,如热启动、命令中断、命令暂停等。键盘通常连接在主机箱的 PS/2（紫色）口或 USB 口上。近年来,利用"蓝牙"技术无线连接到计算机的无线盘也越来越多。

键盘和鼠标
的使用

　　键盘的外部结构一直在不断更新,现今常用的是标准 101、102、103 键盘（即键盘上共有 101 个键或 103 个键）。最近又有可分式的键盘、带鼠标和声音控制按钮的键盘等新产品问世。

2. 鼠标

　　鼠标（见图 1.21）也是目前最常用的输入设备之一。通过移动、单击、双击和拖曳鼠标可以很方便地对计算机进行操作。它通常连接在主机箱的 PS/2（绿色）口或 USB 口上。与无线键盘一样,无线鼠标也越来越多。

　　按照工作原理来分,鼠标分为光电式鼠标、机械式鼠标和光学式鼠标三大类。

光电式鼠标的底部有两个发光二极管,当鼠标移动时,发出的光被下面的平板反射,从而产生移动信号传送给 CPU。光电鼠标具有定位准确、不易脏、寿命长等优点,适用于图形环境,但是价位较高。

机械式鼠标的底部有一个滚球,当鼠标移动时,滚球随之将滚动信号传送给 CPU。机械式鼠标价格便宜,使用时无须其他辅助设备即可进行操作。

光学式鼠标保留了光电鼠标的高精度、无机械结构等优点,又具有高可靠性和耐用性,它底部没有滚轮,不需要借助反射板来实现定位,可在任何地方无限制地移动。

图 1.21 鼠标

另外,在一些品牌的笔记本电脑中,还配备了轨迹球 (Track Ball)、触摸板 (TouchPad) 来控制鼠标的操作。

此外鼠标还有单键、双键和三键之分。目前市场上又出现了一些比较新颖的鼠标,比如无线鼠标、3D 鼠标等。知名度较好的鼠标有罗技、双飞燕等。

常见的鼠标操作有:单击,当鼠标指针处于某确定位置时点按一下鼠标按键称为单击鼠标;双击,迅速地连续两次点按鼠标按键称为双击鼠标;拖曳,若按下鼠标按键不放并移动鼠标就称为拖曳鼠标。显然单击和双击鼠标有左右之分,后文中的“单击”或“双击”若不加说明即指单击或双击鼠标左键。

3. 显示器

计算机的显示系统由显示器(见图 1.22)与显示控制适配器(见图 1.23)两部分组成。显示器 (Display) 是微型计算机中重要的输出设备,其作用是将电信号转换成可以直接观察到的字符、图形或图像。用户通过它可以很方便地查看输入计算机的程序、数据、图形等信息及经过计算机处理后的中间结果和最后结果。显示控制适配器又称为显示接口卡(简称显卡,或叫图形加速卡),插在主板的扩展槽上,是主机与显示器之间的接口,其基本作用是控制计算机的图形输出。

图 1.22 显示器

图 1.23 显示控制适配器

显示器根据显示管对角线的尺寸分为 17 英寸(1 英寸 =2.54 厘米)、19 英寸等,尺寸越大,显示的有效范围就越大。生产显示器的著名制造商有 LG、飞利浦等。随着人们对环保和健康的要求越来越高,近年来,液晶显示器凭借节能和辐射少等优势在家用方面成为首选。特别值得一提的是,显示器必须配置相匹配的适配器才能取得良好的显示效果。

4. 打印机

打印机(见图 1.24)作为重要的计算机输出设备,也经历了数次更新,其种类繁多。打印机主要的性能指标有两个:一个是打印速度,单位是 ppm,即每分钟可以打印的页数(A4 纸);

另一个是分辨率，单位是 dpi，即每英寸的点数，分辨率越高打印质量越高。根据工作原理分类，打印机分为针式打印机、喷墨打印机、激光打印机 3 种。

针式打印机是利用打印钢针按字符的点阵打印出文字和图形。按打印头的针数可分为 9 针打印机、24 针打印机等。针式打印机工作时噪声较大，而且打印质量不好，但是具有价格便宜等优点，广泛被银行、超市使用。

喷墨打印机将墨水通过精制的喷头喷到纸面上形成文字和图像。它体积小、重量轻、噪声低，打印精度较高，特别是彩色印刷能力很强，但打印成本较高，一般适用于小批量打印。

激光打印机利用激光产生静电吸附效应，通过硒鼓将碳粉转印并定影到打印纸上，工作噪声小，普及型的输出速度也在 6ppm，分辨率高达 600dpi 以上。激光打印机具有最高的打印质量和最快的打印速度，可以输出高质量的文稿。

图 1.24　打印机

1.4　数制及不同数制之间的转换

1.4.1　进位计数制

数制也称为计数制，是用一组固定的符号和统一的规则来表示数值的方法。为了电路设计的方便，计算机内部使用的是二进制计数制，即"逢二进一"的计数制，简称二进制（Binary）。在日常生活中，人们习惯用的进位计数制是十进制。此外，为了编写程序的方便，还常常用到八进制和十六进制。顾名思义，二进制就是逢二进一的数字表示方法；依次类推，十进制就是逢十进一，八进制就是逢八进一等。下面介绍这几种进位制和它们相互之间的转换。

在介绍进制之间的转换时，我们先来了解下进位计数制的两个要素，即基数与各数位的位权。

基数就是数制所使用的基本数码个数，常用"R"表示，称 R 进制。由此可见，十进制的数码是 0～9，共 10 个，因此基数 $R=10$，采用逢十进一规则。同理，二进制数码是 0～1，共 2 个，基数 $R=2$，采用逢二进一规则；八进制数码是 0~7，共 8 个，基数 $R=8$，采用逢八进一规则、十六进制的数码比较特殊，前十个是 0~9，第 11 个却不是 10，而是用 A 表示，依次后面是 B、C、D、E、F，共 16 个，因此基数 $R=16$，采用逢十六进一规则。

位权指数码所在位置上代表的权值。计算位权大小的方法是：以基数为底，数码所在的位置的序号为指数的整数次幂。但要注意个位数的序号是从 0 开始的。

例如，十进制数 1341.21，第一步标出位序，以小数点为界限，向左依次为 0、1、2、3，向右为 –1、–2。第二步算出每一位的位权，十进制的基数是 10，按照基数的序号次幂，因此依次是 10 的 3 次方，10 的平方，依次类推，最后是 10 的 –2 次方。最后每个数码的所表示的数值等于数码乘以位权。

在熟悉了基数和位权后，下面来看看具体的各种数制。

1. 十进制

十进制有 10 个数码，分别是 0、1、2、3、4、5、6、7、8、9，基数为 10，采用"逢十进一"（加法运算）或"借一当十"（减法运算）的进位规则。

任何一个十进制数都可以表示为一个按位权展开的多项式之和，如十进制数 1341.21 写成按权展开式形式，可表示为

$$1341.21 = 1 \times 10^3 + 3 \times 10^2 + 4 \times 10^1 + 1 \times 10^0 + 2 \times 10^{-1} + 1 \times 10^{-2}$$

其中，10^3、10^2、10^1、10^0、10^{-1}、10^{-2} 分别是千位、百位、十位、个位、十分位和百分位的位权。

2. 二进制

二进制有两个数码 0 和 1，基数是 2，采用"逢二进一"（加法运算）或"借一当二"（减法运算）的进位规则。

任何一个二进制数都可以表示为按位权展开的多项式之和，如二进制数 1101.1 写成按位权展开式形式，可表示为

$$1101.1 = 1 \times 2^3 + 1 \times 2^2 + 0 \times 2^1 + 1 \times 2^0 + 1 \times 2^{-1}$$

在数的各种进制中，二进制是最简单的一种计数进制，因为它的数码只有两个，即 0 和 1。对于现代计算机中为何使用二进制，主要体现在以下 3 个方面。

（1）在物理上最容易实现。

在自然界中具有两种状态的物质或现象很多，如电灯的亮与灭、电平的高与低、电磁场的南极与北极等，利用二进制容易实现这些状态数的表示和存储。计算机的电子器件、磁存储等都采用了二进制的思想，通过磁极取向、表面凹凸等来记录数据 0 和 1。

（2）运算规则简单。

二进制的运算规则简单且只有 3 种运算规则，即

$$0+0=0, 0+1=1, 1+1=10（向高位进位）$$

这样的运算很容易实现，在电子电路中只需运用简单的算术逻辑运算元件，因此极大地降低了计算装置的设计难度。

（3）二进制符号与逻辑值相对应。

二进制码的两个符号"1"和"0"正好与逻辑命题的两个值"是"和"否"或"真"和"假"相对应，为计算机实现逻辑运算和程序中的逻辑判断提供了方便。

正是基于以上原因，二进制成为现代计算机的重要理论基础。

3. 八进制

八进制有 8 个数码，分别是 0、1、2、3、4、5、6、7，基数为 8，采用"逢八进一"（加法运算）或"借一当八"（减法运算）的进位规则。

任何一个八进制数都可以表示为按位权展开的多项式之和，如八进制数 1354.7 写成按位权展开式形式，可表示为

$$1354.7 = 1 \times 8^3 + 3 \times 8^2 + 5 \times 8^1 + 4 \times 8^0 + 7 \times 8^{-1}$$

4. 十六进制

十六进制有 16 个数码，分别是 0、1、2、3、4、5、6、7、8、9、A、B、C、D、E、F。这里需要注意的是，使用十进制的阿拉伯数字最多只有 10 个数，于是在十六进制中借用了 6 个英文字母来表示剩下的数码，它们相当于十进制中的 10、11、12、13、14、15。十六进制数的基数为 16，采用"逢十六进一"（加法运算）或"借一当十六"（减法运算）的进位规则。

任何一个十六进制数都可以表示为按位权展开的多项式之和，如十六进制数 2AD6.C 写成按位权展开形式，可表示为

$$2AD6.C = 2 \times 16^3 + 10 \times 16^2 + 13 \times 16^1 + 6 \times 16^0 + 12 \times 16^{-1}$$

以上为各种数值按位权展开的表达式。设 R 表示基数，则称为 R 进制，使用 R 个基本的数码，R^i 就是位权，其加法运算规则是"逢 R 进一"，则任意一个 R 进制数 D 均可以展开表示为

$$(D)_R = \sum_{i-m}^{n-1} K_i \times R^i$$

上式中的 K_i 为第 i 位的系数，可以为 0, 1, 2, …, $R-1$ 中的任何一个数，R^i 表示第 i 位的位权，i 从 0 开始。表 1.2 所示为计算机中常用的几种进位计数制的表示。

表 1.2　　　　　　　　　　　　计算机中常用的几种进位数制的表示

进位制	基数	基本符号（采用的数码）	权	形式表示
二进制	2	0,1	2i	B
八进制	8	0,1,2,3,4,5,6,7	8i	O
十进制	10	0,1,2,3,4,5,6,7,8,9	10i	D
十六进制	16	0,1,2,3,4,5,6,7,8,9,A,B,C,D,E,F	16i	H

在计算机中，为了区分不同进制的数，可以用括号加数制基数下标的方式来表示不同数制的数，例如，$(492)_{10}$ 表示十进制数，$(1001.1)_2$ 表示二进制数，$(4A9E)_{16}$ 表示十六进制数，也可以用带有字母的形式分别表示为 $(492)_D$、$(1001.1)_B$ 和 $(4A9E)_H$。在程序设计中，为了区分不同进制数，常在数字后直接加英文字母后缀来区别，如 492D、1001.1B 等。

1.4.2　不同数制之间的相互转换

1. 二进制数、八进制数、十六进制数转换成十进制数

将二进制数、八进制数和十六进制数转换成十进制数时，转换的方法就是按照位权展开表达式，用该数制的各位数乘以各自对应的位权数，然后将乘积相加，即可得到对应的结果。例如：

二进制数、八进制数、十六进制数转换成十进制数

① $(101.101)_2 = 1 \times 2^2 + 0 \times 2^1 + 1 \times 2^0 + 1 \times 2^{-1} + 0 \times 2^{-2} + 1 \times 2^{-3} = 4 + 0 + 1 + 0.5 + 0 + 0.125 = (5.625)_{10}$

② $(232)_8 = 2 \times 8^2 + 3 \times 8^1 + 2 \times 8^0 = (154)_{10}$

③ $(232)_{16} = 2 \times 16^2 + 3 \times 16^1 + 2 \times 16^0 = (562)_{10}$

2. 十进制数转换成二进制数、八进制数、十六进制数

将十进制数转换成二进制数、八进制数、十六进制数时，可将此数分成整数和小数两部分

分别进行转换，然后再拼接起来。即：

整数部分：除以 2（8 或 16）得到的余数为二进制的最低位（第 0 位），得到的商再除以 2（8 或 16），得到的余数为第 1 位，直到商是 0 为止；余数从下向上依次逆序取各余数从高位到低位排列。

小数部分：乘以 2（8 或 16）取整数为二进制的 -1 位，得到的乘积的小数部分再乘 2，直到小数部分是 0 为止，最后整数按出现的次序从上到下依次从高位到低位排列。

例如，将十进制数 13 转换为二进制数：

$$13 \div 2 = 6\text{-----------} \text{余数为 } 1$$

$$6 \div 2 = 3\text{-----------} \text{余数为 } 0$$

$$3 \div 2 = 1\text{-----------} \text{余数为 } 1$$

$$1 \div 2 = 0\text{-----------} \text{余数为 } 1$$

逆向取余数（后得的余数为结果的高位）可得：$(13)_{10} = (1101)_2$。

例如，将十进制数 0.3 转换为二进制数：

$$0.3 \times 2 = 0.6\text{-----------} \text{整数部分为 } 0$$

$$0.6 \times 2 = 1.2\text{-----------} \text{整数部分为 } 1$$

$$0.2 \times 2 = 0.4\text{-----------} \text{整数部分为 } 0$$

$$0.4 \times 2 = 0.8\text{-----------} \text{整数部分为 } 0$$

$$0.8 \times 2 = 1.6\text{-----------} \text{整数部分为 } 1\text{（进入循环过程）}$$

注意：整数部分要除到商为 0，小数部分乘到 0，或者当小数部分可能永远不为 0 时，只要达到要求的精度位置即可。由此可见有限位的十进制小数所对应的二进制小数可能是无限位的循环或不循环小数，这就必然导致转换误差。

对于一个带有小数的十进制数在转换为二进制时，可以将整数部分和小数部分分别进行转换，最后将小数部分和整数部分的转换结果合并，并用小数点隔开就得到最终转换结果。例如：将十进制数 225.625 转换成二进制数，具体转换过程如图 1.25 所示。

$$(225.625)_{10} = (11100001.101)_2$$

同理，十进制数 225.625 也可以转换成八进制数、十六进制数。

3. 二进制数转换成八进制数和十六进制数

二进制数转换成八进制数所采用的转换规则是"3 位分一组"，即以小数点为界，将整数部分从右向左每 3 位分为一组，若最后一组不足 3 位，则在最高位前面添 0 补足 3 位，然后将每组中的二进制数按权相加得到对应的八进制数；小数部分从左向右每 3 位分为一组，最后一组不足 3 位时，尾部用 0 补足 3 位，然后按照顺序写出每组二进制数对应的八进制数即可。例如，将二进制数 1101001.101 转换为八进制数。转换过程如下。

二进制数	001	101	001	.	101
八进制数	1	5	1	.	5

得到的结果为 $(1101\ 001.101)_2 = (151.5)_8$。

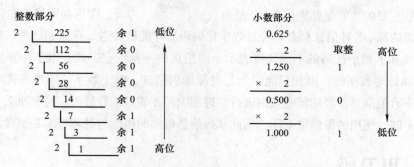

图 1.25　十进制数 225.625 转换成二进制数

二进制数转换成十六进制数所采用的转换规则与上面的类似，采用的转换规则是"4 位分一组"，即以小数点为界，将整数部分从右向左、小数部分从左向右每 4 位分为一组，不足 4 位用 0 补齐即可。例如，将二进制数 101110011000111011 转换为十六进制数。转换过程如下所示：

二进制数	0010	1110	0110	0011	1011
十六进制数	2	E	6	3	B

得到的结果为 $(101110011000111011)_2 = (2E63B)_{16}$。

4. 八进制数和十六进制数转换成二进制数

八进制数转换成二进制数的转换原则是"一分为三"，即从八进制数的低位开始，将每一位上的八进制数写成对应的 3 位二进制数即可。如有小数部分，则从小数点开始，分别向左右两边按上述方法进行转换即可。例如，将八进制数 162.4 转换为二进制数。转换过程如下所示：

八进制数	1	6	2	.	4
二进制数	001	110	010	.	100

得到的结果为 $(162.4)_8 = (001110010.100)_2$。

十六进制数转换成二进制数的转换规则是"一分为四"，即把每一位上的十六进制数写成对应的 4 位二进制数即可。例如，将十六进制数 3B7D 转换为二进制数。转换过程如下所示：

十六进制数	3	B	7	D
二进制数	0011	1011	0111	1101

得到的结果为 $(3B7D)_{16} = (0011101101111101)_2$。

1.5　计算机中字符的编码规则

计算机的发明最初是为了科学计算，但发展到今天，计算机却成为我们常用的信息处理工具，我们使用计算机来处理各种各样的文档，这些文档中有中文文档也有英文文档，还有各种数字和符号。对于这些字符如何进行编码？在计算机中又如何进行处理？这就是这一节的主要内容。

现在的计算机作为信息处理的机器可以处理各种各样的数据，不仅包括数字、数值、文本信息，还有图形图像、音频和视频等信息。那对于数值信息如何表示？如何完成科学计算？文本信息（各种语言的文本字符）在计算机内是如何被表示、如何被处理的？这些问题都是讨论的重点。

计算机最主要的功能是处理信息，信息有数值、文字、声音、图形和图像等多种形式。

在计算机内部，各种信息都必须经过数字化编码后才能被传送、存储和处理。编码就是利用计算机中的 0 和 1 两个代码的不同长度表示不同信息的一种约定方式。由于计算机是以二进制的形式存储和处理数据的，因此只能识别二进制编码信息，对于数字、字母、符号、汉字、语音和图形等非数值信息都要用特定规则进行二进制编码才能进入计算机。对于西文与中文字符，由于形式的不同，使用的编码也不同。因此掌握信息编码的概念与处理技术是至关重要的。

1.5.1　BCD 码

日常生活中人们习惯使用十进制来计数，但计算机中使用的是二进制数，因此，输入到计算机中的十进制数需要转换成二进制数；数据输出时，应将二进制数转换成十进制数。为了方便，大多数通用性较强的计算机需要能直接处理十进制形式表示的数据。为此，在计算机中还设计了一种中间数字编码形式，它把每一位十进制数用 4 位二进制编码表示，称为二进制编码的十进制表示形式（Binary Coded Decimal，BCD 码）。

BCD 码有多种编码方式，常用的有 8421BCD 码。它选取 4 位二进制数的前 10 个代码分别对应表示十进制数的 10 个数码。8421BCD 码的主要缺点是实现加减运算的规则比较复杂，在某些情况下，需要对运算结果进行修正。例如，若用 BCD 码表示十进制数 2365 就可以直接写出结果：0010 0011 0110 0101。

1.5.2　ASCII 码

目前国际上使用最广泛的是美国国家信息交换标准代码（American Standard Code for Information Interchange，ASCII 码），ASCII 编码表如表 1.3 所示。ASCII 码有 7 位码和 8 位码两种版本。国际通用的 7 位 ASCII 码规定用 7 位二进制数编码一个字符，共可表示 $2^7 = 128$ 个常用字符，其中包括 32 个数学运算符号和其他标点符号、10 个十进制数码、26 个小写字母、26 个大写字母和 34 个通用控制符。

表 1.3　　　　　　　　　　　　ASCII 编码表（$b_7b_6b_5b_4b_3b_2b_1$）

$b_4b_3b_2b_1$ ＼ $b_7b_6b_5$	000	001	010	011	100	101	110	111
0000	NUL	DLE	SP	0	@	P	`	p
0001	SOH	DC1	!	1	A	Q	a	q
0010	STX	DC2	"	2	B	R	b	r
0011	ETX	DC3	#	3	C	S	c	s
0100	EOT	DV4	$	4	D	T	d	t
0101	ENQ	NAK	%	5	E	U	e	u
0110	ACK	SYN	&	6	F	V	f	v
0111	BEL	ETB	'	7	G	W	g	w
1000	BS	CAN	(	8	H	X	h	x

$b_4b_3b_2b_1$ ＼ $b_7b_6b_5$	000	001	010	011	100	101	110	111
1001	HT	EM	)	9	I	Y	i	y
1010	LF	SUB	*	:	J	Z	j	z
1011	VT	ESC	+	;	K	[	k	{
1100	FF	FS	,	<	L	\	l	l
1101	CR	GS	-	=	M	]	m	}
1110	SO	RS	.	>	N	^	n	~
1111	SI	US	/	?	O	_	o	DEL

要确定某个数字、字母、符号或控制符的 ASCII 码，可以在表 1.3 所示的 ASCII 编码表中首先找到它的位置，然后确定它所在位置的行号和列号，接着根据行确定低 4 位编码（$b_4b_3b_2b_1$），根据列确定高 3 位（$b_7b_6b_5$），最后将高 3 位编码与低 4 位编码合在一起就是字符的 ASCII 码。

在书写字符的 ASCII 码时，也经常使用十六进制数和十进制数，如 30H(48D) 是数字 0 的 ASCII 码，61H(97D) 是字母 a 的 ASCII 码。每往后一个字母，它的 ASCII 码按照顺序递增 1。

1.5.3　汉字编码

汉字与英文字符相比，特点是个数繁多、字形复杂，要解决这两个问题需要采用对汉字的编码来实现。但键盘上对应的是英文字符没有汉字，因此不能通过键盘直接输入汉字，所以人们设计出利用汉字的输入码来表示对应汉字。其次，计算机只识别由 0、1 组成的代码，英文信息处理时使用的标准编码是 ASCII 码，汉字信息处理也必须有一个统一的标准编码。国家标准总局颁布了《信息交换用汉字编码字符集——基本集》（代号 GB 2312—1980），即国标，它就是我们常说的汉字的机内码（机器内部编码）。此外，汉字字形变化复杂，需要用对应的字库来存储字形码以方便输出汉字。

因此，这就导致汉字编码处理和英文有很大的区别，在键盘上难于表现，输入和处理都难得多。按照汉字处理阶段的不同，汉字编码可分为输入码、机内码和字形码。

（1）输入码。

输入码也称外码，是为了将汉字输入计算机而设计的代码，包括音码、形码和音形码等。它的作用是用键盘上的字母与数字来描述汉字。汉字字量大、同音字多等复杂现象，如何实现汉字的快速输入是需要解决的重要问题之一。目前，我国的汉字输入码编码方案已有很多种，在计算机中常用的有十几种，如全拼输入法、双拼输入法、智能 ABC 输入法、五笔字型输入法等。不同的输入法其输入码也不同，在拼音输入法中根据汉语拼音组成编码，但是在五笔字型输入法中则由不同的字母代表不同的字根。此外目前还出现了汉字的语音输入法，它实际上是用录音设备将采集到的声音数据作为汉字输入码。

不管采用什么汉字输入方法，它只是一种快速有效的输入汉字的手段。输入的外码到机器内部都要转换成机内码才能被存储和进行各种处理。

（2）机内码。

同一个汉字以不同输入方式输入计算机时，编码长度以及 0、1 组合顺序差别很大，这就使对汉字信息进一步存取、使用、交流都十分不方便，必须转换成长度一致，并且与汉字唯一对应的能在各种计算机系统内通用的编码，满足这种规则的编码叫汉字内码。汉字内码是用于汉字信息的存储、交换、检索等操作的机内码，一般采用两个字节表示。英文字符的机内码是 7 位的 ASCII 码，当用一个字节表示时，最高位为"0"。为了能够与英文字符区别，汉字机内码中两个字节的最高位均规定为"1"。

（3）字形码。

汉字信息以输入码输入计算机中，然后用机内码进行各种处理，处理后如果要将汉字信息在输出设备上输出显示，那么就要用到汉字字形码。在目前的汉字处理系统中，汉字字形码主要有点阵码和矢量码两种。

点阵码是指汉字以字形点阵信息输出的数字代码，主要用于显示输出。汉字的点阵有多种规格，如 16×16、24×24、32×32、48×48 点阵等。点阵中的每个点所占的存储空间为 1bit，如果以 16×16 点阵（简称 16 点阵）为例描述一个汉字，那么就需要 256 个二进制位，即要用 32 字节的存储空间来存放它。通过点阵码将字形信息有组织地存放起来就形成汉字字形库。若要更清晰地描述一个汉字就需要更大的点阵，比如 24×24 点阵（简称 24 点阵）或更大。它在汉字库中所占用的空间也越大。

矢量码是采用抽取汉字中每个笔画的坐标特征值来描述汉字轮廓，在输出时依据这些信息经过运算恢复原来的字形。这种字形的优点是字体美观，可以随意地放大、缩小甚至变形，因此可适应显示和打印各种字号的汉字。缺点是每个汉字需存储的字形矢量信息量有较大的差异，存储长度不一样，查找较难，在输出时需要占用较多的运算时间。

点阵码和矢量码的区别在于：点阵码编码和存储方式简单，无须转换直接输出，但字形放大后产生的效果差；矢量码的特点正好与前者相反。

计算机对汉字的输入、保存和输出过程：在输入汉字时，操作者在键盘上输入输入码，通过输入码计算出汉字的机内码然后保存。当需要显示或打印汉字时，则首先从计算机内取出汉字的机内码，然后根据机内码计算出汉字的地址码，通过地址码从汉字库中取出汉字的字形码，最后通过一定的软件转换，将字形输出到屏幕或打印机上。

1.6　计算机应用技术新发展

1.6.1　普适计算

普适计算又称普存计算、普及计算（Pervasive Computing 或 Ubiquitous Computing），这一概念强调将计算和环境融为一体，让计算本身从人们的视线里消失，使人的注意力回归到要完成任务的本身。在普适计算的模式下，人们能够在任何时间、任何地点、以任何方式进行信息的获取与处理。

普适计算的核心思想是小型、便宜、网络化的处理设备广泛分布在日常生活的各个场所，计算设备将不只依赖命令行、图形界面进行人机交互，而更依赖"自然"的交互方式，计算设备的尺寸将缩小到毫米甚至纳米级。在普适计算的环境中，无线传感器网络将广泛普及，在环保、交通等领域发挥作用；人体传感器网络会大大促进健康监控以及人机交互等的发展。各种新型交互技术（如触觉显示等）将使交互更容易、更方便。

普适计算的目的是建立一个充满计算和通信能力的环境，同时使这个环境与人们逐渐地融合在一起。在这个融合空间中人们可以随时随地、透明地获得数字化服务。普适计算的含义十分广泛，所涉及的技术包括移动通信技术、小型计算设备制造技术、小型计算设备上的操作系统技术及软件技术等。

在信息时代，普适计算可以降低设备使用的复杂程度，使人们的生活更轻松、更有效率。实际上，普适计算是网络计算的自然延伸，它使个人计算机以及其他小巧的智能设备都能连接到网络中，从而方便人们及时获得信息并采取行动。

1.6.2 网格计算

随着超级计算机的不断发展，它已经成为复杂科学计算领域的主宰。但巨型计算机造价极高，通常只有一些国家级的部门，如航天、气象等部门才有能力配置这样的设备。而随着人们日常工作遇到的商业计算越来越复杂，人们越来越需要数据处理能力更强大的计算机，而超级计算机的价格显然阻止了它进入普通人的工作领域。于是，人们开始寻找一种造价低廉而数据处理能力超强的计算模式，网格计算应运而生。

网格计算（Grid Computing）是伴随着互联网迅速发展起来的专门针对复杂科学计算的新型计算模式。这种计算模式是利用互联网把分散在不同地理位置的计算机组织成一个"虚拟的超级计算机"，其中每台参与计算的计算机就是一个"节点"，而整个计算是由成千上万个"节点"组成的"一张网格"。网格计算的优势有两个：一个是数据处理能力超强；另一个是能充分利用网络上的闲置处理能力。

实际上，网格计算是分布式计算（Distributed Computing）的一种，如果我们说某项工作是分布式的，那么，参与这项工作的一定不只是一台计算机，而是一个计算机网络。充分利用网络上的闲置处理能力是网格计算的一个优势，网格计算模式首先把要计算的数据分割成若干"小片"，然后不同节点的计算机可以根据自己的处理能力下载一个或多个数据片段，这样这台计算机的闲置处理能力就被充分地调动起来了。

网格计算不仅受到需要大型科学计算的国家级部门（如航天、气象部门）的关注，目前很多大公司如 IBM 等也开始追捧这种计算模式，并开始有了相关"动作"。除此之外，一批围绕网格计算的软件公司也逐渐壮大和为人所知，有业界专家预测，网格计算在未来将会形成一个年产值 20 万亿美元的大产业。目前，网格计算主要被各大学和研究实验室用于高性能计算的项目，这些项目要求巨大的计算能力，或者需要接入大量数据。

综合来说，网格能及时响应需求的变动，通过汇聚各种分布式资源和利用未使用的容量，网格技术极大地增加了可用的计算资源和数据资源的总量。可以说，网格是未来计算世界中划时代的新事物。

1.6.3 云计算

在 19 世纪末期，如果有人告诉你那些自备发电设备的厂家以后可以不用自己发电，大型集中供电的公用电厂通过无处不在的电网就可以充分满足各种厂家的用电需求，你一定不会相信。而到 20 世纪初，绝大多数公司就开始使用由公共电网发出的电来进行生产，与此同时，寻常百姓生活中也开始用电。

当今，同样的故事在 IT 领域也开始上演，由单个公司生产和运营的私人计算机系统，被中央数据处理工厂通过互联网提供的云计算服务代替，计算机应用正在变成一项公共事业。如此一来，越来越多的公司不再花高价购买计算机和软件，而选择通过网络来进行信息处理和数据存储，如同当年厂家们放弃购买和维护自有发电设备。

云计算（Cloud Computing）是一种基于互联网的计算方式，通过这种方式，共享的软硬件资源和信息可以按需求提供给计算机和其他设备。狭义云计算是指 IT 基础设施的交付和使用模式，指通过网络以按需、易扩展的方式获得所需的资源（硬件、平台、软件）。广义云计算是指服务的交付和使用模式，指通过网络以按需、易扩展的方式获得所需的服务。这种服务可以是和软件、互联网相关的 IT 服务，也可以是任意其他的服务，这意味着计算能力也可作为一种商品通过互联网进行流通。云计算具有跨地域、高可靠、按需服务、所见即所得、快速部署等特点，这些都是长期以来 IT 行业所追寻的。维基（Wiki）的定义是：云计算是一种通过因特网以服务的方式提供动态可伸缩的虚拟化的资源的计算模式。

"云"是网络、互联网的一种比喻说法，它是对计算机集群的一种形象比喻，每个集群可以包括几十台甚至几百台计算机，通过互联网可以随时随地为用户提供各种资源和服务。用户只需要一个能上网的终端设备就可以随时随地地使用这些云端上共享的资源和服务，而无须关心数据存储在哪朵"云"上。

在云计算诞生之前，企业用户总是购买计算机、存储设备等自建服务群，而有了"云"以后可以按照需要租用服务器和各种服务。"云"就类似于一种公共设施，像电力系统、自来水一样，可以随时计费取用，最大的不同在于云计算是通过互联网进行传输的。

云计算的一个核心理念就是通过不断提高"云"的处理能力，进而减少用户终端的处理负担，最终使用户终端简化成一个单纯的输入输出设备，并能按需享受"云"的强大计算处理能力。云计算主要有以下特点。

1. 规模大

"云"具有相当大的规模，Google 云计算已经拥有 100 多万台服务器，IBM、微软、 Yahoo 等的"云"均拥有几十万台服务器。"云"能赋予用户前所未有的计算能力。

2. 虚拟化

云计算支持用户在任意位置使用各种终端获取应用服务，而不用担心资源存储的具体位置，所请求的资源"云"不是固定的、有形的实体。

3. 可靠性高

云计算比使用本地计算机可靠，因为它使用了数据多副本容错、计算节点同构可互换等措施来保障服务的高可靠性。

4. 具有通用性

在"云"计算的支撑下可以构造出千变万化的应用和资源，它并不针对特定的应用，因此可以支撑不同的应用运行。

5. 可扩展性高

"云"的规模可以根据应用和用户规模增长的需要而动态伸缩。

6. 按需服务

像自来水、电、煤气那样，"云"是一个庞大的资源池，在资源池中可以按需购买并且计费。

7. 价格低

由于"云"的通用性使资源的利用率与传统系统相比大幅提升，因此用户可以充分享受"云"的低成本优势。

8. 潜在危险性

虽然"云"提供的数据服务对数据所有者以外的其他用户是保密的，但是对于提供云计算的商业机构却无秘密而言。因此，这就存在潜在的危险，特别是在商业或政府机构在选择云计算服务时是不得不考虑的一个因素。

云计算的基本原理是，使计算分布在大量的分布式计算机上，而非本地计算机或远程服务器中，企业数据中心的运行将更与互联网相似。这使得企业能够将资源切换到需要的应用上，根据需求访问计算机和存储系统。这是一种革命性的举措，它意味着计算能力也可以作为一种商品进行流通，就像煤气、水电一样，取用方便，费用低廉。

云计算主要分为以下 3 种服务模式。

1. SaaS

软件即服务（Software as a Service，SaaS）是一种通过 Internet 提供软件的模式，用户无须购买软件，而是向提供商租用基于 Web 的软件来管理企业经营活动。我们平常使用的 Hotmail、网上相册都属于 SaaS 的一种，它主要以单一的网络软件为主导。

2. PaaS

平台即服务（Platform as a Service，PaaS）是指将软件研发的平台作为一种服务，以 SaaS 的模式提交给用户。因此，PaaS 也是 SaaS 模式的一种应用。但是，PaaS 的出现加快了 SaaS 的发展，尤其是加快了 SaaS 应用的开发速度。

3. IaaS

基础设施即服务（Infrastructure as a Service，IaaS）是指消费者通过 Internet 可以从完善的计算机基础设施获得服务。IaaS 最大优势在于它允许用户动态申请或释放节点，按使用量计费。

云计算被视为科技业的一次革命，它带来了工作方式和商业模式的根本性改变。首先，对中小企业和创业者来说，云计算意味着巨大的商业机遇，他们可以借助云计算在更高的层面上和大企业竞争。其次，从某种意义上说，云计算意味着"硬件之死"。那些对计算需求量越来越大的中小企业，不再试图去购买价格高昂的硬件，而是从云计算供应商那里租用计算能力。当计算机的计算能力不受本地硬件的限制，企业可以以极低的成本投入获得极高的计算能力，不用再投资购买昂贵的硬件设备和负担频繁的保养与升级。

1.6.4　人工智能

人工智能（Artificial Intelligence，AI）是研究、开发用于模拟、延伸和扩展人的智能的理论、方法、技术及应用系统的一门新的科学技术。"人工智能"一词最初是在 1956 年达特茅斯（Dartmouth）学会上提出的，从那以后，研究者们发展了众多理论和原理，人工智能的概念也随之扩展。

人工智能是指用计算机来模拟人类的智能，即通过让计算机模拟人类的学习活动从而自主获取新知识。目前很多人工智能系统已经能够替代人的部分脑力劳动，并已广泛应用于人们的生活中，小到手机里的语音助手、人脸识别、购物网站推荐，大到智能家居、无人驾驶汽车、航空卫星等。

虽然计算机的能力在许多方面远远超过了人类，如计算速度，但是与人的大脑这个通用的智能系统相比，目前人工智能的功能相对单一并且始终无法获得人脑的丰富的联想能力、创造能力以及情感交流能力，真正要达到人的智能还是非常遥远的事情。

人工智能是计算机学科的一个分支，20世纪70年代以来被称为世界三大尖端技术（空间技术、能源技术、人工智能）之一，也被认为是21世纪基因工程、纳米科学、人工智能三大尖端技术之一。这是因为近30年来人工智能获得了迅速的发展，在很多学科领域都获得了广泛应用，并取得了丰硕的成果，人工智能已逐步成为一个独立的分支，无论在理论还是实践上都已自成体系。人工智能企图了解智能的实质，并生产出一种新的能以人类智能相似的方式做出反应的智能机器，该领域的研究包括机器人、语言识别、图像识别、自然语言处理和专家系统等。

从1956年正式提出人工智能学科算起，50多年来，人工智能取得了长足的发展。现在人工智能已经不再是几个科学家的专利了，全世界几乎所有大学的计算机系都有人在研究这门学科，各大公司或研究机构也投入力量进行研究与开发。在科学家和工程师不懈的努力下，现在计算机已经可以在很多地方帮助人进行原来只属于人类的工作，计算机以它的高速和准确为人类发挥着它的作用。

人工智能从诞生以来理论和技术日益成熟，应用领域也不断扩大，可以设想未来人工智能所带来的科技产品，将会是人类智慧的"容器"。目前人工智能主要的应用领域有机器翻译、智能控制、专家系统、语言和图像理解、遗传编程机器人工厂、自动程序设计、航天应用、庞大的信息处理、存储与管理、执行化合生命体无法执行的或复杂或规模庞大的任务等。

1.6.5　物联网

物联网（The Internet of things），顾名思义，就是"物物相连的互联网"。这有两层意思：第一，物联网的核心和基础仍然是互联网，是在互联网的基础上延伸和扩展的网络；第二，物联网的用户端延伸和扩展到了任何物品与物品之间，进行信息交换和通信。严格来说，物联网的定义是：通过射频识别（RFID）、红外感应器、全球定位系统、激光扫描器等信息传感设备，按约定的协议，把任何物品与互联网连接起来，进行信息交换和通信，以实现智能化识别、定位、跟踪、监控和管理的一种网络。

在物联网应用中主要用到的就是传感器技术。到目前为止绝大部分计算机处理的都是数字信号，自从有了传感技术，计算机就可以通过传感器把模拟信号转换成数字信号，这样计算机就能处理了。物联网还利用了嵌入式系统技术，它是综合计算机软硬件、传感器技术、集成电路技术、电子应用技术为一体的复杂技术。小到我们身边的MP3，大到航天航空的卫星系统，嵌入式系统正在改变着人们的生活。

物联网中常使用的RFID电子标签技术就是一种传感器技术和嵌入式技术为一体的综合技术。以简单RFID系统为基础，结合已有的网络技术、数据库技术、中间件技术等，构筑一个由大量联网的阅读器和无数移动的标签组成的，比Internet更为庞大的物联网成为RFID技术发展的趋势。物联网把新一代IT技术充分运用在各行各业之中，具体地说，就是把感应器嵌入和装备到电网、铁路、桥梁、隧道、公路、建筑、供水系统、大坝、油气管道等各种物体中，然后将"物联网"与现有的互联网整合起来，实现人类社会与物理系统的整合。在这个整合的网络当中，存在能力超强的中心计算机群，能够对整合网络内的人员、机器、设备和基础设施实施实时的管理和控制。在此基础上，人类可以以更加精细和动态的方式管理生产和生活，达到"智慧"状态，提高资源利用率和生产力水平，改善人与自然间的关系。

物联网是应用无所不在的网络技术建立起来的，是继计算机、互联网与移动通信网之后的又一次信息产业浪潮，是一个全新的技术领域。物联网用途广泛，遍及智能交通、环境保护、政府工作、公共安全、平安家居、智能消防、工业监测、老人护理、个人健康等多个领域。预计物联网是继计算机、互联网与移动通信网之后的又一次信息产业浪潮。有专家预测随着物联网的大规模普及，这一技术将会发展成为一个上万亿元规模的高科技市场。

1.6.6　大数据

互联网时代的电子商务、物联网、社交网络、移动通信等每时每刻都产生海量的数据，这些数据规模巨大，通常以"PB""EB"甚至"ZB"为单位，故被称为大数据。面对大数据，传统的计算机技术已无法存储和处理，因此大数据技术应运而生。

大数据是指无法在一定时间内用常规软件工具对其内容进行抓取、管理和处理的数据集合，它具有 4 个基本特征：一是数据规模巨大，从 TB 级别，跃升到 PB 级别（1PB=1024TB）；二是数据类型多样，现在的数据类型不仅是文本形式，更多的是图片、视频、音频、地理位置信息等多类型的数据，个性化数据占绝对多数；三是处理速度快，数据处理遵循"1 秒定律"，可从各种类型的数据中快速获得高价值的信息；四是价值密度低，商业价值高。以视频为例，连续不间断监控过程中，可能有用的数据仅仅有一两秒。业界将这 4 个特征归纳为 4 个"V"——Volume（大量）、Variety（多样）、Velocity（高速）、Value（价值）。大数据技术的战略意义不在于掌握庞大的数据信息，而在于对这些有意义的数据进行专业化处理。也就是说如果把大数据比作一种产业，那么这种产业实现盈利的关键就在于提高对数据的"加工能力"，通过"加工"实现数据的"增值"。从技术上来看，大数据与云计算的关系就像一枚硬币的正反面而密不可分。大数据必然无法用单台计算机进行处理，必须采用分布式架构。适用于大数据技术的应用包括大规模并行处理（MPP）数据库、数据挖掘电网、分布式文件系统、分布式数据库、云计算平台、互联网，以及可扩展的存储系统。

由此可见，大数据并不只是简单的数据大的问题，重要的是通过对大数据进行分析来获取有价值的信息。所以大数据的分析方法在大数据领域就显得尤为重要，可以说是决定最终信息是否有价值的决定性因素。大数据分析的基本方法有可视化分析、数据挖掘算法、预测性分析、语义引擎和数据质量和数据管理。对于更深入的大数据分析，则需要更有特点、更深入、更专业的大数据分析方法。

大数据的作用体现在以下 4 个方面。

① 对大数据的处理分析正成为新一代信息技术融合应用的关键。移动互联网、物联网、社交网络、数字家庭、电子商务等是新一代信息技术的应用形态，这些应用不断产生大数据。云计算为这些海量、多样化的大数据提供存储和运算平台。通过对不同来源的数据进行管理、处理、分析与优化，将结果反馈到上述应用中，将创造出巨大的经济和社会价值。

② 大数据是信息产业持续高速增长的新引擎。面向大数据市场的新技术、新产品、新服务、新业态会不断涌现。在硬件与集成设备领域，大数据将对芯片、存储产业产生重要影响，还将

催生一体化数据存储处理服务器、内存计算等市场。在软件与服务领域，大数据将引发数据快速处理分析、数据挖掘技术和软件产品的发展。

③ 对大数据的利用将成为提高核心竞争力的关键因素。各行各业的决策正在从"业务驱动"转变为"数据驱动"。对大数据的分析可以使零售商实时掌握市场动态并迅速做出应对；可以为商家制定更加精准有效的营销策略提供决策支持；可以帮助企业为消费者提供更加及时和个性化的服务；在医疗领域，可以提高诊断准确性和药物有效性；在公共事业领域，大数据也开始发挥促进经济发展、维护社会稳定等重要作用。

④ 大数据时代科学研究的方法手段将发生重大改变。在大数据时代，可以通过实时监测、跟踪研究对象在互联网上产生的海量行为数据，进行挖掘分析，揭示出规律性的东西，提出研究结论和对策。

随着云时代的来临，大数据也吸引了越来越多的关注。大数据分析常和云计算联系在一起，因为实时的大型数据集分析需要向数十、数百甚至数千个计算机分配工作。

1.7　计算机文化和计算思维

1.7.1　计算机文化

由于计算机的普及与发展，人类社会的生存方式已发生了根本性的变化，并由此形成了一种崭新的文化形态，即计算机文化。过去对教育对象的要求是"能写会算"，现在针对信息化社会的要求又提出要培养在计算机上"能写会算"的人，即计算机素养，读计算机的书、写计算机程序、取得计算机实际经验，这概括了对计算机学习的基本要求。随着计算机教育的普及，计算机文化正成为人们关注的热点。

1. 计算机文化的形成

当今世界正在经历由原子（atom）时代向比特（bit）时代的变革，计算机科学与技术的进步在其中无疑起着关键性的作用。经过几十年的发展，计算机技术的应用领域几乎无所不在，成为人们工作、生活、学习不可或缺的重要组成部分，并由此形成了独特的计算机文化。这种崭新的文化形态可以体现为以下 3 点。

① 计算机理论及其技术对自然科学、社会科学的广泛渗透所表现的丰富文化内涵。

② 计算机的软、硬件设备，丰富了人类文化的物质品种。

③ 计算机应用介入人类社会的方方面面，从而创造和形成的科学思想、科学方法、科学精神、价值标准等成为一种崭新的文化观念。

计算机文化为我们带来了崭新的学习观念，面对浩瀚的知识海洋，人脑所能接受的知识是有限的，但计算机这种工具可以解放繁重的记忆性劳动，使人脑可以更多地用来完成"创造"性的劳动。计算机文化还代表了一个新的时代文化，它已经将一个人经过文化教育后所具有的能力由传统的读、写、算上升到了一个新高度，即除了能读、写、算以外还要具有计算机运用能力（信息处理能力），而这种能力可通过计算机文化的普及来实现。

2. 计算机文化的发展

计算机文化来源于计算机技术，正是后者的发展，孕育并推动了计算机文化的产生和成长；

而计算机文化的普及，又反过来促进了计算机技术的进步与计算机应用的扩展。

当人类跨入 21 世纪时，又迎来了以网络为中心的信息时代。网络可以把时间和空间上的距离大大缩小，借助于网络人们能够方便的彼此交谈、交流思想、交换信息。网络最重要的特点就是人人可以处在网络的中心位置，彼此完全平等地对话。作为计算机文化的一个重要组成部分，网络文化已成为人们生活的一部分，深刻地影响着人们的生活，网络文明对人类社会进步和生活改善将起到不可估量的影响。

当然，计算机文化既有知识精华在传播，也有污秽糟粕在泛滥，例如，网络上传播的不健康的东西就应该坚决取缔。

3. 计算机文化的影响

计算机的普及和计算机文化的形成及发展，对社会产生了深远的影响。网络技术的飞速发展，使互联网渗透到了人们工作、学习、生活的各个领域，成为人们获取信息、享受网络服务的重要来源。

计算机文化的形成及发展，对语言也产生了深远的影响。网络语言的出现与发展就是一个很好的例子。网络语言包括拼音或者英文字母的缩写，含有某种特定意义的数字以及形象生动的网络动画和图片，起初主要是网虫们为了提高网上聊天的效率或某种特定的需要而采取的方式，久而久之就形成特定语言了。

今天，计算机文化已成为人类现代文化的一个重要的组成部分，完整准确地理解计算机科学与工程及其社会影响，已成为新时代青年人的一项重要任务。

1.7.2　计算思维

2006 年 3 月，美国卡内基·梅隆大学（Carnegie Mellon University，CMU）的周以真（Jeannette M. Wing）教授首次提出了计算思维的概念，2010 年 10 月，中国科学技术大学陈国良院士在"第六届大学计算机课程报告论坛"上倡议将计算思维引入大学计算机基础教学，计算思维得到了国内计算机基础教育界的广泛重视。

1. 科学方法与科学思维

科学是反映人们对自然、社会、思维等现实世界各种现象的客观规律的知识体系，而科学发现则是在科学活动中对未知事物或规律的揭示，主要包括事实的发现和理论的提出。达尔文说过，科学就是整理事实，从中发现规律，做出结论。

科学界一般认为，科学方法分为理论、实验和计算三大类。与三大科学方法相对的是三大科学思维，理论思维以数学为基础，实验思维以物理等学科为基础，计算思维以计算机科学为基础。三大科学思维构成了科技创新的三大支柱，如图 1.26 所示。作为三大科学思维支柱之一，并具有鲜明时代特征的计算思维，正在引起我们国家的高度重视。

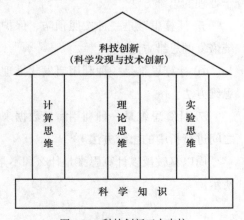

图 1.26　科技创新三大支柱

2. 计算思维的内容

计算思维不是今天才有的，从我国古代的算筹、算盘，到近代的加法器、计算器以及现代的电子计算机，直至目前风靡全球的互联网和云计算，无不体现着计算思维的思想。可以说计算思维是一种早已存在的思维活动，是每个人都具有的一种能力，它推动着人类科技的进步。然而，在相当长的时期，计算思维并没有得到系统的整理和总结，也没有得到应有的重视。直到 2006 年，周以真教授对计算思维进行了清晰、系统的阐述，这一概念才得到人们极大的关注。

按照周以真教授的观点，计算思维是指运用计算机科学的基础概念进行问题求解、系统设计以及人类行为理解等涵盖计算机科学之广度的一系列思维活动。计算思维建立在计算过程的能力和限制之上，由人或机器执行。计算思维的本质是抽象（Abstraction）和自动化（Automation）。

计算思维中的抽象完全超越物理的时空观，并完全用符号来表示，与数学和物理科学相比，计算思维中的抽象显得更为丰富，也更为复杂。在计算思维中，所谓抽象就是要求能够对问题进行抽象表示、形式化表达（这些是计算机的本质），设计问题求解过程达到精确、可行，并通过程序（软件）作为方法和手段对求解过程予以"精确"地实现，也就是说，抽象最终结果是能够机械地一步步自动执行。

3. 计算思维的方法与特征

计算思维的方法是在吸取了问题解决所采用的一般数学思维方法，现实世界中巨大复杂系统的设计与评估的一般工程思维方法，以及复杂性、智能、心理、人类行为的理解等的一般科学思维方法的基础上形成的，周以真教授将其归纳为以下 7 类方法。

① 计算思维是一种通过约简、嵌入、转化和仿真等方法，把一个看起来困难的问题重新阐释成一个我们知道问题怎样解决的思维方法。

② 计算思维是一种递归思维，是一种并行处理，是一种把代码译成数据又能把数据译成代码，是一种多维分析推广的类型检查方法。

③ 计算思维是一种采用抽象和分解来控制庞杂的任务或进行巨大复杂系统设计，是一种基于关注点分离的方法（SoC 方法）。

④ 计算思维是一种选择合适的方式去陈述一个问题，或对一个问题的相关方面建模使其易于处理的思维方法。

⑤ 计算思维是一种按照预防、保护及通过冗余、容错、纠错的方式，并从最坏情况进行系统恢复的思维方法。

⑥ 计算思维是一种利用启发式推理寻求解答，也即在不确定情况下的规划、学习和调度的思维方法。

⑦ 计算思维是一种利用海量数据来加快计算，在时间和空间之间，在处理能力和存储容量之间进行折中的思维方法。

周以真教授以计算思维是什么和不是什么的描述形式对计算思维的特征进行了总结，如表1.4所示。

表 1.4　　　　　　　　　　　　　　　　计算思维的特征

	计算思维是什么	计算思维不是什么
（1）	是概念化	不是程序化
（2）	是根本的	不是刻板的技能
（3）	是人的思维	不是计算机的思维
（4）	是思想	不是人造物
（5）	是数学与工程思维的互补与融合	不是空穴来风
（6）	是面向所有的人、所有的地方的	不局限于计算学科

4. 计算思维能力的培养

随着信息化的全面深入，无处不在、无事不用的计算机使计算思维成为人们认识和解决问题的重要基本能力之一。一个人若不具备计算思维的能力，将在就业竞争中处于劣势；一个国家若不使广大受教育者得到计算思维能力的培养，将在竞争激烈的国际环境中处于落后地位。计算思维，不仅是计算机专业人员应该具备的能力，而且是所有受教育者应该具备的能力，它蕴含着一整套解决一般问题的方法与技术。为此需要大力推动计算思维观念的普及，促进在教育过程中对学生计算思维能力的培养，以此来提高在未来国际环境中的竞争力。

杰出人物简介

习题 1

一、选择题

1. 以晶体管为主要零件的是（　　）。

　　A. 第一代计算机　　　　　　　　　B. 第二代计算机

　　C. 第三代计算机　　　　　　　　　D. 第四代计算机

2. CAD 是计算机主要应用领域，它的含义是（　　）。

　　A. 计算机辅助教育　　　　　　　　B. 计算机辅助测试

　　C. 计算机辅助设计　　　　　　　　D. 计算机辅助管理

3. 某机场的机场订票系统程序属于（　　）。

　　A. 工具软件　　　B. 系统软件　　　C. 应用软件　　　D. 文字处理软件

4. 在冯·诺依曼计算机模型中，存储器是指（　　）单元。

　　A. 内存　　　　　B. 外存　　　　　C. 缓存　　　　　D. 闪存

5. 下面几个数中，最小的数是（　　）。

　　A. 二进制数 100010010　　　　　　B. 八进制数 420

　　C. 十进制数 273　　　　　　　　　D. 十六进制数 10F

二、填空题

1. 计算机硬件系统由＿＿＿＿、＿＿＿＿、＿＿＿＿、＿＿＿＿和＿＿＿＿5 个部分组成，每部分实现一定的基本功能。

2. 位于 CPU 和主存 DRAM 之间、容量较小但速度很快的存储器称为＿＿＿＿。

3. 当前，计算机的发展表现为 4 种趋势：＿＿＿＿、＿＿＿＿、＿＿＿＿和＿＿＿＿。

4．一个完整的计算机系统由＿＿＿＿和＿＿＿＿组成。

三、简答题

1．计算机的发展经历了哪几个阶段？

2．当代计算机的主要应用有哪些方面？

3．就目前计算机的发展而言，你认为未来的计算机会是什么样的？

4．计算机的基本工作原理是什么？冯·诺依曼型计算机的结构的主要特点是什么？

5．微型计算机系统由哪几部分组成？其中硬件包括哪几部分？软件包括哪几部分？各部分的功能分别是什么？

第 2 章
Windows 操作系统

本章首先介绍操作系统的定义、功能、分类、演化等，然后详细介绍 Windows 7 操作系统（简称 Windows 7）的功能特色和基本操作，最后简要介绍 Windows 8 操作系统的特点。本章内容由浅入深，知识覆盖面广，注重对实际操作能力的培养。

【知识要点】
- 操作系统的定义、功能和分类。
- 操作系统的演化过程。
- Windows 7 操作系统的常用操作。
- 其他操作系统简介。

2.1 操作系统概述

2.1.1 操作系统的含义

为了使计算机系统中所有软硬件资源协调一致、有条不紊地工作，就必须有一套软件来进行统一的管理和调度，这种软件就是操作系统。操作系统是管理软硬件资源、控制程序执行、改善人机界面、合理组织计算机工作流程和为用户使用计算机提供良好运行环境的一种系统软件。计算机系统不能缺少操作系统，正如人不能没有大脑一样，而且操作系统的性能在很大程度上直接决定了整个计算机系统的性能。操作系统直接运行在裸机上，是对计算机硬件系统的第一次扩充。在操作系统的支持下，计算机才能运行其他软件。从用户的角度看，操作系统加上计算机硬件系统形成一台虚拟机（通常广义上的计算机），它为用户构成了一个方便、有效、友好的使用环境。因此可以说，操作系统不但是计算机硬件与其他软件的接口，而且是用户和计算机的接口。

2.1.2 操作系统的基本功能

操作系统作为计算机系统的管理者，它的主要功能是对系统所有的软硬件资源进行合理而有效的管理和调度，提高计算机系统的整体性能。一般而言，引入操作系统有两个目的：第一，从用户角度来看，操作系统将裸机改造成一台功能更强、服务质量更高、用户使用起来更加灵活方便、更加安全可靠的虚拟机，用户无须了解更多有关硬件和软件的细节就能使用计算机，从而提高用户的工作效率；第二，为了合理地使用系统包含的各种软硬件资源，提高整个系统的使用效率。具体地说，操作系统具有处理器管理、存储管理、设备管理、文件管理、作业管理等功能。

操作系统的
基本功能

1. 处理器管理

处理器管理也称进程管理。进程是一个动态的过程，是执行起来的程序，是系统进行资源调度和分配的独立单位。

进程与程序的区别，有以下 4 点。

① 程序是"静止"的，它描述的是静态指令集合及相关的数据结构，所以程序是无生命的；进程是"活动"的，它描述的是程序执行起来的动态行为，所以进程是有生命周期的。

② 程序可以脱离机器长期保存，即使不执行的程序也是存在的。而进程是执行着的程序，当程序执行完毕，进程也就不存在了。进程的生命是暂时的。

③ 程序不具有并发特征，不占用 CPU、存储器、输入 / 输出设备等系统资源，因此不会受到其他程序的制约和影响。进程具有并发性，在并发执行时，由于需要使用 CPU、存储器、输入 / 输出设备等系统资源，因此受到其他进程的制约和影响。

④ 进程与程序不是一一对应的。一个程序多次执行，可以产生多个不同的进程。一个进程也可以对应多个程序。

进程在其生存周期内，由于受资源制约，其执行过程是间断的，因此进程状态也是不断变化的。一般来说，进程有以下 3 种基本状态。

① 就绪状态。进程已经获取了除 CPU 之外所必需的一切资源，一旦分配到 CPU，就可以立即执行。

② 运行状态。进程获得了 CPU 及其他一切所需的资源，正在运行。

③ 等待状态。由于某种资源得不到满足，进程运行受阻，处于暂停状态，等待分配到所需资源后，再投入运行。

操作系统对进程的管理主要体现在调度和管理进程从"创生"到"消亡"整个生存周期过程中的所有活动，包括创建进程、转变进程的状态、执行进程和撤销进程等操作。

2. 存储管理

存储器是计算机系统中存放各种信息的主要场所，因而是系统的关键资源之一，能否合理、有效地使用这种资源，在很大程度上影响到整个计算机系统的性能。操作系统的存储管理主要是对内存的管理。除了为各个作业及进程分配互不发生冲突的内存空间，保护存放在内存中的程序和数据不被破坏外，还要组织最大限度地共享内存空间，甚至将内存和外存结合起来，为用户提供一个容量比实际内存大得多的虚拟存储空间。

3. 设备管理

外部设备是计算机系统中完成和人及其他系统间进行信息交流的重要资源，也是系统中最具多样性和变化性的部分。设备管理是负责对接入本计算机系统的所有外部设备进行管理，主要功能有设备分配、设备驱动、缓冲管理、数据传输控制、中断控制、故障处理等。常采用缓冲、中断、通道、虚拟设备等技术尽可能地使外部设备和主机并行工作，解决快速 CPU 与慢速外部设备之间的矛盾，使用户不必去涉及具体设备的物理特性和具体控制命令就能方便、灵活地使用这些设备。

4. 文件管理

计算机中存放着成千上万的文件，这些文件保存在外存中，但其处理却是在内存中进行的。对文件的组织管理和操作都是由被称之为文件系统的软件来完成的。文件系统由文件、管理文件的软件和相应的数据结构组成。文件管理支持文件的建立、存储、检索、调用、修改等操作，解决文件的共享、保密、保护等问题，并提供方便的用户使用界面，使用户能实现对文件的按名存取，而不必关心文件在磁盘上的存放细节。

5. 作业管理

作业管理是为处理器管理做准备的，包括对作业的组织、调度和运行控制。我们将一次解题过程中或一个事务处理过程中要求计算机系统所完成的工作的集合，包括要执行的全部程序模块和需要处理的全部数据，称为一个作业（Job）。

作业有 3 个状态：当作业被输入到系统的后备存储器中，并建立了作业控制模块（Job Control Block，JCB）时，称其处于后备态；作业被作业调度程序选中并为它分配了必要的资源，建立了一组相应的进程时，称其处于运行态；作业正常完成或因程序出错等而被终止运行时，称其进入完成态。

CPU 是整个计算机系统中较昂贵的资源，它的速度要比其他硬件快得多，所以操作系统要采用各种方式充分利用它的处理能力，组织多个作业同时运行，主要解决对处理器的调度、冲突处理和资源回收等问题。

2.1.3 操作系统的分类

经过了 50 多年的迅速发展，操作系统多种多样，功能也相差很大，已经发展到能够适应各种不同的应用环境和各种不同的硬件配置。操作系统按不同的分类标准可分为不同类型的操作系统，如图 2.1 所示。

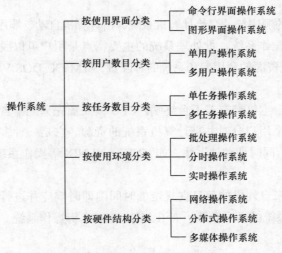

图 2.1　操作系统的分类示意图

1. 按使用界面分类

（1）命令行界面操作系统

在命令行界面操作系统中，用户只能在命令提示符后（如 C:\>）输入命令才能操作计算机。

其界面不友好，用户需要记忆各种命令，否则无法使用操作系统，如 MSDOS、Novell 等操作系统。

（2）图形界面操作系统。

图形界面操作系统交互性好，用户无须记忆命令，可根据界面的提示进行操作，简单易学，如 Windows 操作系统。

2. 按用户数目分类

（1）单用户操作系统。

单用户操作系统只允许一个用户使用操作系统，该用户独占计算机系统的全部软硬件资源。在微型计算机上使用的 MS-DOS、Windows 3.x 和 OS/2 等属于单用户操作系统。

单用户操作系统可分为单任务操作系统和多任务操作系统。其区别是一台计算机能否同时执行两项（含两项）以上的任务，如在数据统计的同时能否播放音乐等。

（2）多用户操作系统。

多用户操作系统是在一台主机上连接有若干台终端，能够支持多个用户同时通过这些终端机使用该主机进行工作。根据各用户占用该主机资源的方式，多用户操作系统又分为分时操作系统和实时操作系统。典型的多用户操作系统有 UNIX、Linux、VAX-VMS 等。

3. 按任务数目分类

（1）单任务操作系统。

单任务操作系统的主要特征是系统每次只能执行一个程序。例如，在打印时，计算机就不能再进行其他工作了，如 DOS 操作系统。

（2）多任务操作系统。

多任务操作系统允许同时运行两个或两个以上的程序。例如，在打印时，可以同时执行另一个程序，如 Windows NT、Windows 2000/XP、Windows Vista/7、UNIX 等操作系统。

4. 按使用环境分类

（1）批处理操作系统。

将若干作业按一定的顺序统一交给计算机系统，由计算机自动、顺序地完成这些作业，这样的操作系统称为批处理操作系统。批处理系统的主要特点是用户可以脱机使用计算机和成批处理，从而大大提高了系统资源的利用率和系统的吞吐量，如 MVX、DOS/VSE、AOS/V 等操作系统。

（2）分时操作系统。

分时操作系统是一台主机带有若干台终端，CPU 按照预先分配给各个终端的时间片，轮流为各个终端服务，即各个用户分时共享计算机系统的资源。它是一种多用户操作系统，其特点是具有交互性、即时性、同时性和独占性，如 UNIX、XENIX 等操作系统。

（3）实时操作系统。

实时操作系统是对来自外界的信息在规定的时间内即时响应并进行处理的系统。它的两大特点是响应的即时性和系统的高可靠性，如 IRMX、VRTX 等操作系统。

5. 按硬件结构分类

（1）网络操作系统。

网络操作系统是用来管理连接在计算机网络上的多个独立的计算机系统（包括微型计算机、无盘工作站、大型计算机和中小型计算机系统等），使它们在各自原来操作系统的基础上实现相互之间的数据交换、资源共享、相互操作等网络管理和网络应用的操作系统。连接在网络上的计算机被称为网络工作站，简称工作站。工作站和终端的区别是前者具有自己的操作系统和数据处理能力，后者要通过主机实现运算操作，如 NetWare、Windows NT、OS/2Warp、Sonos 等操作系统。

（2）分布式操作系统。

分布式操作系统也是通过通信网络将物理上分布存在的、具有独立运算功能的数据处理系统或计算机系统连接起来，实现信息交换、资源共享和协作完成任务的系统。分布式操作系统管理系统中的全部资源，为用户提供一个统一的界面，强调分布式计算和处理，更强调系统的坚强性、重构性、容错性、可靠性和快速性。从物理连接上看它与网络系统十分相似，它与一般网络系统的主要区别表现在：当操作人员向系统发出命令后能迅速得到处理结果，但运算处理是在系统中的哪台计算机上完成的操作人员并不知道，如 Amoeba 操作系统。

（3）多媒体操作系统。

多媒体计算机是近几年发展起来的集文字、图形、声音、活动图像于一体的计算机。多媒体操作系统对上述各种信息和资源进行管理，包括数据压缩、声像同步、文件格式管理、设备管理、提供用户接口等。

2.2　微型计算机操作系统的演化过程

2.2.1　DOS 操作系统

1. DOS 的功能

DOS（Disk Operating System）即磁盘操作系统，它是配置在 PC 上的单用户命令行界面操作系统。它曾经最广泛地应用在 PC 上，对于计算机的应用普及可以说是功不可没的。其功能主要是进行文件管理和设备管理。

DOS 简介

2. DOS 中的文件

文件是存放在外存中、有名字的一组信息的集合。每个文件都有一个文件名，DOS 按文件名对文件进行识别和管理，即所谓的"按名存取"。文件名由主文件名和扩展名两部分组成，其间用下圆点"."隔开。主文件名用来标识不同的文件，扩展名用来标识文件的类型。主文件名不能省略，扩展名可以省略。主文件名由 1~8 个字符组成，扩展名最多由 3 个字符组成。DOS 对文件名中的大小写字母不加区分，字母或数字都可以作为文件名的第 1 个字符。一些特殊字符（如：$、~、-、&、#、%、@、（、）等）可以用在文件名中，但不允许使用"！""，""\"和空格等。

对文件操作时，在文件名中可以使用具有特殊作用的两个符号"*"和"？"，称它们为"通配符"。其中"*"代表在其位置上连续且合法的零个到多个字符，"？"代表在其位置上的任意一个合法字符。利用通配符可以很方便地对一批文件进行操作。

3. DOS 的目录和路径

磁盘上可存放许多文件，通常，各个用户都希望自己的文件与其他用户的文件分开存放，以便查找和使用。即使是同一个用户，也往往把不同用途的文件互相区分，分别存放，以便于管理和使用。

（1）树形目录。

为了实现对文件的统一管理，同时又能方便用户对自己的文件进行管理和使用，DOS 采用树形结构来实施对所有文件的组织和管理。该结构很像一棵倒置的树，树根在上，树叶在下，中间是树枝，它们都称为节点。树的节点分为 3 类：根节点表示根目录；枝节点表示子目录；叶节点表示文件。在目录下可以存放文件，也可以创建不同名字的子目录，子目录下又可以建立子目录并存放一些文件。上级子目录和下级子目录之间的关系是父子关系，即父目录下可以有子目录，子目录下又可以有自己的子目录，呈现出明显的层次关系，如图 2.2 所示。

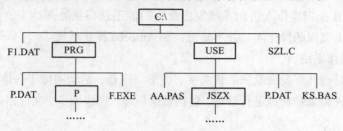

图 2.2　DOS 的树形结构

（2）路径。

要指定 1 个文件，DOS 必须知道 3 条信息：文件所在的驱动器（即盘符）、文件所在的目录和文件名。路径即为文件所在的位置，包括盘符和目录名，如 C:\PRG\P。

2.2.2　Windows 操作系统

从 1983 年到 1998 年，美国 Microsoft 公司陆续推出了 Windows 1.0、Windows 2.0、Windows 3.0、Windows 3.1、Windows NT、Windows 95、Windows 98 等系列操作系统。Windows 98 以前版本的操作系统都由于存在某些缺点而很快被淘汰。而 Windows 98 提供了更强大的多媒体和网络通信功能，以及更加安全可靠的系统保护措施和控制机制，从而使 Windows 98 的功能趋于完善。1998 年 8 月，Microsoft 公司推出了 Windows 98 中文版，这个版本当时应用非常广泛。

2000 年，Microsoft 公司推出了 Windows 2000 的英文版。Windows 2000 也就是改名后的 Windows NT5，Windows 2000 具有许多意义深远的新特性。同年，又发行了 Windows Me。

2001 年，Microsoft 公司推出了 Windows XP。Windows XP 整合了 Windows 2000 的强大功能特性，并植入了新的网络单元和安全技术，具有界面时尚、使用便捷、集成度高、安全性好等优点。

2005 年，Microsoft 公司又在 Windows XP 的基础上推出了 Windows Vista。Windows Vista 仍然保留了 Windows XP 整体优良的特性，通过进一步完善，在安全性、可靠性及互动体验等方面更为突出和完善。

2009 年 10 月 22 日，Microsoft 公司于美国正式发布 Windows 7 作为 Microsoft 公司新的操作系统。Windows 7 第一次在操作系统中引入 Life Immersion 的概念，即在系统中集成许多人性因素，一切以人为本，同时沿用了 Windows Vista 的 AERO（Authentic 真实，Energetic 动感，Reflective 反射性，Open 开阔）界面，提供了高质量的视觉感受，使得桌面更加流畅、稳定。为了满足不同定位用户群体的需要，Windows 7 提供了 5 个不同版本：家庭普通版（Home Basic 版）、家庭高级版（Home Premium 版）、商用版（Business 版）、企业版（Enterprise 版）和旗舰版（Ultimate

版）。

目前，Microsoft 公司已经发布了 Windows 8、Windows 10 等后续各种版本。

2.3　中文 Windows 7 使用基础

2.3.1　Windows 7 的安装

安装 Windows 7 之前，要了解计算机的配置，如果配置太低，会影响系统的性能或者根本不能成功安装。

1. 对计算机软、硬件的要求

CPU：时钟频率至少需要 1GHz（单核或双核处理器），推荐使用 64 位双核以上或频率更高的处理器。

内存：推荐使用 512MB RAM 或更高（安装识别的最低内存为 490MB，可能会影响性能和某些功能）。

硬盘：20GB 以上可用空间。

显卡：不低于集成显卡 64MB 显存的配置。

视频适配器：Super VGA（800 像素 ×600 像素）或分辨率更高的视频适配器。

输入设备：键盘、鼠标或兼容的设备。

其他设备：CD/DVD 驱动器或 U 盘引导盘。

2. Windows 7 安装方式

目前，Windows 7 的安装盘有很多版本，不同安装盘的安装方法也不一样。一般是用光盘启动计算机，然后根据屏幕的提示即可进行安装。

2.3.2　Windows 7 的启动和关闭

1. Windows 7 的启动

打开电源，系统自动启动 Windows 7，启动后在屏幕上会出现一个对话框，等待输入用户名和口令。输入正确后，按回车键即可进入 Windows 7 操作系统。

2. Windows 7 的关闭

单击桌面左下角的"开始"按钮，然后在弹出的菜单中选择"关闭"菜单项，即开始系统的关闭过程。在关闭过程中，若系统中有需要用户进行保存的程序，Windows 会询问用户是否强制关机或者取消关机。

Windows 7 的
关闭

2.3.3　Windows 7 的桌面

在第一次启动 Windows 7 时，首先看到桌面，即整个屏幕区域（用来显示信息的有效范围）。为了简洁，桌面只保留了"回收站"图标。我们在 Windows XP 中熟悉的"我的电脑""Internet Explorer""我的文档""网上邻居"等图标被整理到了"开始"菜单中。"开始"菜单带有用户的个人特色，由两个部分组成，左边是常用程序的快捷列表，右边为系统工具和文件管理工具列表。

Windows 7 仍然保留了大部分 Windows 9x、Windows NT 和 Windows 2000/XP 等操作系统用户的操作习惯及与其一致的桌面模式，如图 2.3 所示。

图 2.3　Windows 7 的桌面

1. Windows 7 的桌面的组成

桌面由桌面背景、图标、任务栏、"开始"菜单、语言栏和通知区域组成。桌面上放置有各式各样的图标，如"我的文档""我的电脑""网上邻居""回收站"和"Internet Explorer"图标。图标的多少与系统设置有关。

（1）图标。

每个图标由两部分组成：一是图标的图案，二是图标的标题。图案部分是图标的图形标识，为了便于区别，不同的图标一般使用不同的图案。标题是说明图标的文字信息。图标的图案和标题都可以修改。标题的修改方法是：右键单击该图标，在弹出的快捷菜单中选择"重命名"菜单项，此时输入新的名字即可。图案的修改方法是：右键单击该图标，在弹出的快捷菜单中选择"属性"菜单项，然后，在弹出的窗口中选择"快捷方式"标签，再单击其中的"更改图标"按钮来选择一个新的图案即可。

桌面上的图标有一部分是快捷方式图标，其特征是在图案的左下方有一个向右上方的箭头。快捷方式图标用来方便启动与其相对应的应用程序（快捷方式图标只是相应应用程序的一个映像，它的删除并不影响应用程序的存在）。在桌面上建立快捷方式有以下 3 种方法。

① 右键单击桌面，在弹出的快捷菜单中选择"新建"→"快捷方式"菜单项来建立。

② 通过鼠标左键的拖放功能来建立。

③ 通过鼠标右键的拖放功能来建立。

为了保持桌面的整洁和美观，可以用以下 2 种方式对桌面上的图标进行排列。

① 用鼠标拖曳：首先选中要拖曳的图标（可以是一个，也可以是多个），然后按住鼠标左键把图标拖到适当的位置后再松开即可。

② 使用快捷菜单：在桌面的空白处（即没有图标和窗口的地方）右键单击，在弹出的快捷菜单中选择"查看"或"排序方式"菜单项，然后根据需求对桌面图标进行自动排列。

桌面上图标的大小可以调整，最简单的方法是：按住 <Ctrl> 键的同时，向上或向下滚动鼠标即可改变图标的大小。

（2）任务栏。

在桌面的底部有一个长条，称为"任务栏"。"任务栏"的左端是"开始"按钮，右边是窗口区域、语言栏、工具栏、通知区域、时钟区等，最右端为显示桌面按钮，中间是应用程序按钮分布区。工具栏默认不显示，它的显示与否可以通过"任务栏和「开始」菜单属性"里的"工具栏"进行设置。

① "开始"按钮 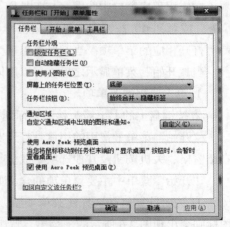。"开始"按钮是 Windows 7 进行工作的起点，在这里不仅可以使用 Windows 7 提供的附件和各种应用程序，还可以安装各种应用程序以及对计算机进行各项设置等。

在 Windows 7 中取消了 Windows XP 中的快速启动栏，取而代之的是用户可以直接把程序附加在任务栏上快速启动。

② 时钟区。显示当前计算机的时间和日期。若要了解当前的日期，只需要将光标移动到时钟上，信息会自动显示。单击该图标，可以显示当前的日期和时间及设置信息。

③ 空白区。每当用户启动一个应用程序时，应用程序就会作为一个按钮出现在任务栏上。当该程序处于活动状态时，任务栏上的相应按钮处于被按下的状态，否则，处于弹起状态。可利用此区域在多个应用程序之间进行切换（只需要单击相应的应用程序按钮）。

默认情况下，任务栏总是出现在屏幕的底部，而且不被其他窗口所覆盖。其高度只能够容纳一行按钮。在任务栏为非锁定状态时，将鼠标指向任务栏的边缘附近，当鼠标指针变成上下箭头形状时按住鼠标左键上下拖曳，就可改变任务栏的高度（最高到屏幕高度的一半）。若用鼠标拖曳任务栏，可以将任务栏拖到屏幕的上、下、左、右 4 个边缘位置。

在 Windows 7 中也可以根据个人的喜好定制任务栏。右键单击任务栏的空白处，在弹出的快捷菜单中选择"属性"菜单项，出现"任务栏和「开始」菜单属性"对话框，选择"任务栏"选项卡，出现图 2.4 所示的对话框。

在"任务栏外观"选项组中包括以下 5 种设置任务栏外观效果的选项。

- 锁定任务栏：保持现有任务栏的外观，避免意外的改动。
- 自动隐藏任务栏：当任务栏处于未使用状态时，将自动从屏幕下方退出。鼠标移动到屏幕下方时，任务栏又重新回到原位置。

图 2.4　"任务栏和「开始」菜单属性"对话框

- 使用小图标：使任务栏上的窗口图标以小图标样式显示。
- 屏幕上的任务栏位置：可选顶部、左侧、右侧和底部。
- 任务栏按钮：将同一个应用程序的若干窗口进行组合管理。

在"通知区域"选项组里可以自定义通知区域出现的图标和通知。

在"使用 Aero Peek 预览桌面"选项组里可以选择是否使用 Aero Peek 预览桌面。

（3）"开始"菜单。

单击"开始"按钮会弹出"开始"菜单。"开始"菜单集成了 Windows 7 中大部分的应用程序和系统设置工具，如图 2.5 所示（普通方式下），显示的具体内容与计算机的设置和安装的软件有关。

图 2.5 "开始"菜单

在"开始"菜单中，每个菜单项除了有文字之外，还有一些标记：图案、文件夹图标、"▶"或者"◀"按钮以及用括号括起来的字母。其中，文字是该菜单项的标题，图案是为了美观和好看（在应用程序窗口中此图案与工具栏上相应按钮的图案一样）；文件夹图标表示里面有菜单；"▶"或者"◀"按钮用来显示或隐藏子菜单项；字母表示当该菜单项在显示时，直接按该字母就可打开相应的菜单项。当某个菜单项为灰色时，表示此时不可用。

当"开始"菜单显示之后，可以用以下两种方法进行选择某一项来执行相应的操作。

① 单击要用的菜单项。

② 按键盘上的上下箭头移动光标到要用的菜单项上（此菜单项高亮显示），然后按回车键。

"开始"菜单最常用的用途是打开安装到计算机中的应用程序，由常用程序列表、搜索框、右侧窗格、关机按钮及其他选项组成。

"开始"菜单中主要菜单项的含义如下。

① 关闭计算机。选择此菜单项后，计算机会执行快速关机命令，单击该命令右侧的"▶"图标则会出现图 2.6 所示的子菜单，默认有 5 个菜单项。

- 切换用户。当存在两个或以上用户的时候可通过此菜单项进行多用户的切换操作。
- 注销。用来注销当前用户，以备下一个人使用或防止数据被其他人操作。
- 锁定。锁定当前用户。锁定后需要重新输入密码认证通过才能正常使用。
- 重新启动。当用户需要重新启动计算机时，应选择"重新启动"菜单项。系统将结束当前的所有会话，关闭 Windows，然后自动重新启动系统。
- 睡眠。当用户短时间不用计算机又不希望别人以自己的身份使用计算机时，应选择此菜单项。选择此菜单项后，系统将保持当前的状态并进入低耗电状态。

在 Windows 7 中，"关机"按钮并不是固定的按钮，可通过图 2.4 中的"「开始」菜单"选项卡中的"电源按钮操作"来设置。

②搜索框。使用搜索框可以快速找到所需要的程序和文件。搜索框还能取代"运行"对话框，在搜索框中输入程序名，可以启动程序。

③"所有程序"菜单。选择该菜单项，会列出一个按字母顺序排列的程序列表，在程序列表的下方还有一个文件夹列表，如图 2.7 所示。单击程序列表中的某个程序图标以打开该应用程序。打开应用程序的同时，"开始"菜单会自动关闭。

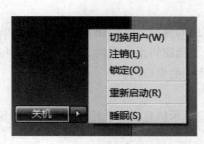

图 2.6　"关闭计算机"菜单

图 2.7　"所有程序"菜单示意图

④帮助和支持。选择该菜单可以打开"帮助和支持中心"窗口，该窗口也可以通过按功能键 <F1> 打开。在帮助窗口中，可以通过以下两种方式获得帮助。

方式一：在"搜索"文本框中输入要查找的帮助信息的关键字，然后单击 🔍 按钮，系统会在窗口中列出相关内容的标题。单击某一个标题，系统就会显示具体的帮助信息。

方式二：使用"选项"→"浏览帮助"菜单项，可以以目录的形式查看帮助。单击大标题则跳转至分类更为详细的小标题页；通过单击任意一个标题，可直接获得特定的某种帮助。

⑤常用项目。我们可以通过常用项目中的游戏、计算机、控制面板、设备和打印机等菜单进行快速访问及其他操作。

⑥最近打开的程序。列出用户最近使用过的文档或者程序。

⑦运行。可以通过该菜单项打开"运行"对话框。在该对话框中，Windows 可以根据输入的名称，打开相应的程序、文件夹、文档或 Internet 资源。

2. 开始菜单的设置

①在"任务栏和「开始」菜单属性"对话框中选择"「开始」菜单"选项卡，打开图 2.8 所示的对话框。

②单击"自定义"按钮，在弹出的对话框中可以对开始菜单进行各项设置。也可单击"使用默认设置"按钮把各种设置恢复到 Windows 的默认状态。

③在"「开始」菜单"选项卡里可以为电源按钮选择默认操作。

④隐私。在"隐私"选项组中，可以选择是否"存

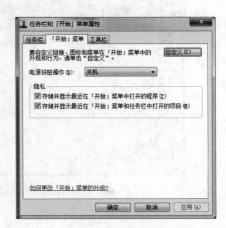

图 2.8　"「开始」菜单"选项卡

储并显示最近在「开始」菜单中打开的程序"和"存储并显示最近在「开始」菜单和任务栏中打开的项目"。

2.3.4　Windows 7 窗口

Windows 7 窗口在屏幕上呈一个矩形，是用户和计算机进行信息交换的界面。

1. 窗口的分类

窗口一般分为应用程序窗口、文档窗口和对话框窗口。

（1）应用程序窗口。

应用程序窗口用来表示一个正在运行的应用程序。

（2）文档窗口。

文档窗口是在应用程序中用来显示文档信息的窗口。文档窗口顶部有自己的名字，但没有自己的菜单栏，它共享应用程序的菜单栏。当文档窗口最大化时，它的标题栏将与应用程序的标题栏合为一行。文档窗口总是位于某一应用程序的窗口内。

（3）对话框窗口。

对话框窗口是在程序运行期间，用来向用户显示信息或者让用户输入信息的窗口。

2. 窗口的组成

每个窗口都有一些共同的组成元素，但并不是所有的窗口都具有每种元素，如对话框无菜单栏。窗口一般包括 3 种状态：正常、最大化和最小化。正常窗口是 Windows 系统的默认大小；最大化窗口充满整个屏幕；最小化窗口则缩小为一个图标和按钮。当工作窗口处于正常或最大化状态时，都有边界、工作区、标题栏、状态控制按钮等组成部分，如图 2.9 所示。

Windows 7 在应用工作区中设置了一个功能区，即位于窗口左边部分的列表框。通过"组织"→"布局"菜单调整是否显示菜单栏以及各种窗格，如图 2.10 所示。

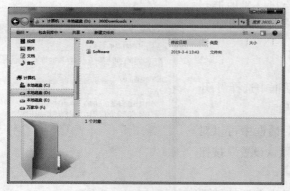

图 2.9　Windows 7 窗口示意图

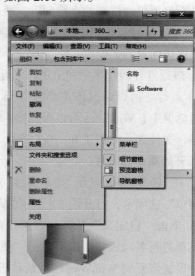

图 2.10　Windows 窗口"布局"示意图

（1）控制菜单。

控制菜单位于窗口的左上角，其图标为该应用程序的图标。单击该图标，可弹出控制菜单，其中包括改变窗口的大小、最大化、最小化、恢复和关闭窗口等菜单项。双击系统菜单，则关闭当前窗口。

（2）标题栏。

标题栏位于窗口的顶部，单独占一行。其中显示的有当前文档的名称和应用程序的名称，两者之间用短横线隔开。拖曳标题栏可以移动窗口的位置，双击标题栏可最大化或恢复窗口。当标题栏为深蓝色显示时，表示当前窗口是活动窗口。非活动窗口的标题栏是灰色显示的。

（3）菜单栏。

菜单栏位于标题栏的下面，列出该应用程序可用的菜单。每个菜单都包含若干个菜单项，通过选择菜单项可完成相应操作。不同的应用程序，其菜单的内容可能有所不同。

（4）工具栏。

工具栏位于菜单栏的下面，它的内容可由用户自己定义。工具栏上有一系列的小图标，单击这些小图标可以完成相应的操作。工具栏的功能与菜单栏的功能是相同的，只不过使用工具栏更方便、快捷。

（5）滚动条。

滚动条位于窗口的右边框或下边框。当窗口无法显示出所有的内容时，拖曳滚动条中间的滑块或单击滚动条两端的三角按钮或单击滚动条上的空白位置，都可以查看窗口中的其他内容。

（6）最小化、最大化、恢复按钮。

这些按钮位于窗口的右上角，单击这 3 个按钮中的某一个，可实现窗口状态的切换。

当拖曳窗口的标题栏到桌面的顶端时，窗口会显示一个最大化的透明窗口，如果此时松开鼠标，窗口就会最大化。

当拖曳窗口的上边框到桌面的顶端时（或当拖动窗口的下边框到桌面的底端时），窗口会显示一个最大高度的透明窗口，如果此时松开鼠标，窗口就上、下充满桌面。

（7）关闭按钮。

关闭按钮位于窗口的最右上角，单击此按钮，可关闭当前窗口。

（8）窗口的边框和角。

窗口的边框是指窗口的四边边界。将鼠标移动到窗口边框，当鼠标指针变为垂直或水平双向箭头时，拖曳鼠标可改变窗口垂直或水平方向的大小。

窗口的角是指窗口的 4 个角。将鼠标指向窗口的角，当鼠标指针变为斜向双向箭头时，拖曳鼠标可同时改变窗口的高和宽。

（9）工作空间。

窗口内部的区域称为工作空间，是用来进行工作的地方。

（10）功能区。

功能区位于窗口的左侧，包含了该窗口使用最频繁的操作。

3. 对话框

对话框是人机进行信息交换的特殊窗口。有的对话框一旦打开，就不能在程序中进行其他操作，必须把对话框处理完毕并关闭后才能进行其他操作。如图 2.11 所示，表示需要用户设置页面。对话框由选项卡、下拉列表框、编辑框、单选按钮、复选框、按钮等元素组成。

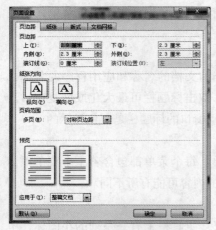

图2.11 "页面设置"对话框

（1）选项卡。

当对话框的内容比较多时，一个窗口显示不完，那么系统就会以选项卡的形式给出。选择不同的选项卡，显示的内容就不同。

（2）下拉列表框。

单击下拉按钮右边向下的箭头，可显示下拉列表框，它提供一些选项让用户进行选择，有时，用户也可直接输入内容。

（3）编辑框。

编辑框是只能用来输入内容的框。

（4）单选按钮。

使用单选按钮，表示在几种选择中，用户能且仅能选择其中的某一项。未选中时，前面显示为"○"，当用户选中时，显示为"◉"。

（5）复选框。

使有复选框，表示用户可以从若干项中选择某些项，用户可以全不选，也可以全选。未选择时，前面显示为"□"，当用户选中时，显示为"☑"。

（6）按钮。

按钮用来完成一定的操作。

注意：在窗口的右上角有一个"?"按钮，其功能是帮助用户了解更多的信息。

4. 窗口的关闭

对于那些不再使用的窗口，可以将其关闭，关闭窗口的方法主要有以下4种。

① 单击窗口标题栏右端的"关闭"按钮 ▬▬▬ 。

② 如果窗口中显示了"文件"菜单，则选择"文件"→"退出"菜单项。

③ 右击窗口对应的任务栏按钮，然后在弹出菜单中选择"关闭窗口"菜单项。

④ 双击窗口左上角的控制菜单。

若关闭未保存的文档时，系统会提示是否保存对文档所做的更改。

5. 窗口位置的调整

用鼠标拖曳窗口的标题栏到适当位置即可。

6. 多窗口的操作

（1）窗口之间的切换。

在使用计算机的过程中，经常会打开多个窗口，此时，需要经常在窗口之间进行切换。窗口切换有以下4种方法。

① 单击窗口的任何可见部分。

② 单击某个窗口在任务栏上对应的图标。

③ 使用 <Alt+Tab> 组合键。

④ 使用 <Windows（徽标键）+Tab> 组合键以 Flip 3D 窗口形式切换。

（2）窗口的排列。

若想对多个窗口的大小和位置进行排列，可右键单击任务栏的空白处，在弹出的快捷菜单中选择"层叠窗口""堆叠显示窗口"或"并排显示窗口"菜单项，或者选择相应的取消功能来完成相应的操作。

2.4　中文 Windows 7 的基本资源与操作

Windows 7 的基本资源主要包括磁盘以及存放在磁盘上的文件，下面先介绍如何对资源进行浏览，再介绍如何对文件和文件夹进行操作，最后介绍磁盘的操作以及有关系统设置等内容。

在 Windows 中，系统的整个资源呈一个树形层次结构，它的最上层是"桌面"，第二层是"计算机""网络"等。

2.4.1　浏览计算机中的资源

为了很好地使用计算机，用户要对计算机的资源（主要是存放在计算机上的文件或文件夹）进行了解，一般来说，是对相关的内容进行浏览和操作。在 Windows 7 中，资源管理器发生了很大的变化，从布局到内在都焕然一新。

打开资源管理器窗口的方法很多，最常用的有以下 3 种方法。

1. 计算机

双击桌面上的"计算机"图标，出现"计算机"窗口，如图 2.12 所示。

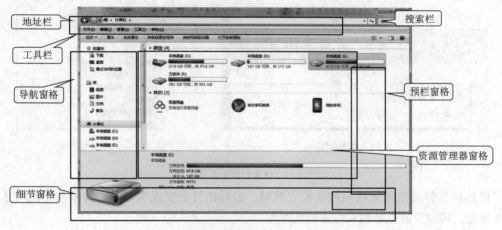

图 2.12　"计算机"窗口

Windows 7 的资源管理器主要由地址栏、搜索栏、工具栏、导航窗格、资源管理器窗格、预览窗格以及细节窗格 7 部分组成。其中的预览窗格默认不显示。用户可以通过"组织"菜单中的"布局"来设置"菜单栏""细节窗格""预览窗格"和"导航窗格"是否显示。

（1）地址栏。

地址栏与 IE 浏览器非常相似，有"后退""前进""记录▼""地址栏""上一位置▼""刷新↔"等按钮。其中，"记录"按钮的列表最多可以记录最近的 10 个项目。Windows 7 的地址栏引入了"按钮"的概念，用户能够更快地切换文件夹。如图 2.13 所示，当前显示的是"C:\Program Files\Common Files\360SD"，在地址栏中单击"本地磁盘 (C:)"即可直接跳转到"C:\"。

不仅如此，还可以在不同级别文件夹间跳转，如单击"本地磁盘 (C:)"右边的"▶"，"▶"按钮会变成"▼"按钮同时下拉显示"本地磁盘 (C:)"所包含的内容，直接选择某一个文件夹即可实现跳转。

地址栏同时具有搜索的功能。

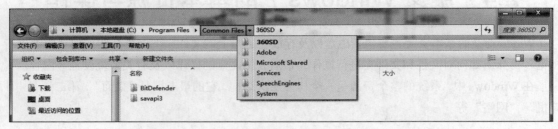

图 2.13　地址栏使用示意图

（2）搜索栏。

在搜索栏中输入内容的同时，系统就开始搜索。在搜索时，用户还可以设置搜索条件，如种类、修改日期、类型、大小、名称（见图 2.14（a））。例如，选择修改日期，会出现图 2.14（b）所示的搜索条件。

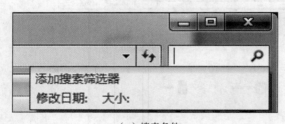

（a）搜索条件

（b）日期条件

图 2.14　搜索栏使用示意图

当把鼠标指针指向地址栏和搜索栏之间时，鼠标指针会变成水平双向的箭头，此时水平方向拖曳鼠标，可以更改地址栏和搜索栏的宽度。

（3）工具栏。

Windows 7 中的资源管理器工具栏相比以前版本的 Windows 显得更加智能。工具栏按钮会根据选择的不同文件显示不同的内容。例如，当选择图片时，显示的工具栏如图 2.15 所示，与图 2.12 中的工具栏就不同了。

图 2.15　工具栏示意图

通过单击工具栏上的"▦ ▼"按钮左边的"更改视图"按钮来切换资源管理器窗格中对象的显示方式，也可单击其右边的"更多选项"按钮直接选择某一显示方式。

（4）导航窗格。

导航窗格能够辅助用户在磁盘、库之间切换。导航窗格中分为收藏夹、库、家庭组、计算机和网络 5 个部分，其中，家庭组仅当加入某个家庭组后才会显示。

用户可以在资源管理窗格中拖曳对象到导航窗格中的某个对象，系统会根据情况提示"创建链接""复制""移动"等操作。

（5）资源管理器窗格。

资源管理器窗格是用户进行操作的主要地方。在此窗格中，用户可进行选择、打开、复制、移动、创建、删除、重命名等操作。同时，根据显示的内容，在资源管理器窗格的上部会显示不同的相关操作。

（6）预览窗格。

预览窗格是 Windows 7 中的一项改进，它在默认情况下不显示，这是因为大多数用户不会经常预览文件内容。可以通过单击工具栏右端的"显示 / 隐藏预览窗格"按钮"⬚"来显示或隐藏预览窗格。

Windows 7 资源管理器支持多种文件的预览，包括音乐、视频、图片、文档等。如果文件是比较专业的，则需要安装有相应的软件才能预览。

（7）细节窗格。

细节窗格用于显示一些特定文件、文件夹以及对象的信息，如图 2.12 所示。当在资源管理窗格中没有选中对象时，细节窗格显示的是本机的信息。

2. 资源管理器

鼠标右键单击"开始"按钮，在弹出的菜单中选择"打开 Windows 资源管理器"菜单项，也可以打开资源管理器窗口。

3. 网络

双击桌面上的"网络"图标，也可以打开资源管理器窗口。

2.4.2　执行应用程序

用户要想使用计算机，必须通过执行各种应用程序来完成。例如，想播放视频，需要执行"腾讯视频播放器""爱奇艺播放器"等应用程序；想上网，需要执行"Internet Explorer""360 浏览器"等应用程序。

执行应用程序
的方法

执行应用程序的方法有以下 4 种。

① 对 Windows 自带的应用程序，可通过单击"开始"→"所有程序"菜单项，再选择相应的菜单项来执行。

② 在资源管理器中找到要执行的应用程序文件，用鼠标双击（也可以选中之后按回车键；也可右键单击程序文件，然后在弹出的菜单中选择"打开"菜单项）。

③ 双击应用程序对应的快捷方式图标。

④ 单击"开始"→"运行"选项，在命令行输入相应的命令后单击"确定"按钮。

2.4.3 文件和文件夹的操作

1. 文件的含义

文件是通过名字（文件名）来标识的存放在外存中的一组信息。在 Windows 7 中，文件是存储信息的基本单位。

2. 文件的类型

在计算机中存储的文件有多种类型，如图片文件、音乐文件、视频文件、可执行文件等。不同类型的文件在存储时的扩展名是不同的，如音乐文件有 .MP3、WMA 等，视频文件有 .MP4、.AVI、.RMVB、.RM 等，图片文件有 .JPG、.BMP 等。不同类型的文件在显示时的图标也不同，如图 2.16 所示。Windows 7 默认会将已知的文件扩展名隐藏。

图 2.16　不同的文件类型示意图

3. 文件夹

文件夹是用来存放文件或文件夹的，与生活中的"文件夹"相似。在文件夹中还可以再存储文件夹，也就是文件夹可以嵌套。相对于当前文件夹来说，它里面的文件夹称为子文件夹。文件夹在显示时，也用图标显示，包含内容不同的文件夹，在显示时的图标是不太一样的，如图 2.17 所示。

文件（夹）的操作

图 2.17　不同文件夹的图标示意图

4. 文件的选择操作

在 Windows 中，对文件或文件夹操作之前，必须先选中它。根据选择的对象，选中分单个的、连续的多个、不连续的多个 3 种情况。

① 选中单个文件：单击文件图标即可。

② 选中连续的多个文件：先选中第 1 个（方法同 1），然后按住 <Shift> 键的同时单击最后 1 个，则它们之间的文件就被选中了。

③ 选中不连续的多个文件：先选中第 1 个，然后按住 <Ctrl> 键的同时再单击其余的要选中的每个文件。

如果想把当前窗口中的对象全部选中，则选择"编辑"→"全选"菜单项，也可按 <Ctrl+A> 组合键。

如果多选了，则可取消选中。单击空白区域，则可把选中的文件全部取消；如果想取消选中的单个文件或部分文件，则可在按住 <Ctrl> 键的同时，再单击需要取消的文件即可。

只有先选中文件，才可以进行各种操作。

5. 复制文件

方法一：先选择"编辑"→"复制"菜单项（也可用 <Ctrl+C> 组合键），然后转换到目标位置，选择"编辑"→"粘贴"菜单项（也可用 <Ctrl+V> 组合键）。

方法二：用鼠标直接把文件拖曳到目标位置松开即可（如果是在同一个磁盘内进行复制的，则在拖曳的同时按住 <Ctrl> 键）。

方法三：如果是把文件从硬盘复制到软盘、U 盘或活动硬盘则可右键单击文件，在弹出的快捷菜单中选择"发送到"菜单项，然后选择一个盘符即可。

6. 移动文件

方法一：先选择"编辑"→"剪切"菜单项（也可用 <Ctrl+X> 组合键），然后转换到目标位置，选择"编辑"→"粘贴"菜单项（也可用 <Ctrl+V> 组合键）。

方法二：用鼠标直接把文件拖曳到目标位置松开即可（如果是在不同磁盘之间进行移动的，则在拖曳的同时按住 <Shift> 键）。

7. 文件的删除

对于不需要的文件，要及时从磁盘上清除，以便释放它所占用的空间。

方法一：直接按 <Delete> 键。

方法二：右键单击图标，在弹出的快捷菜单中选择"删除"菜单项。

方法三：选择"文件"→"删除"菜单项。

执行以上 3 种方法中的任意一种时，系统都会出现一个对话框，让用户进一步确认，此时把删除的文件放入回收站（在空间允许的情况下），用户在需要时可以从回收站还原。

若在删除文件的同时按住 <Shift> 键，文件则被直接彻底删除，而不放入回收站。

8. 文件重新命名

文件的复制、移动、删除操作一次可以操作多个对象。而文件的重命名一次只能操作一个文件。选中要修改名字的文件后，按以下 4 种方法可以对其重命名。

方法一：右键单击图标，在弹出的快捷菜单中选择"重命名"菜单项，然后输入新的文件名即可。

方法二：选择"文件"→"重命名"菜单项，然后输入新的文件名即可。

方法三：单击图标标题，然后输入新的文件名即可。

方法四：按 <F2> 键，然后输入新的文件名即可。

9. 修改文件的属性

在 Windows 7 中，为了简化用户的操作和提高系统的安全性，只有"只读"和"隐藏"属性可供用户操作。

修改文件的属性有以下两种方法。

方法一：右键单击文件图标，在弹出的快捷菜单中选择"属性"菜单项。

方法二：选择"文件"→"属性"菜单项。

以上两种方法都会出现"属性"对话框，分别在属性前面的复选框中加以选择，然后单击"确定"按钮。

在文件属性对话框中，还可以更改文件的打开方式，查看文件的安全性以及详细信息等。

10. 文件夹的操作

在 Windows 中，文件夹是一个存储区域，用来存储文件和文件夹等信息。

文件夹的选中、移动、删除、复制和重命名与文件的操作完全一样，在此不再重复。在这里，主要介绍与文件不同的操作。要特别注意：文件夹的移动、复制和删除操作，不仅仅是对文件夹本身，而且包括它所包含的所有内容。

（1）创建文件夹。

先确定文件夹所在的位置，再选择"文件"→"新建"→"文件夹"菜单项，或者在窗口中的空白处右键单击，在弹出的快捷菜单中选择"新建"→"文件夹"菜单项，系统将生成相应的文件夹，用户只要在图标下面的文本框中输入文件夹的名字即可。系统默认的文件夹名是"新建文件夹"。

（2）修改文件夹选项。

"文件夹选项"命令用于定义资源管理器中文件与文件夹的显示风格，选择"工具"→"文件夹选项"菜单项，会打开"文件夹选项"对话框，它包括"常规""查看"和"搜索"3 个选项卡。

① "常规"选项卡。

"常规"选项卡中包括 3 个选项："浏览文件夹""打开项目的方式"和"导航窗格"。分别可以对文件夹显示的方式、窗口打开的方式以及文件和导航窗格的方式进行设置。

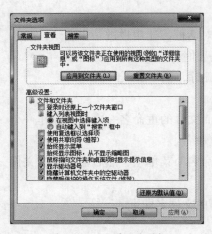

图 2.18 "查看"选项卡

② "查看"选项卡。

单击"文件夹选项"对话框中的"查看"选项卡，将打开图 2.18 所示的对话框。

"查看"选项卡中包括了两部分的内容："文件夹视图"和"高级设置"。

"文件夹视图"提供了简单的文件夹设置方式。单击"应用到文件夹"按钮，会将所有文件夹的属性设置成与当前打开的文件夹的属性相同；单击"重置文件夹"按钮，将恢复文件夹的默认状态，用户可以重新设置所有文件夹的属性。

在"高级设置"列表框中可以对多种文件的操作属性进行设定和修改。

③ "搜索"选项卡。

"搜索"选项卡可以设置搜索内容、搜索方式等。

2.4.4 库的操作

库（Libraries）在前面已经提到，有视频库、图片库、文档库、音乐库等。库是 Windows 7 中新一代文件管理系统，也是 Windows 7 中最大的亮点之一，它彻底改变了我们的文件管理方式，将死板的文件夹方式变得更为灵活和方便。

库可以集中管理视频、文档、音乐、图片和其他文件。在某些方面，库类似传统的文件夹，在库中查看文件的方式与文件夹完全一致。但与文件夹不同的是，库可以收集存储在任意位置的文件，这是一个细微但重要的差异。库实际上并没有真实存储数据，它只是采用索引文件的管理方式，监视其包含项目的文件夹，并允许用户以不同的方式访问和排列这些项目。库中的文件都会随着原始文件的变化而自动更新，并且可以以同名的形式存在于文件库中。

不同类型的库，库中项目的排列方式也不尽相同，如图片库有月、天、分级、标记几个选项，文档库中有作者、修改日期、标记、类型、名称几个选项。

以视频库为例，可以通过单击"视频库"下面"包括"的位置打开"视频库位置"对话框，如图 2.19 所示。在此对话框中，可以查看库所包含的文件夹信息，也可通过右边的"添加""删除"按钮向库中添加文件夹和从库中删除文件夹。

图 2.19　库的操作示意图

库仅是文件或文件夹的一种映射，库中的文件并不位于库中。用户需要向库中添加文件夹位置（或者是向库包含的文件夹中添加文件），才能在库中组织文件和文件夹。

若想在库中不显示某些文件，不能直接在库中将其删除，因为这样会删除计算机中的原文件。正确的做法是：调整库所包含的文件夹的内容，调整后库显示的信息会自动更新。

2.4.5　回收站的使用和设置

回收站是一个比较特殊的文件夹，它的主要功能是临时存放用户删除的文件和文件夹（这些文件和文件夹从原来的位置移动到"回收站"这个文件夹中），存放在回收站的文件和文件夹仍然存在于硬盘中。用户既可以把它们从回收站中恢复到原来的位置，也可以把它们从回收站中彻底删除以释放硬盘空间。

1. 回收站的打开

在桌面上双击"回收站"图标，即可打开"回收站"窗口。

2. 基本操作

（1）还原回收站中的文件和文件夹。

回收站的操作

要还原一个或多个文件夹，可以在"回收站"窗口中选定对象后在菜单中选择"文件"→"还原"菜单项。

要还原所有文件和文件夹，单击"回收站"窗口中工具栏中的"还原所有项目"按钮。

（2）彻底删除文件和文件夹。

在"回收站"窗口中彻底删除一个或多个文件和文件夹，可以在选定对象后在菜单中选择"文件"→"删除"菜单项。

要彻底删除所有文件和文件夹，即清空回收站，可以执行下列操作之一。

方法一：右键单击桌面上的"回收站"图标，在弹出的快捷菜单中选择"清空回收站"菜单项。

方法二：在"回收站"窗口中，单击工具栏中的"清空回收站"按钮。

方法三：在"回收站"窗口中，选择"文件"→"清空回收站"菜单项。

注意：当"回收站"中的文件所占用的空间达到了回收站的最大容量时，"回收站"就会按照文件被删除的时间先后将文件从回收站中彻底删除。

图 2.20 "回收站属性"对话框

3. 回收站的设置

在桌面上右键单击"回收站"图标，在弹出的快捷菜单中选择"属性"菜单项，即可打开"回收站属性"对话框，如图 2.20 所示。

如果选中"自定义大小"单选按钮，则可以对每个驱动器分别设置"回收站"的存储容量。选中本地磁盘盘符后，在自定义大小最大值里输入数值。

如果选定"不将文件移到回收站中。移除文件后立即将其删除。"则在删除文件和文件夹时不使用回收站功能，直接执行彻底删除。

如果选定"显示删除确认对话框"，则在删除文件和文件夹前系统将弹出确认对话框，否则，直接删除。

设置完成后，单击"应用"按钮使设置生效，或者单击"确定"按钮使设置生效并退出"回收站属性"对话框。

2.4.6 中文输入法的操作

在中文 Windows 7 中，中文输入法采用了非常方便、友好而又有个性化的用户界面，新增加了许多中文输入功能，使得用户输入中文更加灵活。

1. 添加和删除汉字输入法

在安装 Windows 7 时，系统已默认安装了微软拼音、ABC 等多种输入法，但在语言栏中只显示了一部分，此时，可以进行添加和删除操作。

① 单击"开始"→"控制面板"→"时钟、语言和区域"→"更改键盘或其他输入法"命令，打开"区域和语言"对话框。

② 选择"键盘和语言"选项卡，单击"更改键盘"按钮，在弹出的"文本服务和输入语言"对话框中，单击"添加"按钮，打开图 2.21 所示的界面。

③ 根据需要，选中（或取消选中）某种输入法前的复选框，单击"确定"或"取消"按钮即可。对于计算机上没有安装的输入法，可使用相应的输入法安装软件直接安装。

2. 输入法之间的切换

输入法之间的切换是指在各种不同的输入法之间进行选择。对于键盘操作，可以用 <Ctrl+Space> 组合键来启动或关闭中文输入法，使用 <Ctrl+Shift> 组合键在英文及各种中文输入法之间进行轮流切换。切换的同时，任务栏右边的"语言指示器"会不断地变化，以指示当前正在使用的输入法。输入法之间的切换还可以使用鼠标进行，具体方法是：单击任务栏上的"语言指示器"图标，然后选择一种输入方法即可。

3. 全 / 半角及其他切换

在半角方式下，一个字符（字母、标点符号等）占半个汉字的位置，而在全角方式下，则占一个汉字的位置。用户可通过全 / 半角状态来控制字符占用的位置。

同样，也要区分中英文的标点符号，如英文中的句号是"."，而中文中的句号是"。"，其切换键是 <Ctrl+.> 组合键。<Shift + Space> 组合键用于全 / 半角的切换。<Shift> 键用于切换中英文字符的输入。

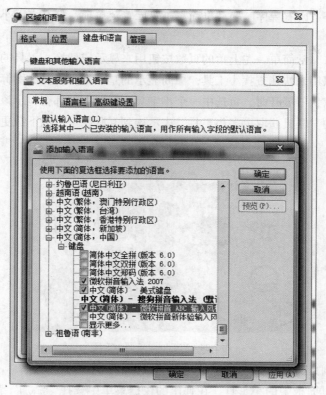

图 2.21　"文本服务和输入语言"对话框

在图 2.22 所示的搜狗输入法指示器中，从左向右的顺序分别表示中文/英文、英文/中文标点、表情、语音、输入方式、等级、皮肤盒子和工具箱，用户可通过上面讲述的组合键切换，也可通过单击相应的图标进行切换。

图 2.22　搜狗输入法指示器

4. 特殊定制

为了方便使用，可为某种输入法进行一些特殊定制，以搜狗输入法为例，可通过搜狗工具箱进行专门的定制。单击"搜狗输入法指示器"最后的工具箱按钮，弹出图 2.23 所示的对话框，在其中进行相应的设置。

图 2.23　"搜狗工具箱"对话框

2.5　Windows 7 提供的若干附件

Windows 7 的改变不仅体现在一些重要功能上，如安全性、系统运行速度等，而且系统自带的附件也发生了非常大的变化，相比以前版本的附件，功能更强大、界面更友好，操作也更简单。

2.5.1　Windows 桌面小工具

Windows 桌面小工具是 Windows 7 中非常不错的桌面组件，通过它可以改善用户的桌面体验。用户不仅可以改变桌面小工具的尺寸，还可以改变位置，并且可以通过网络更新、下载各种小工具。

单击"开始"→"所有程序"→"桌面小工具库"菜单项，打开桌面小工具，如图 2.24 所示。

桌面小工具

整个面板看起来非常简单。左上角的页数按钮用来显示或切换小工具的页码；右上角的搜索框可以用来快速查找小工具；中间显示的是每个小工具的图标，当左下角的"显示详细信息"展开时，每选中一个小工具，窗口下部都会显示该工具的相关信息；右下角的"联机获取更多小工具"表示连到互联网上可以下载更多的小工具。

图 2.24　Windows 桌面小工具

1. 添加小工具到桌面

右键单击小工具面板中的小工具，在弹出的快捷菜单中选择"添加"菜单项，即可把小工具添加到桌面右侧顶部，若添加多个小工具则会依次在桌面右侧从顶部向下排列。也可直接用鼠标左键把小工具从小工具面板中拖到桌面上。

2. 调整小工具

当鼠标指向某个小工具时，其右边会出现一个工具条，如图 2.25（a）所示。工具条从上到下的功能分别是：关闭、较大尺寸、选项和拖动小工具。当选择"较大尺寸"时，会出现图 2.25（b）所示的界面。

（a）

（b）

图 2.25　桌面小工具较小 / 大尺寸显示操作示意图

右键单击小工具，会弹出快捷菜单，可进行"添加小工具""移动""大小""前端显示""不透明度""选项"和"关闭小工具"操作。

3. 关闭与卸载小工具

当不需要小工具时，可以将桌面的小工具关闭。关闭后的小工具将保留在 Windows 小工具面板中，以后可以再次将小工具添加到桌面。关闭的方法是：单击图 2.25（a）所示右上角的"关闭"按钮；也可右键单击小工具，在弹出的快捷菜单中选择"关闭小工具"菜单项。

要卸载小工具，可右键单击图 2.24 所示的 Windows 桌面小工具中的某个小工具，在弹出的快捷菜单中选择"卸载"菜单项。

2.5.2 画图

画图工具是 Windows 中基本的作图工具。在 Windows 7 中，画图工具发生了非常大的变化，它采用了"Ribbon"（以面板及标签页为架构的用户界面）界面，使得界面更加美观，同时内置的功能也更加丰富、细致。

在"开始"菜单中选择"所有程序"→"附件"→"画图"菜单项，打开图 2.26 所示的"画图"应用程序窗口。

在窗口的顶端是标题栏，它包含两部分内容："自定义快速访问工具栏"和"标题"。在标题栏的左边可以看到一些按钮，这些按钮称为自定义快速访问工具栏，通过此工具栏，可以进行一些常用的操作，如保存、撤销、重做等。按钮的多少可以通过单击右边向下的三角图标，在弹出的菜单中设置，如图 2.27 所示。

图 2.26 "画图"应用程序窗口

图 2.27 设置按钮数量

标题栏下方是菜单和画图工具的功能区，这也是画图工具的主体，它用来控制画图工具的功能及其工具等。菜单栏包含"画图"按钮和两个菜单项：主页和查看。

单击"画图"按钮，在弹出的菜单中可以进行文件的新建、保存、打开、打印等操作。

当选择"主页"菜单项时，会现出相应的功能区，包含剪贴板、图像、工具、刷子、形状、粗细和颜色功能模块，提供给用户对图片进行编辑和绘制的功能。下面对各个功能模块进行逐一介绍。

① 在剪贴板功能模块中，可以对图像进行剪切、复制和粘贴。

② 在图像功能模块中，提供选择、裁剪、重新调整大小和旋转功能。

③ 在工具功能模块中，提供各种绘图工具，单击某一个工具按钮，并在工具选项框中选择适当的类别，即可在窗口中间的绘图区利用该工具绘图，它们分别是"铅笔 ✏"、"用颜色填充 🪣"、"文本 A"、"橡皮擦 🧽"、"颜色选取器 💉"、"放大镜 🔍"。

④ 在刷子功能模块中，提供各种刷子供用户绘画。

⑤ 在形状功能模块中，提供了各种线型，选中某一线型，并在粗细功能模块中选择合适的线条，即可在绘图区域绘图。

⑥ 在功能区的最右侧为颜色功能模块，其中显示了各种预设的颜色。选中颜色1，并选择一种颜色，便可对前景色进行设置；选中颜色2，并选择一种颜色，便可对背景色进行设置。

图 2.28　"查看"菜单项对应的功能区

"查看"菜单项对应的功能区，主要用于对图片浏览效果的调整和设置，主要包含缩放、显示或隐藏、显示 3 种功能，如图 2.28 所示。

在"查看"对应的功能区中，可以根据绘图的要求，选择合适的视图效果，对图像进行精确地绘制。

功能区下方为绘图区，是用户绘制图形的主要区域。绘图区的 4 个边和 4 个角上共有 8 个控点，将鼠标指针指向右下角、右边界和下边界的控点上，鼠标指针会变为双向箭头，沿箭头方向拖曳鼠标，可以改变绘图区的大小，从而改变将来输出图片的尺寸。

窗口最下方是状态栏，显示当前鼠标的位置、画布大小、文件大小、显示比例等。

1. 设置画布的大小

绘图区也称为画布，拖动它右边和下边的白色小方块（绘图区调整大小控点），即可调整画布大小。单击"画图"→，在弹出的菜单中选择"属性"菜单项（或使用 <Ctrl+E> 组合键），弹出"映像属性"对话框，在该对话框中可以调整画布大小、颜色和计量单位。

2. 加入文本

单击工具栏中"文本"工具，然后用鼠标在绘图区中适当位置拖出矩形框，会自动出现"文本"工具栏，可以单击弹出的"文本工具"来调整文本的字体、字号、字形、文字颜色以及文本框的背景色。设置完成后，即可在文本框中编辑文字。单击绘图区其他部位即可退出该文本的编辑。

3. 绘制图形

绘制图形的主要工具有"铅笔"和"刷子"。这些工具的基本用法是相同的，先在功能区选择相应的绘图工具，然后在形状功能模块中选择需要的形状，再调整合适的线型，最后在颜色功能模块中选取前景色和背景色，即可用鼠标在绘图区中拖曳并绘制各种图形。

如果希望为某一封闭区域填充颜色，可以单击工具栏中的"用颜色填充"工具，这时鼠标指针会变为油漆桶形状，将流出的颜料的尖端置于要填充的区域中，然后单击该区域即可用前景色填充该区域。

对于绘制错误的图形，可以单击"像皮擦"工具。用鼠标在希望擦除图形的地方拖曳，即可将所擦除的区域变为背景色。

4. 几何图形的绘制

如果希望在绘图区中绘制出各种直线、曲线和几何图形，可以单击"形状"中相应的工具，在绘图区中拖曳鼠标，即可绘制出相应图形。例如，单击"直线"工具，在绘图区中直线的起点处按下鼠标左键并拖曳到直线的终点后放开鼠标，即可绘制一条直线。

绘图时，按住 <Shift> 键的同时拖曳鼠标可以绘制出水平、垂直或倾斜 45° 的直线、正圆、正方形等。

5. 进行修改

选定绘图区中某个区域后右键单击，在弹出的快捷菜单中选择适当的命令，即可对其进行修改，主要命令有裁剪、全选、方向选择、删除、旋转、重新调整大小、反色等，也可以运用功能区相应的命令做修改。

6. 保存文件

在菜单栏中单击"画图"按钮，在弹出的菜单中选择"保存"菜单项或按 <Ctrl+S> 组合键，会弹出"保存为"对话框，在该对话框中为该图选择适当的位置、保存类型并命名，然后单击"保存"按钮即可。

2.5.3　写字板

写字板是 Windows 自带的另一个编辑、排版工具，使用它可以完成简单的 Microsoft Office Word 的功能，其界面也是基于"Ribbon"的。

单击"开始"按钮，在弹出的菜单中选择"所有程序"→"附件"→"写字板"菜单项，打开图 2.29 所示的"写字板"应用程序窗口。

写字板的界面与画图软件的界面非常相似。菜单左端的"写字板"按钮可以实现"新建""打开""保存""打印""页面设置"等操作。"主页"工具栏可以实现写字板的大部分操作，包括剪贴板、字体、段落、插入、编辑等功能模块。"查看"工具栏可以实现缩放、显示或隐藏标尺和状态栏以及设置自动换行和度量单位。

在写字板中，可以为不同的文本设置不同的字体和段落样式，也可以插入图形和其他对象，写字板具备了编辑复杂文档的基本功能。写字板保存文件的默认格式是多文本格式（Rich Text Format，RTF）文件。

写字板的具体操作与 Word 很相似，可以在第 3 章学习。

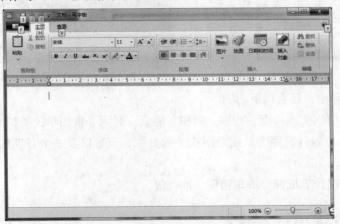

图 2.29　Windows 7 的"写字板"应用程序窗口

2.5.4　记事本

记事本是 Windows 自带的一个文本编辑程序，可以创建并编辑文本文件（后缀名为 .txt）。由于 .txt 格式的文件格式简单，可以被很多程序调用，因此在实际中经常被使用。单击"开始"按钮，在弹出的菜单中选择"所有程序"→"附件"→"记事本"菜单项，会打开"记事本"

应用程序窗口。

如果希望对记事本显示的所有文本的格式进行设置，可以选择"格式"→"字体"菜单项，在弹出的"字体"对话框中可以设置字体、字形和大小。单击"确定"按钮后，记事本窗口中显示的所有文字都会显示为所设置的格式。

注意：只能对所有文本进行设置，而不能对一部分文本进行设置。

记事本的编辑和排版功能是很弱的。

若在记事本文档的第一行输入".LOG"，那么以后每次打开此文档，系统会自动在文档的最后一行插入当前的日期和时间，以方便用户用作时间戳。

2.5.5 计算器

Windows 7 中的计算器已焕然一新，它拥有多种模式，并且拥有非常专业的换算、日期计算、工作表计算等功能，还有编程计算、统计计算等高级功能，完全能够与专业的计算器媲美。

单击"开始"按钮，在弹出的菜单中选择"所有程序"→"附件"→"计算器"菜单项，打开"计算器"应用程序窗口，如图 2.30 所示，默认显示为"标准型"。选择"查看"菜单中的"标准型""科学型""程序员"和"统计信息"菜单项可实现不同功能计算器之间的切换。图 2.31 所示为科学型计算器示意图。

图 2.30　标准型计算器

图 2.31　科学型计算器示意图

在"查看"菜单中，还有以下功能。

① 单位换算：可以实现角度、功率、面积、能量、时间等常用单位类型的换算。

② 日期计算：可以计算两个日期之间相关的月数、天数以及一个日期加（减）某天数得到另外一个日期。

③ 工作表：可以计算抵押、汽车租赁、油耗等。

2.5.6 命令提示符

为了方便熟悉 DOS 命令的用户通过 DOS 命令使用计算机，在 Windows 7 中通过"命令提示符"功能模块保留了 DOS 的使用方法。

单击"开始"按钮，在弹出的菜单中选择"所有程序"→"附件"→"命令提示符"菜单项，进入"命令提示符"窗口。也可以在"开始"菜单的"搜索框"中输入"cmd"命令并按回车键进入"命令提示符"窗口。在此窗口中，用户只能使用 DOS 命令操作计算机。

2.5.7　便笺

在日常工作中，用户可能需要临时记下地址、电话号码或邮箱等信息，但这时手头没有笔时如何记录？在家中使用计算机时，如果有一个事情事先约定，应将约定放到哪里才会让用户不忘记呢？便笺就是这样方便的实用程序，用户可以随意地创建便笺来记录要提醒的事情，并把它放在桌面上，以让用户随时能注意到。

单击"开始"按钮，在弹出的菜单中选择"所有程序"→"附件"→"便笺"菜单项，即可将便笺添加到桌面上，如图 2.32 所示。

对便笺的操作如下。

① 单击便笺，可以编辑便笺，添加文字、时间等。单击便笺外的地方，便笺即变为"只读"状态。单击便笺左上角的"+"号，可以在桌面上增加一个新的便笺；单击右上角的"×"按钮，可以删除当前的便笺。

② 拖曳便笺的标题栏，可以移动便笺的位置。

③ 右键单击便笺，弹出图 2.33 所示的快捷菜单，可实现对便笺的剪切、复制、粘贴等操作，也可以实现对便笺颜色的设置。

④ 拖动便笺的边框，可以改变便笺的大小。

图 2.32　桌面上的便笺示意图

图 2.33　便笺右键菜单

2.5.8　截图工具

在 Windows 7 以前的版本中，截图工具只有非常简单的功能。例如，按 <Print Screen> 键可截取整个屏幕，按 <Alt+Print Screen> 组合键可截取当前窗口。在 Windows 7 中，截图工具的功能变得非常强大，可以与专业的屏幕截图软件相媲美。

单击"开始"按钮，在弹出的菜单中选择"所有程序"→"附件"→"截图工具"菜单项，会打开图 2.34 所示的截图工具示意图。

单击"新建"按钮右边的下拉菜单，选择一种截图方法（默认是窗口截图），如图 2.35 所示，即可移动（或拖曳）鼠标进行相应的截图。截图之后，截图工具窗口会自动显示所截取的图片，如图 2.36 所示。

图 2.34　截图工具示意图

在图 2.36 中，可以通过工具栏对所截取的图片进行处理，可以把它保存为一个文件（默认是 .PNG 文件）。

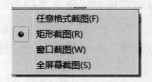

图 2.35 "新建"选项示意图

图 2.36 截图结果

2.6 磁盘管理

磁盘是计算机用于存储数据的硬件设备。随着硬件技术的发展，磁盘容量越来越大，存储的数据也越来越多，因此，对磁盘管理越发显得重要了。Windows 7 提供了管理大规模数据的工具。各种高级存储的使用，使 Windows 7 的系统功能得以有效的发挥。

Windows 7 的磁盘管理功能是以一组磁盘管理实用程序的形式提供给用户的，包括查错程序、磁盘碎片整理程序、磁盘整理程序等。这些应用程序除保留了 Windows XP 的优点之外，又在其基础上做了相应的改进，使用更加方便、高效。

在 Windows 7 中没有提供一个单独的应用程序来管理磁盘，而是将磁盘管理集成到"计算机管理"程序中。单击"开始"按钮，选择"控制面板"→"系统和安全"→"管理工具"→"计算机管理"命令（也可以右键单击桌面上的"计算机"图标，在弹出的快捷菜单中选择"管理"菜单项），在弹出的"计算机管理"对话框中选择"存储"中的"磁盘管理"选项，打开图 2.37 所示的界面。

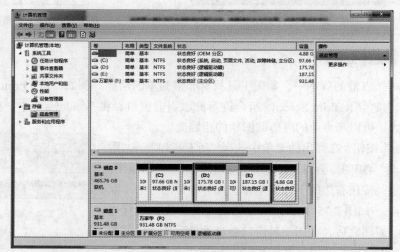

图 2.37 "计算机管理"对话框

在 Windows 7 中，几乎所有的磁盘管理操作都能够通过计算机管理中的磁盘管理功能来完成，而且这些磁盘管理大多是基于图形界面的。

2.6.1　分区管理

Windows 7 提供了方便快捷的分区管理工具，用户可以在程序向导的帮助下轻松完成删除已有分区、新建分区、扩展已有分区大小的操作。

1. 删除已有分区

在磁盘分区管理的分区列表或者图形显示中，选中要删除的分区，右键单击，在弹出的快捷菜单中选择"删除卷"菜单项，会弹出系统警告，单击"是"按钮，即可完成对分区的删除操作。删除选中分区后，会在磁盘的图形显示中显示相应分区大小的未分配分区。

2. 新建分区

新建分区的操作步骤如下。

① 在图 2.37 所示的"计算机管理"对话框中选中未分配的分区，右键单击，在弹出的快捷菜单中选择"新建简单卷"菜单项，在弹出"新建简单卷向导"对话框中单击"下一步"按钮。

② 弹出"指定卷大小"对话框，为简单卷设置大小，完成后单击"下一步"按钮。

③ 弹出"分配驱动器号和路径"对话框，为分区分配驱动器号和路径，这里有 3 个单选按钮，"分配以下驱动器号"对话框"装入以下空白 NTFS 文件夹中""不分配驱动器号或驱动器路径"。根据需要选择相应类型后，单击"下一步"按钮。

④ 弹出"格式化分区"对话框，然后单击"下一步"按钮，在弹出的窗口中单击"完成"铵钮，即可完成新建分区的操作。

3. 扩展已有分区大小

这是 Windows 7 新增加的功能，可以在不用格式化已有分区的情况下，对其进行分区容量的扩展。扩展分区后，新的分区仍保留原有分区数据。在扩展分区大小时，磁盘需有一个未分配空间才能为其他分区扩展大小。其操作步骤如下。

① 在图 2.37 所示的"计算机管理"对话框中右键单击要扩展的分区，在弹出的快捷菜单中选择"扩展卷"菜单项，弹出"扩展卷向导"对话框，然后单击"下一步"按钮。

② 进行可用磁盘选择，并设置要扩展容量的大小，然后单击"下一步"按钮。

③ 完成扩展卷向导，单击"完成"铵钮即可扩展该分区的大小。

2.6.2　格式化驱动器

格式化过程是把文件系统放置在分区上，并在磁盘上划出区域。通常可以用 FAT、FAT32 或 NTFS 类型来格式化分区，Windows 7 系统中的格式化工具可以转化或重新格式化现有分区。

在 Windows 7 中，使用格式化工具转换一个磁盘分区的文件系统类型，其操作步骤如下。

① 在图 2.37 所示的"计算机管理"对话框中右键单击需要进行格式化的驱动器盘符，在弹出的快捷菜单中选择"格式化"菜单项，打开"格式化"对话框，如图 2.38 所示。

也可以在"计算机"窗口中右键单击需要进行格式化的驱动器盘符，在弹出的快捷菜单中选择"格式化"菜单项。

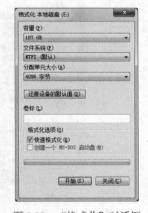

图 2.38　"格式化"对话框

② 在弹出的"格式化"对话框中，先对格式化的参数进行设置，然后单击"开始"按钮，便可以进行格式化了。

注意：格式化操作会把当前磁盘上的所有信息全部清除，请谨慎操作。

2.6.3 磁盘管理工具

系统正常运转情况，有效利用内部和外部资源情况，并且若想使系统达到高效稳定，在很大程度上取决于系统的维护管理。Windows 7 提供的磁盘管理工具使系统运行更可靠、管理更方便。

1. 磁盘备份

为了防止磁盘驱动器损坏、病毒感染、供电中断等各种意外故障造成的数据丢失和损坏，需要进行磁盘数据备份，在需要时可以还原，以避免出现数据错误或丢失造成的损失。在 Windows 7 中，利用磁盘备份向导可以快捷地完成备份工作。

在"计算机"窗口中右键单击某个磁盘，在弹出的快捷菜单中选择"属性"菜单项，在打开的"属性"对话框中选择"工具"选项卡，会出现图 2.39 所示的操作界面。单击"开始备份"按钮，系统会弹出对话框提示备份或还原操作，用户可根据需要选择一种操作，然后根据提示进行操作。在备份操作时，可选择整个磁盘进行备份，也可选择对其中的文件夹进行备份。在进行还原时，必须有事先做好的备份文件，否则无法进行还原操作。

2. 磁盘清理

用户在使用计算机的过程中会进行大量的读写及安装操作，使得磁盘上存留许多临时文件和已经没用的文件，其不仅会占用磁盘空间，而且会降低系统的处理速度，降低系统的整体性能。因此，计算机要定期进行磁盘清理，以便释放磁盘空间。

单击"开始"按钮，在弹出的菜单中选择"所有程序"→"附件"→"系统工具"→"磁盘清理"菜单项，打开"磁盘清理"对话框，选择一个驱动器，再单击"确定"按钮（或者右键单击"计算机"窗口中的某个磁盘，在弹出的菜单中选择"属性"菜单项，再在弹出的"属性"对话框中单击"常规"选项卡中的"磁盘清理"按钮）。在完成计算和扫描等工作后，系统列出了指定磁盘上所有可删除的无用文件，如图 2.40 所示。然后选择要删除的文件，单击"确定"按钮即可。

图 2.39　磁盘操作的"工具"界面

图 2.40　"磁盘清理"对话框

在"磁盘清理"对话框的"其他选项"选项卡中，用户可以进行进一步的操作来清理更多的文件以提高系统的性能。

3. 磁盘碎片整理

在计算机使用过程中，由于频繁地建立和删除数据，将会造成磁盘上文件和文件夹增多，而这些文件和文件夹可能被分割放在一个卷上的不同位置，这会增加 Windows 系统读取数据的时间。由于磁盘空间分散，存储时把数据存在不同的部分，也会花费额外时间，所以要定期对磁盘碎片进行整理。其原理为：系统将把碎片文件和文件夹的不同部分移动到卷上的相邻位置，使其拥有一个独立的连续空间。磁盘碎片整理的操作步骤如下。

磁盘碎片整理

① 单击"开始"按钮，在弹出的菜单中选择"所有程序"→"附件"→"系统工具"→"磁盘碎片整理程序"菜单项，打开图 2.41 所示的"磁盘碎片整理程序"对话框。在此对话框中选择磁盘后单击"分析磁盘"按钮，进行磁盘分析。对磁盘的碎片进行分析后，系统自动激活查看报告，单击"查看报告"按钮，打开"分析报告"对话框，系统给出了驱动器碎片分布情况及该卷的信息。

② 单击"磁盘碎片整理"按钮，系统自动完成整理工作，同时显示进度。

图 2.41　"磁盘碎片整理程序"对话框

2.7　Windows 7 控制面板

在 Windows 7 中，几乎所有的硬件和软件资源都可以进行设置和调整，用户可以根据自身的需要对其进行设定。Windows 7 中的相关软硬件设置以及功能的启用等管理工作都可以在控制面板中进行，控制面板是普通计算机用户使用较多的系统设置工具。在 Windows 7 中有多种启动控制面板的方法，方便用户在不同操作状态下使用。在"控制面板"窗口中，包括两种视图效果：类别视图和图标视图。在类别视图方式中，控制面板有 8 个大项目，如图 2.42 所示。

单击窗口中查看方式的下拉箭头，选择"大图标"或"小图标"，可将控制面板窗口切换为 Windows 传统方式的效果，如图 2.43 所示。在经典"控制面板"窗口中集成了若干个小项目的设置工具，这些工具的功能几乎涵盖了 Windows 系统的所有方面。

控制面板包含的内容非常丰富，由于篇幅限制，在此只讲解部分的功能，其余功能读者可以查阅相关书籍进行学习。

图 2.42 类别视图"控制面板"窗口

图 2.43 经典"控制面板"窗口

2.7.1 系统和安全

图 2.44 "Windows 防火墙"窗口

Windows 系统的系统和安全主要实现对计算机状态的查看、计算机备份以及查找和解决问题的功能，包括防火墙设置、系统信息查询、系统更新、磁盘备份整理等一系列系统安全的配置。

1. Windows 防火墙

Windows 7 防火墙能够检测来自 Internet 或网络的信息，然后根据防火墙设置来阻止或允许这些信息通过计算机。这样可以防止黑客攻击系统或者防止恶意软件、病毒、木马程序通过网络访问计算机，而且有助于提高计算机的性能。下面介绍 Windows 7 防火墙的使用方法。

① 打开"控制面板"→"系统和安全"窗口。

② 单击"Windows 防火墙"选项，打开"Windows 防火墙"窗口，如图 2.44 所示。

③ 单击窗口左侧"打开或关闭防火墙"链接，弹出"Windows 防火墙设置"对话框，可以打开或关闭防火墙。

④ 单击窗口左侧的"允许程序或功能通过 Windows 防火墙"链接，弹出"允许程序通过 Windows 防火墙通信"窗口。在允许的程序和功能的列表栏中，勾选信任的程序，单击"确定"按钮即可完成配置。如果要手动添加程序，单击"允许运行另一程序"按钮，在弹出的对话框中，单击"浏览"按钮，找到安装到系统的应用程序，选中并单击"打开"按钮，即可添加到程序队列中。选择要添加的应用程序，单击"添加"按钮，即可将应用程序手动添加到信任列表中，单击"确定"按钮即可完成操作。

2. Windows 操作中心

Windows 7 操作中心，通过检查各个与计算机安全相关的项目来检查计算机是否处于优化状态，当被监视的项目发生改变时，操作中心会在任务栏的右侧，发布一条信息来通知用户，收到监视的项目状态颜色也会相应地改变以反映该消息的严重性，并且还会建议用户采取相应的措施。

① 打开"控制面板"→"系统和安全"窗口。

② 单击"操作中心"选项，打开"操作中心"窗口，如图 2.45 所示。

③ 单击窗口左侧的"更改操作中心设置"链接，即可打开"更改操作中心设置"窗口。勾选某个复选框可使操作中心检查相应项是否存在更改或问题，取消对某个复选框的勾选可停止检查该项。

3. Windows Update

Windows Update 是为系统安全而设置的。一个新的操作系统诞生之初，往往是不完善的，这就需要不断地打上系统补丁来提高系统的稳定性和安全性，这时就要用到 Windows Update。当用户使用了 Windows Update，用户不必手动联机搜索更新，Windows 会自动检测适用于计算机的最新更新，并根据用户所进行的设置自动安装更新，或者只通知用户有新的更新可用。

① 打开"控制面板"→"系统与安全"窗口。

② 单击"Windows Update"选项，打开"Windows Update"窗口，如图 2.46 所示。

③ 单击窗口左侧的"更改设置"链接，即可打开"更改设置"窗口。用户可以在这里更改更新设置。

图 2.45　"操作中心"窗口

图 2.46　"Windows Update"窗口

2.7.2　外观和个性化

Windows 系统的外观和个性化包括对桌面、窗口、按钮、菜单等一系列系统组件的显示设置，系统外观是计算机用户接触最多的部分。

在"控制面板"中单击"外观和个性化"选项，弹出图 2.47 所示的"外观和个性化"窗口。从图中可以看出，该界面包含"个性化""显示""桌面小工具""任务栏和「开始菜单」""轻松访问中心""文件夹选项"和"字体"7 个选项。下面介绍几种常用的设置。

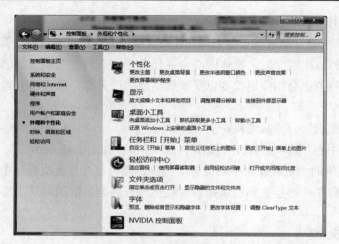

图 2.47　　"外观和个性化"窗口

1. 个性化

在"个性化"中，可以实现更改主题、更改桌面背景、更改半透明窗口颜色和更改屏幕保护程序。

① 在"外观和个性化"窗口中，单击"个性化"选项，会出现"个性化"窗口，如图 2.48 所示。在此窗口中，可以实现更换主题，并对选定主题更改桌面背景、窗口颜色、声音和屏幕保护程序。Windows 桌面主题简称桌面主题或主题，Microsoft 公司官方的定义是背景加一组声音、图标以及只需要单击即可个性化设置计算机元素。通俗地说，桌面主题就是不同风格的桌面背景、操作窗口、系统按钮，以及活动窗口和自定义颜色、字体等的组合。

② 在"个性化"窗口中选择"桌面背景"选项，出现图 2.49 所示的"桌面背景"窗口。在"图片位置（L）"的下拉列表中，包含系统提供图片的位置，在下面的图片选项框中，可以快速配置桌面背景。也可以单击"浏览"按钮，在弹出的"浏览文件夹"对话框中选择图片位置，然后该位置所包含的图像文件取代预设桌面背景。在"图片位置（P）"下拉列表中可以选择图片的显示方式。如果选择"居中"选项，则桌面上的墙纸以原文件尺寸显示在屏幕中间；如果选择"平铺"选项，则墙纸以原文件尺寸铺满屏幕；如果选择"拉伸"选项，则墙纸拉伸至充满整个屏幕。

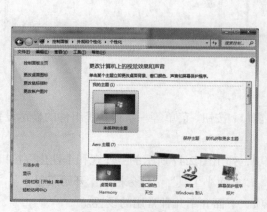

图 2.48　　"个性化"窗口

图 2.49　　"桌面背景"窗口

③ 在"个性化"窗口中，选择"窗口颜色"选项，弹出"窗口颜色和外观"窗口，可以选择使用系统自带的配色方案进行快速配置，也可以单击"高级外观设置"按钮，在弹出的"窗口颜色和外观"对话框中手动进行配置。

④ 在"个性化"窗口中，选择"屏幕保护程序"选项，弹出"屏幕保护程序设置"对话框，可以设置屏幕保护程序方案。除此之外，还可以单击"更改电源设置"按钮，在弹出的"电源选项"窗口进行电源管理，如设置关闭显示器的时间，设置电源按钮的功能，唤醒时需要密码等。

2. 显示

在"个性化和外观"窗口中，单击"显示"选项，打开"显示"窗口，可以设置屏幕上的文本大小以及其他项。单击"调整分辨率"链接，打开"屏幕分辨率"窗口，可以更改显示器的外观，调整显示器的分辨率以及屏幕显示的方向等，如图 2.50 所示。

注意：显示器的分辨率设置得越高，屏幕上的对象显示得越小。

3. 任务栏和「开始」菜单

在"个性化和外观"窗口中，选择"任务栏和「开始」菜单"选项，弹出"任务栏和「开始」菜单属性"对话框，如图 2.51 所示。在"任务栏"选项卡中可以设置任务栏外观和通知区域。在"「开始」菜单"选项卡中，可以设置开始菜单的外观和行为，电源按钮操作等。在"工具栏"选项卡中，可以为工具栏添加地址、链接等。

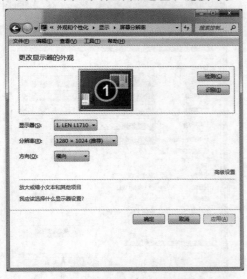

图 2.50　"屏幕分辨率"窗口　　　　图 2.51　"任务栏和「开始」菜单属性"对话框

4. 字体

字体是屏幕上看到的、文档中使用的、发送给打印机的各种字符的样式。在 Windows 系统的"fonts"文件夹中安装了多种字体，用户可以添加和删除字体。字体文件的操作方式和其他文件系统的对象执行方式相同，用户可以在"C:\Windows\fonts"文件夹中移动、复制或者删除字体文件。系统中使用最多的字体主要有宋体、楷体、黑体、仿宋等。

在"外观和个性化"窗口中，选择"字体"选项，打开"字体"窗口，从该窗口中删除字体的方法很简单，在该窗口中选中希望删除的字体，然后选择"文件"→"删除"菜单项，在弹出的"警告"对话框，单击"是"按钮，所选择的字体将被永久删除。

2.7.3　时钟、语言和区域

在控制面板中选择"时钟、语言和区域"选项，打开"时钟、语言和区域"窗口，用户可以设置计算机的日期和时间、所在的位置，也可以设置格式、键盘、语言等。

1. 日期和时间

Windows 7 默认的时间和日期格式是按照美国习惯设置的，世界各地的用户可根据自己的习惯来设置。在"时钟、语言和区域"窗口中，选择"日期和时间"选项，打开"日期和时间"对话框，如图 2.52 所示。

在该对话框中包括"日期和时间""附加时区"和"Internet 时间"3 个选项卡，其界面保持了 Windows 中时间和日期设置界面的连续性，包括日历和时钟。可以更改系统日期、时间和时区。通过"Internet 时间"选项卡，用户可以将计算机设置为自动与 Internet 时间服务器同步。

2. 区域和语言

在"时钟、语言和区域"窗口中，选择"区域和语言"选项，打开"区域和语言"对话框，如图 2.53 所示。在"格式"选项卡中，可以设置日期和时间的格式、数字的格式、货币的格式、排序的方式等。在"位置"选项卡中，可以设置当前位置。在"键盘和语言"选项卡中，可以设置输入法以及安装/卸载语言。在"管理"选项卡中，可以进行复制设置和更改系统区域设置。

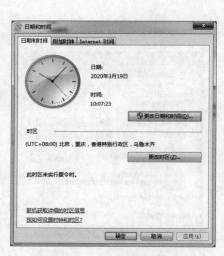

图 2.52　"日期和时间"对话框

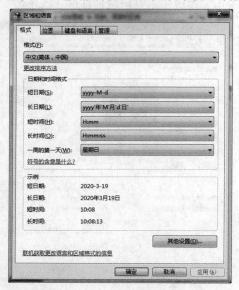

图 2.53　"区域和语言"对话框

2.7.4　程序

应用程序的运行是建立在 Windows 系统的基础上，目前，大部分应用程序都需要安装到操作系统中才能够使用。在 Windows 系统中安装程序很方便，既可以直接运行程序的安装文件，也可以通过系统的"程序和功能"工具更改和删除操作。通过"打开或关闭 Windows 功能"可以安装和删除 Windows 组件，此功能大大扩充了 Windows 系统的功能。

在控制面板中选择"程序"选项，打开"程序"窗口，该窗口包括 3 个选项："程序和功能""默认程序""桌面小工具"。"程序和功能"所对应的窗口如图 2.54 所示，在选中列表框中的项目以后，如果在列表框的顶端显示单独的"更改"和"卸载"按钮，那么用户可以利用"更改"按钮来重新启动安装程序，然后对安装配置进行更改；也可以利用"卸载"按钮来卸载程序。若只显示"卸载"按钮，则用户对此程序只能执行卸载操作。

图 2.54　"程序和功能"窗口

在"程序和功能"窗口中，单击"打开或关闭 Windows 功能"链接，出现"Windows 功能"对话框，在对话框的"Windows 功能"列表框中显示了可用的 Windows 功能。当将鼠标移动到某一功能上时，会显示所选功能的描述内容。勾选某一功能后，单击"确定"按钮即可进行添加，如果取消组件的复选框，单击"确定"按钮，会将此组件从操作系统中删除。

2.7.5　硬件和声音

在控制面板中选择"硬件和声音"选项，打开图 2.55 所示的"硬件和声音"窗口。在此窗口中，可以实现对设备和打印机、自动播放、声音、电源选项和显示的设置。

图 2.55　"硬件和声音"窗口

1. 鼠标的设置

在"硬件和声音"窗口中，选择"鼠标"选项，可打开图 2.56 所示的"鼠标属性"对话框。在"鼠标键"选项卡中，选中"切换主要和次要的按钮"可以使鼠标从右手习惯转为左手习惯，该选项选中后立即生效。"双击速度"用来设置两次单击鼠标按键的时间间隔,拖曳滑块的位置可以改变速度,用户可以双击右边的测试区来检验自己的设置是否合适。

在"指针"选项卡中,可以选择各种不同的指针方案。

在"指针选项"选项卡中,可以对指针的移动速度进行调整,还可以设置指针运动时的显示轨迹。

在"滑轮"选项卡中,可以对具有滚动滑轮的鼠标的滑轮进行设置。设置滑轮每滚动一个齿格屏幕滚动多少。

2. 键盘的设置

选择控制面板(在图标查看方式下)中的"键盘"选项,打开图 2.57 所示的"键盘属性"对话框。在"速度"选项卡中,"字符重复"可用来调整键盘按键反应的快慢,其中"重复延迟"和"重复速度"分别表示按住某键后,计算机第一次重复这个按键之前的等待时间及之后重复该键的速度。拖曳滑块可以改变这两项的设置。"光标闪烁频率"可以改变文本窗口中出现的光标的闪烁速度。

3. 电源选项

在控制面板中选择"电源选项"选项,在打开的"电源选项"窗口中,可以对电源管理进行设置,其管理是通过高级配置与电源接口(Advanced Configuration and Power Interface,ACPI)来实现的。通过使用 ACPI 电源管理,可以让操作系统管理计算机的电源,使用操作系统进行电源管理的好处非常多。

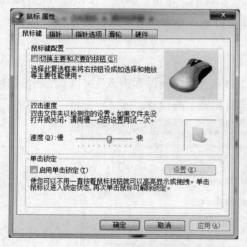

图 2.56 "鼠标属性"对话框

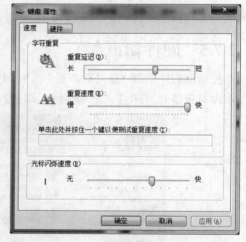

图 2.57 "键盘属性"对话框

在 Windows 7 中,通过电源计划来配置电源。电源计划是指计算机中各项硬件设备电源的规划。例如,用户可将电源计划设置为用户不操作计算机的情况下,10min 后自动关闭显示器。Windows 7 支持完备的电源计划,并内置了 3 种电源计划:平衡、节能和高性能。默认的是"平衡"电源计划。平衡的含义是在系统需要完全性能时提供最大性能,当系统空闲时尽量节能。节能的含义是尽可能地为用户节能,比较适合使用笔记本电脑外出的用户,有助于延长笔记本电脑户外使用时间。高性能是指无论用户当前是否需要足够的性能,系统都将保持最大性能运行,这是性能最高的一种电源计划。

用户可以根据自己的需要设置一个符合自己的电源计划，同时，可以通过左侧的链接来进行相关的操作，如唤醒时需要密码、选择电源按钮的功能、选择关闭显示器的时间、更改计算机睡眠时间等。

2.7.6　用户账户和家庭安全

Windows 7 支持多用户管理，可以为每个用户创建一个用户账户并为每个用户配置独立的用户文件，从而使得每个用户登录计算机时，都可以进行个性化的环境设置。

除此之外，Windows 7 内置的家长控制旨在让家长轻松放心地管理孩子能够在计算机上进行的操作。这些控制帮助家长确定他们的孩子能玩哪些游戏，能使用哪些程序，能够访问哪些网站以及何时执行这些操作。"家长控制"是"用户账户和家庭安全"选项中的一部分，它将 Windows 7 家长控制的所有关键设置集中到一处。只需要在这一个位置进行操作，就可以配置对应计算机和应用程序的家长控制，对孩子玩游戏情况、网页浏览情况和整体计算机使用情况设置相应的限制。

在控制面板中，单击"用户账户和家庭安全"选项，在打开的"用户账户和家庭安全"窗口中，用户可以实现用户账户、家长控制等管理功能。

单击"用户账户"选项，在打开的"用户账户"窗口中，可以更改当前用户的密码和图片，也可以添加或删除用户账户。

2.8　Windows 7 系统管理

系统管理主要是指对一些重要的系统服务、系统设备、系统选项等涉及计算机整体性的参数进行配置和调整。在 Windows 7 中用户可设置的参数很多，为定制有个人特色的操作系统提供了很大的空间，使用户可以方便、快速地完成系统的配置。

2.8.1　任务计划

任务计划是在安装 Windows 7 的过程中自动添加到系统中的一个组件。定义任务计划主要是针对那些每天或定期都要执行某些应用程序的用户，通过自定义任务计划用户可省去每次都要手动打开应用程序的操作，系统将按照用户预先设定，自动在规定时间执行选定的应用程序。选择"控制面板"→"系统和安全"选项，然后选择管理工具中的"计划任务"选项，打开图 2.58 所示的"任务计划程序"对话框。

任务计划

任务计划程序 MMC 管理单元可以帮助用户计划在特定时间或在特定事件发生时执行操作的自动任务。该管理单元可以维护所有计划任务的库，从而提供了任务的组织视图以及用于管理这些任务的方便访问点。从该库中，可以运行、禁用、修改和删除任务。任务计划程序用户界面（UI）是一个 MMC 管理单元，它取代了 Windows XP、Windows Server 2003 和 Windows 2000 中的计划任务浏览器扩展功能。

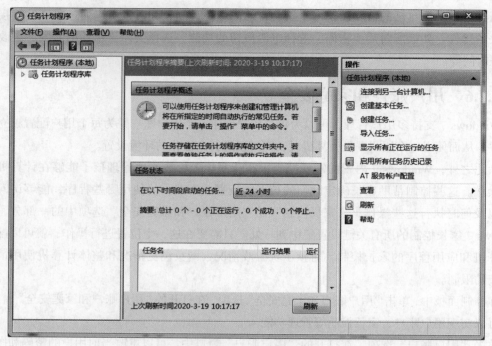

图 2.58 "任务计划程序"对话框

2.8.2 系统属性

选择控制面板的"系统和安全"→"系统"选项，再选择左侧的"高级系统设置"链接，打开图 2.59 所示的"系统属性"对话框。此对话框为设置各种不同的系统资源提供了大量的工具。在"系统属性"对话框中共有 5 个选项卡："计算机名""硬件""高级""系统保护"和"远程"，在每个选项卡中分别提供了不同的系统工具。

1. 计算机名

在"计算机名"选项卡中提供了查看和修改计算机网络标识的功能，在"计算机描述"文本框中用户可以为计算机输入注释文字。通过"网络 ID"和"更改"按钮，可以修改计算机的域和用户账户。

2. 硬件

在"硬件"选项卡中提供了管理硬件的相关工具：设备管理器和设备安装设置两个选项组。设备管理器是 Windows 7 提供的一种管理工具，可以管理和更新计算机上安装的驱动程序，查看硬件是否正常工作。也可以使用设备管理器查看硬件信息、启用和禁用硬件设备、卸载已更新硬件设备等。单击"硬件"选项卡中的"设备管理器"按钮，会打开图 2.60 所示的"设备管理器"对话框。单击"设备安装设置"按钮，在弹出的"设备安装设置"对话框中，可以设置Windows 关于设备和驱动程序的检测、更新以及安装方式。

3. 高级

在"高级"选项卡中包括"性能""用户配置文件"和"启动和故障恢复"3 个选项组，它提供了对系统性能进行详细设置、修改环境变量、启动和故障恢复设置的功能。

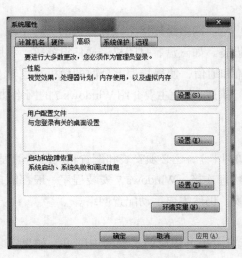

图 2.59　"系统属性"对话框

图 2.60　"设备管理器"窗口

4. 系统保护

系统保护是定期创建和保存计算机系统文件和设置的相关信息的功能。系统保护也保存已修改文件的以前版本。它将这些文件保存在还原点中,在发生重大系统事件(如安装程序或设备驱动程序)之前创建这些还原点。每 7 天中,如果在前面 7 天中未创建任何还原点,则会自动创建还原点,但也可以随时手动创建还原点。

安装 Windows 的驱动器将自动打开系统保护。Windows 只能为使用 NTFS 文件系统格式化的驱动器打开系统保护。

5. 远程

在"远程"选项卡中,可选择从网络中的其他位置使用本地计算机的方式。提供了远程协助和远程桌面两种方式,远程协助允许从本地计算机发送远程协助邀请;远程桌面允许用户远程连接到本地计算机上。

2.8.3　硬件管理

从安装和删除的角度划分,硬件可分为两类:即插即用硬件和非即插即用硬件。即插即用硬件设备的安装和管理比较简单,而非即插即用设备需要在安装向导中进行繁杂的配置工作。

1. 添加硬件

在设备(非即插即用)连接到计算机上以后,系统会检测硬件设备并自动打开添加硬件向导,为设备安装驱动程序。使用此向导不但可安装驱动程序,而且可以解决安装设备过程中遇到的部分问题。

2. 更新驱动程序

设备制造商在不断推出新产品的同时,也在不断完善原有产品的驱动程序,提高设备性能。安装设备时使用的驱动程序就会随着硬件技术的不断完善而落后,为了增加设备的操作性能需要不断更新驱动程序。

2.9　Windows 7 的网络功能

随着计算机的发展，网络技术的应用也越来越广泛。网络是连接个人计算机的一种手段，通过联网，能够彼此共享应用程序、文档和一些外部设备，如磁盘、打印机、通信设备等。利用电子邮件（E-mail）系统，还能让网上的用户互相交流和通信，使得物理上分散的微机在逻辑上紧密地联系起来。有关网络的基本概念，将在第6章进行阐述，在此主要介绍 Windows 7 的网络功能。

2.9.1　网络软硬件的安装

任何网络连接，除了需要安装一定的硬件外（如网卡），还必须安装和配置相应的驱动程序。如果在安装 Windows 7 之前已经完成了网络硬件的物理连接，Windows 7 安装程序一般都能自动帮助用户完成所有必要的网络配置工作。但有些时候，仍然需要手动配置网络。

1. 网卡的安装与配置

网卡的安装很简单，打开机箱，将它插入计算机主板上相应的扩展槽内即可。如果安装的是专为 Windows 7 设计的"即插即用"型网卡，Windows 7 在启动时，会自动检测并进行配置。Windows 7 在进行自动配置的过程中，如果没有找到对应的驱动程序，会提示插入包含该网卡驱动程序的磁盘。

2. IP 地址的配置

选择"控制面板"→"网络和 Internet"→"网络和共享中心"→"查看网络状态和任务"→"本地连接"选项，打开"本地连接状态"对话框，单击"属性"按钮，在弹出的"本地连接属性"对话框中，选中"Internet 协议版本 4（TCP/IPv4）"选项，然后单击"属性"按钮，出现图 2.61 所示的"Internet 协议版本 4（TCP/IPv4）属性"对话框，在对话框中填入相应的 IP 地址，同时配置 DNS 服务器。

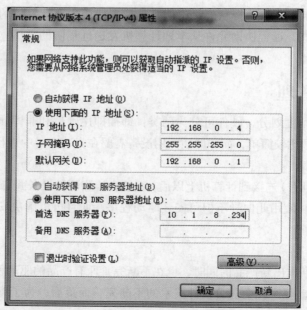

图 2.61　"Internet 协议版本 4（TCP/IP v4）属性"对话框

2.9.2　Windows 7 选择网络位置

初次连接网络时，需要选择网络位置的类型，如图 2.62 所示，计算机将为所连接的网络类型自动设置适当的防火墙和安全选项。在家庭、本地咖啡店或者办公室等不同位置连接网络时，选择一个合适的网络位置，可以确保将计算机设置为适当的安全级别。选择网络位置时，可以根据实际情况选择下列之一：家庭网络、工作网络、公用网络。

域类型的网络位置由网络管理员控制，因此无法选择或更改。

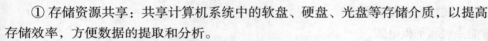
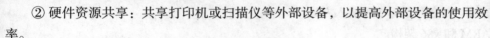

图 2.62　设置网络位置

2.9.3　资源共享

计算机中的资源共享可分为以下 3 类。

① 存储资源共享：共享计算机系统中的软盘、硬盘、光盘等存储介质，以提高存储效率，方便数据的提取和分析。

② 硬件资源共享：共享打印机或扫描仪等外部设备，以提高外部设备的使用效率。

资源共享

③ 程序资源共享：网络上的各种程序资源。

共享资源可以采用以下 3 种类型的访问权限进行保护。

① 完全控制：可以对共享资源进行任何操作，就像是使用自己的资源一样。

② 更改：允许对共享资源进行修改操作。

③ 读取：对共享资源只能进行复制、打开或查看等操作，不能对它们进行移动、删除、修改、重命名及添加文件等操作。

在 Windows 7 中，用户主要通过配置家庭组、工作组中的高级共享设置实现资源共享，共享存储在计算机、网络以及 Web 上的文件和文件夹。

2.9.4　在网络中查找计算机

由于网络中的计算机很多，查找自己需要访问的计算机非常麻烦，为此 Windows 7 提供了非常方便的方法来查找计算机。打开资源管理器窗口，在窗口左侧单击"网络"选项即可完成对网络中计算机的搜索，如图 2.63 所示。

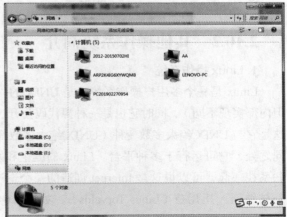

图 2.63　在网络中查找计算机

2.10　Windows 8 简介及其他操作系统

2.10.1　Windows 8 简介

Windows 8 是由 Microsoft 公司开发的，具有革命性变化的操作系统。该系统旨在让人们日常计算机操作更加简单和快捷，为人们提供高效易行的工作环境。Windows 8 将支持来自 Intel、AMD 和 ARM 的芯片架构。Microsoft 公司表示，这一决策意味着 Windows 系统开始向更多平台迈进，包括平板电脑和 PC。Windows Phone 8 将采用和 Windows 8 相同的内容。2011 年 9 月 14 日，Windows 8 开发者预览版发布，宣布兼容移动终端，Microsoft 公司将苹果公司的 iOS、谷歌公司的 Android 视为 Windows 8 在移动领域的主要竞争对手。2012 年 2 月，Microsoft 公司发布"Windows 8"消费者预览版，可以在平板电脑上使用。

Windows 8 的优点主要有以下 10 个。

① 采用 Metro UI 的主界面。

② 兼容 Windows 7 应用程序。

③ 启动更快、硬件配置要求更低。

④ 支持智能手机和平板电脑。

⑤ 支持触控、键盘和鼠标 3 种输入方式。

⑥ 支持 ARM 和 x86 架构。

⑦ 内置 Windows 应用商店。

⑧ IE10 浏览器。

⑨ 分屏多任务处理界面，右侧边框中是正在运行的应用。

⑩ 结合云服务和社交网络。

Windows 8 的主要版本如下。

① Windows 8 普通版。

② Windows 8 Professional 专业版。

③ Windows 8 RT。

④ Windows 8 Enterprise 企业版。

2.10.2　其他操作系统简介

1. Linux 操作系统

Linux 是一个多用户操作系统，是 UNIX 的一个克隆（界面相同但内部实现不同），同时它也是一种源代码公开、免费的自由软件，这是它与 UNIX 绝大多数变种（UNIX 绝大多数都是商业变种）的不同之处，它可运行于多种平台。Linux 的诞生和发展与 Internet 紧紧联系在一起，可以说这是 Internet 创造的一个奇迹。Linux 的创始人是林纳斯·托瓦兹（Linus Torvalds），如图 2.64 所示。由于 Linux 具有结构清晰、功能简洁和完全开放等特点，Linux 操作系统得到迅

图 2.64　Linux 的创始人

速扩充和发展，并很快赢得了众多公司的支持，其中包括提供技术支持，为其开发应用软件，并将 Linux 的应用推向各个领域。

　　国际上许多知名的 IT 厂商纷纷宣布支持 Linux，从 Netscape、IBM、Oracle、Informix、Ingres 到 Sybase 等都相继推出基于 Linux 的产品。其中，Netscape 的支持大大加强了 Linux 在 Internet 应用领域中的竞争地位；大型数据库软件公司对 Linux 的支持，对它步入大、中型企业的信息系统建设和应用领域打下了坚实的基础。在中国，Linux 也迎来了发展的大好时光，不仅有政府的支持、厂商的投入和媒体的赞誉，还有广大用户的认同。从 1999 年 3 月开始，国内陆续出现 Linux 的多个中文版本，其中较有影响的有中科院软件所、北大方正和康柏（Compaq）合作开发的中文版 Linux 操作系统"红旗 Linux"。同年 11 月，Tom Linux、Cosix Linux 等也相继问世，使国内中文 Linux 版本日趋丰富和完善。2001 年 3 月 16 日，中国软件评测中心、HP、IBM、Intel、联想等 5 家公司又共同携手建立了 Linux 开放实验室，这为 Linux 在中国的规范发展创造了十分有利的条件。

2. Android 操作系统

　　Android 是一种基于 Linux 的自由及开放源代码的操作系统，主要用于移动设备，如智能手机和平板电脑，由 Google 公司和开放手机联盟领导及开发。它尚未有统一的中文名称，国内较多人使用"安卓"或"安致"。Android 操作系统最初由安迪·鲁宾（Andy Rubin）开发，主要支持手机。2005 年 8 月由 Google 收购。2007 年 11 月，Google 与 84 家硬件制造、软件开发商及电信营运商组建开放手机联盟共同研发改良 Android 系统。随后，Google 以 Apache 开源许可证的授权方式，发布了 Android 的源代码。第一部 Android 智能手机发布于 2008 年 10 月。Android 逐渐扩展到平板电脑及其他领域，如电视、数码相机、游戏机等。

　　采用 Android 操作系统的主要手机厂商包括宏达电子（HTC）、三星（Samsung）、摩托罗拉（Motorola）、LG、索尼爱立信（Sony Ericsson）、魅族、联想、华为等。

　　Android 的系统架构和其他操作系统一样，采用了分层的架构，分为 4 个层，从高层到低层分别是应用程序层、应用程序框架层、系统运行库层和 Linux 内核层。

　　（1）应用程序层。

　　应用程序层包括客户端、SMS 短消息程序、日历、地图、浏览器和联系人管理程序等，所有的应用程序都是使用 Java 语言编写的。

　　（2）应用程序框架层。

　　应用程序框架层包括以下 5 个部分。

　　① 用来构建应用程序的各种视图，如列表（Lists）、网格（Grids）、文本框（Text Boxes）、按钮（Buttons）。

　　② 内容提供器（Content Providers），使得应用程序可以访问另一个应用程序的数据（如联系人数据库），或者共享它们自己的数据。

　　③ 资源管理器（Resource Manager），提供非代码资源的访问，如本地字符串、图形和布局文件（Layout Files）。

　　④ 通知管理器（Notification Manager），使得应用程序可以在状态栏中显示自定义的提示信息。

　　⑤ 活动管理器（Activity Manager），用来管理应用程序生命周期并提供常用的导航回退功能。

（3）系统运行库层。

Android 系统运行库层包含一些 C/C++ 库，如系统 C 库、媒体库、Surface Manager 和 LibWebCore，这些库能被 Android 系统中不同的组件使用。

（4）Linux 内核层。

Android 的核心系统服务依赖于 Linux 内核层，如安全性、内存管理、进程管理、网络协议栈和驱动模型。Linux 内核层也同时作为硬件和软件之间的抽象层。

Android 操作系统的主要特点如下。

① 开放性。Android 系统允许任何移动终端厂商加入 Android 联盟中来，显著的开放性可以使其拥有更多的开发者。

② 丰富的硬件选择。由于 Android 的开放性，众多的厂商会推出种类各异、各具功能特色的多种手机产品。

③ 开源免费。用户可以获得免费的 Android 源代码。

④ 无缝结合的 Google 应用。Android 平台手机将无缝融合 Google 各种服务，如地图、邮件、搜索等。目前，Android 系统的最新版本是 Android 9.0 系列。

3. iOS 操作系统

iOS 是由苹果公司开发的智能手持设备操作系统，运行于 iPhone、iPod Touch、iPod nano、iPad、Apple TV 等设备上。苹果公司最早在 2007 年 1 月 9 日的 Macworld 大会上公布了这个系统，原本这个系统名为"iPhone OS"，直到 2010 年 6 月 7 日在 WWDC 大会上宣布改名为 iOS，目前，iOS 的最新版本是 iOS 13。

（1）iOS 用户界面。

iOS 能够使用多点触控直接操作。用户与系统的交互方式包括滑动（Wiping）、轻按（Tapping）、挤压（Pinching）及旋转（Reverse Pinching）。此外，还可通过其内置的加速器，令其旋转设备改变其 Y 轴以令屏幕改变方向，这样的设计令 iPhone 更便于使用。屏幕的下方有一个主屏幕按键，底部则是 Dock（停靠栏），用户最经常使用的 4 个程序的图标被固定在停靠栏上。屏幕上方有一个状态栏能显示一些数据，如时间、电池电量和信号强度等。其余的屏幕用于显示当前的应用程序。启动 iPhone 应用程序的唯一方法就是在当前屏幕上单击该程序的图标，退出程序则是按下屏幕下方的 Home 键。iOS 12 版本的典型界面如图 2.65 所示。

（2）iOS 支持的软件。

iOS 可通过 Safari 浏览器支持第三方应用程序，这些应用程序被称为"Web 应用程序"。它们能通过异步 Java Script 和 XML（Asynchronous JavaScript And XML，AJAX）互联网技术编写出来。从 iOS 2.0 版本开始，通过审核的第三方应用程序能够通过苹果的 App Store 进行发布和下载。

图 2.65　苹果手机的 iOS 12 版本的典型界面

（3）iOS 自带的应用程序。

iOS 自带以下应用程序：信息、日历、照片、YouTube、股市、地图（辅助全球卫星定位系统（Assisted Global Positioning System，AGPS）辅助的 Google 地图）、天气、时间、计算机、备忘录、系统设置、iTunes（将会被链接到 iTunes Music Store 和 iTunes 广播目录）、App Store、Game Center 以及联络信息。

另外，还有 4 个位于最下方的常用应用程序：电话、Mail、Safari 和 iPod。

比尔·盖茨介绍　　　Windows 操作系统介绍　　　Windows 的库

习题 2

一、选择题

1. 计算机操作系统的功能是（　　）。

 A．把源程序代码转换成目标代码

 B．实现计算机与用户之间的交流

 C．完成计算机硬件与软件之间的转换

 D．控制、管理计算机资源和程序的执行

2. 在资源管理器中，要选定多个不连续的文件用到的键是（　　）。

 A．<Ctrl>　　　　B．<Shift>　　　C．<Alt>　　　　　D．<Ctrl + Shift>

3. 控制面板的作用是（　　）。

 A．控制所有程序的执行　　　　　　B．对系统进行有关的设置

 C．设置开始菜单　　　　　　　　　D．设置硬件接口

4. 在中文 Windows 中，各种输入法之间切换的快捷键是（　　）。

 A．<Alt+Shift>　　　　　　　　　B．<Ctrl+Esc>

 C．<Ctrl+Shift>　　　　　　　　　D．<Ctrl+Alt>

5. 在 Windows 环境下，若要把整个桌面的图像复制到剪贴板，可用（　　）。

 A．<Print Screen> 键　　　　　　　B．<Alt+Print Screen> 组合键

 C．<Ctrl+Print Screen> 组合键　　　D．<Shift+Print Screen> 组合键

二、填空题

1. 在 Windows 的"回收站"窗口中，要想恢复选定的文件或文件夹，可以使用"文件"菜单中的_____命令。

2. 在 Windows 中，当使用鼠标左键在不同驱动器之间拖曳对象时，系统默认的操作是_____。

3. 在 Windows 中，选定多个不相邻文件的操作是：单击第一个文件，然后按住_____键的同时，单击其他待选定的文件。

4．用 Windows 的"记事本"所创建文件的默认扩展名是＿＿＿＿。

三、简答题

1．什么是操作系统？它的主要作用是什么？

2．简述操作系统的发展过程。

3．中文 Windows 7 提供了哪些安装方法？各有什么特点？

4．如何启动和退出 Windows 7？

5．中文 Windows 7 的桌面由哪些部分组成？

6．如何在"资源管理器"中进行文件的复制、移动、重命名？共有几种方法？

7．在资源管理器中删除的文件可以恢复吗？如果能，如何恢复？如果不能，请说明为什么？

8．在中文 Windows 7 中，如何切换输入法的状态？

9．Windows 7 的控制面板有何作用？

10．如何添加一个硬件？

11．如何添加一个新用户？

12．如何使用网络上其他用户共享的资源？

第3章
文字处理软件 Word 2010

Microsoft Office 2010 是 Microsoft 公司发布的新一代办公软件，主要包括 Word 2010、Excel 2010、PowerPoint 2010、Outlook 2010、Access 2010、OneNote 2010、Publisher 2010 等常用的办公组件。该版本的 Microsoft Office 界面更加简洁明快；同时也增加了很多新功能，特别是在线应用，可以让用户更加方便地表达自己的想法、解决问题以及与他人联系。本章主要介绍 Microsoft Office 2010 中的文字处理软件 Word 2010 的一些操作方法、使用技能和新功能，如文档的基本操作、文档的格式、表格操作、图文混排、文档页面设置与打印及邮件合并等。

【知识要点】
- 新建、打开及保存文档。
- 文本基本操作。
- 字符及段落排版。
- 创建及美化表格。
- 图形与图像处理。
- 页面设置与打印。

3.1　Word 2010 概述

Word 2010 是 Microsoft Office 2010 中应用最为广泛的一个组件，其增强后的功能可以创建专业水准的文档，可以更加轻松地与他人协同工作并可以在任何地点访问文件。在本节中主要对它的工作窗口以及创建、保存、打开文档等基本操作进行简单介绍。

3.1.1　Word 2010 简介

Microsoft Office 2010 仍然采用 Ribbon 界面风格，但新版本的界面更加人性化。在其启动画面下，增加了很多互动功能，如随时中断软件启动、实时显示启动进度等，工作界面下面的功能区中的按钮取消了边框设计，让按钮的显示更加清晰。Office 2010 与 Office 2007 一样，采用功能区替代传统的菜单操作方式，但在 Office 2010 中不再有"Office"按钮，而代之于"文件"按钮，使用户更容易从 Office 2003 等早期版本中转移过来。

Word 2010 为用户提供了最上乘的文档格式设置工具，利用它能够更加轻松、高效地组织和编写文档，并能轻松地与他人协同工作。Word 2010 不仅可以完成旧版本的功能，比如文字录入与排版、表格制作、图形与图像处理等，还增添了导航窗格、屏幕截图、屏幕取词、背景移除、文字视觉效果等新功能。Word 2010 仍然可以根据用户的当前操作显示相关的编辑工具；在进行格式修改时，用户也可以在实施更改之前实时而直观地预览文档格式修改后的实际效果。

3.1.2　Word 2010 的启动与退出

1. Word 2010 的启动

安装了 Word 2010 之后，用户就可以使用其提供的强大功能了。首先要启动 Word 2010，进入其工作环境，打开方法有多种，下面介绍 3 种常用的方法。

① 单击"开始"按钮，在弹出的菜单中，选择"所有程序"→"Microsoft Office"→"Microsoft Word 2010"菜单项。

② 如果在桌面上已经创建了启动 Word 2010 的快捷方式，则双击该快捷方式图标即可启动 Word 2010。

③ 双击任意一个 Word 文档，Word 2010 就会启动并且打开相应的文件。

2. Word 2010 的退出

完成文档的编辑操作后就要退出 Word 2010 工作环境，下面介绍 5 种常用的退出方法。

① 单击 Word 应用程序窗口右上角的"关闭"按钮。

② 单击 Word 应用程序窗口左上角的"文件"按钮，在弹出的下拉菜单中选择"退出"菜单项。

③ 在标题栏上单击鼠标右键，在弹出的快捷菜单中选择"关闭"菜单项。

④ 单击标题栏左边的快捷按钮，在弹开的快捷菜单中选择"关闭"菜单项。

⑤ 按 <Alt+F4> 组合键。

如果在退出 Word 2010 时，用户对当前文档做过修改且还没有执行保存操作，系统将弹出一个对话框询问用户是否要将修改操作进行保存，如果要保存文档，单击"保存"按钮，如果不需要保存，单击"不保存"按钮，单击"取消"按钮则取消此次关闭操作。

3.1.3　Word 2010 窗口简介

Word 2010 工作窗口主要包括标题栏、快速访问工具栏、"文件"按钮、功能区、标尺栏、文档编辑区和状态栏，如图 3.1 所示。

1. 标题栏

标题栏主要显示正在编辑的文档名称及编辑软件的名称信息，在其右端有 3 个窗口控制按钮，分别完成最小化、最大化（还原）和关闭窗口操作。

2. 快速访问工具栏

快速访问工具栏主要显示用户日常工作中频繁使用的命令，安装好 Word 2010 之后，其默认显示"保存""撤销""重复"命令按钮" "。

Word 2010 窗口简介

当然用户也可以单击此工具栏中的"自定义快速访问工具栏"按钮，在弹出的菜单中勾选所需命令的菜单项将其添加至工具栏中，以便以后可以快速地使用这些命令。

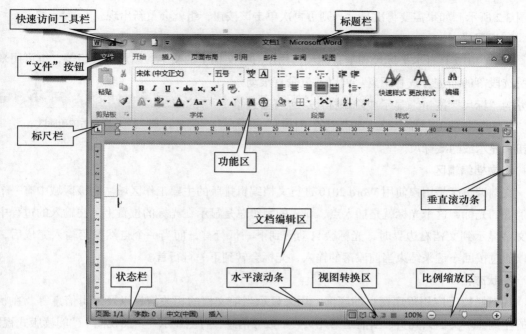

图 3.1　Word 2010 工作界面

3. "文件"按钮

在 Word 2010 中，使用"文件"按钮替代了 Word 2007 中的"Office"按钮，单击"文件"按钮将打开"文件"菜单，包含"打开""关闭""保存""信息""最近所用文件""新建""打印""选项"等常用命令。在"最近所用文件"命令面板中，用户可以查看最近使用的 Word 文档列表。通过单击历史 Word 文档名称右侧的固定按钮" "，可以将该记录位置固定，不会被后续历史 Word 文档替换。

4. 功能区

Word 2010 的功能区取代了 Word 2003 及早期版本中的菜单栏和工具栏，横跨应用程序窗口的顶部，由选项卡、选项组和命令 3 个基本组件组成。选项卡位于功能区的顶部，包括"开始""插入""页面布局""引用""邮件""审阅""视图"等。单击某一选项卡，则可在功能区中看到若干选项组，相关项显示在一个选项组中。命令则是指选项组中的按钮以及用于输入信息的框等。在 Word 2010 中还有一些特定的选项卡，这些特定选项卡只有在需要时才会出现。例如，当在文档中插入图片后，可以在功能区看到图片工具"格式"选项卡。如果用户选择其他对象，如剪贴画、表格或图表等，将会在功能区自动显示相应的选项卡。

习惯使用 Word 早期版本的用户此时可能发现不知如何打开以前的"字体"或者"段落"设置对话框，仔细观察一下，会发现在部分选项组的右下角有一个小箭头按钮" "，该按钮称为对话框启动器。单击该按钮，将会看到与该选项组相关的更多选项，这些选项通常以 Word 早期版本中的对话框形式出现。

功能区将 Word 2010 中的所有功能选项巧妙地集中在一起，以便于用户查找使用。当用户暂时不需要功能区中的功能选项并希望拥有更多的工作空间时，则可以通过单击功能区右侧的"功能区最小化"按钮" "，此时，选项组会消失，仅显示选项卡，从而为用户提供更多空间，如图 3.2 所示。如果需要再次显示，则可再次单击该按钮，组就会重新出现。

5. 标尺栏

Word 2010 具有水平标尺和垂直标尺，用于对齐文档中的文本、图形、表格等，也可用来设置所选段落的缩进方式和距离。可以通过垂直滚动条上方的"标尺"按钮 显示或隐藏标尺，也可通过单击"视图"选项卡"显示"选项组中的"标尺"复选按钮来显示或隐藏标尺。

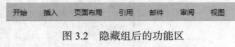

图 3.2　隐藏组后的功能区

6. 文档编辑区

文档编辑区是用户使用 Word 2010 进行文档编辑排版的主要工作区域。在该区域中有一个垂直闪烁的光标，这个光标就是插入点，输入的字符总是显示在光标的位置上。在输入的过程中，当文字显示到文档右边界时，光标会自动转到下一行行首，而当一个自然段落输入完成后，则可以通过按回车键来结束当前段落的输入，光标会转到下一行行首。

7. 状态栏

状态栏位于应用程序窗口的底部，用来显示当前文档的相关信息以及编辑信息等。在状态栏的左侧显示文档共几页、当前是第几页、字数等信息；右侧显示"页面视图""阅读版式视图""Web 版式视图""大纲视图""草稿" 5 种视图模式的切换按钮，显示当前文档显示比例的"缩放级别"按钮以及调整当前文档的显示比例的滑块。

用户可以自己定制状态栏上的显示内容，在状态栏空白处右键单击，在弹出的菜单中，通过单击来选择或取消选择某个菜单项，从而在状态栏中显示或隐藏相应项。

3.1.4　Word 2010 文档基本操作

在使用 Word 2010 进行文档录入与排版之前，必须先创建文档，而当文档编辑排版工作完成之后也必须及时地保存文档以备下次使用，这些都属于文档的基本操作，在本小节中将介绍如何完成这些基本操作，为后续的编辑和排版工作做准备。

1. 新建文档

在 Word 2010 中，可以创建两种形式的新文档，一种是没有任何内容的空白文档，另一种是根据模板创建的文档，如传真、信函和简历等。

（1）创建空白文档。

创建空白文档的方法有很多种，在此仅介绍最常用的 3 种。

① 启动 Word 2010 应用程序之后，默认会创建一个文件名为"文档 1"的空白文档。

② 单击"文件"按钮面板中的"新建"命令，在打开的面板中，选择右侧"可用模板"下的"空白文档"按钮，再单击"创建"按钮（或双击"空白文档"按钮）即可创建一个空白文档，如图 3.3 所示。

③ 单击"自定义快速访问工具栏"按钮，在弹出的下拉菜单中选择"新建"菜单项，之后可以通过单击快速访问工具栏中新添加的"新建"按钮创建空白文档。

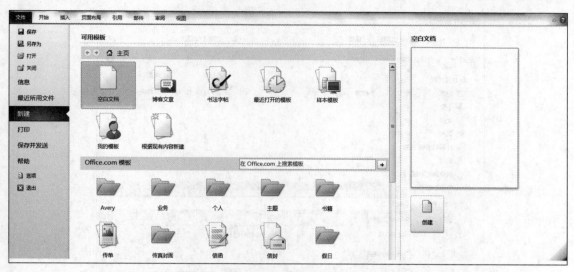

图 3.3　"新建"命令面板

（2）根据模板创建文档。

Word 2010 提供了许多已经设置好的文档模板，选择不同的模板可以快速地创建各种类型的文档，如信函和传真等。模板中已经包含了特定类型文档的格式和内容等，根据个人需求稍做修改即可以创建一个精美的文档。根据需要选择图 3.3 中"可用模板"列表中的合适模板，再单击"创建"按钮，或者在"Office.com 模板"区域中选择合适的模板，会进入相应模板的界面，选择具体模板，再单击"下载"按钮，均可以创建一个基于特定模板的新文档。

2. 保存文档

不仅在文档编辑完成后要保存文档，在文档编辑过程中也要特别注意保存，以免遇到停电或死机等情况，使之前所做的工作丢失。通常，保存文档有以下 4 种情况。

文档的保存

（1）新文档保存。

创建好的新文档首次保存，可以单击"快速访问工具栏"中的"保存"按钮 ■ 或者选择"文件"按钮面板中的"保存"菜单项，均会弹出"另存为"对话框，如图 3.4 所示。在"保存位置"下拉框中选择文档要保存的位置；在"文件名"文本框中输入文档的名称，若不新输入名称则 Word 自动将文档的第一句话作为文档的名称；在"保存类型"下拉框中选择"Word 文档"；单击"保存"按钮，文档即被保存在指定的位置上了。

（2）旧文档与换名、换类型文档的保存。

如果当前编辑的文档是旧文档且不需要更名或更改位置保存，直接单击"快速访问工具栏"中的"保存"按钮，或者选择"文件"按钮面板中的"保存"命令即可直接保存文档。此时不会出现对话框，只是以新内容代替了旧内容保存到原来的旧文档中了。

若要为一篇正在编辑的文档更改名称或保存位置，单击"文件"按钮面板中的"另存为"命令，此时也会弹出图 3.4 所示的"另存为"对话框，根据需要输入新的文档名称或者选择新的存储路径即可。通过"保存类型"下拉列表中的选项还可以更改文档的保存类型，例如，选择"Word 97-2003 文档"选项可将文档保存为 Word 的早期版本类型，选择"Word 模板"选项可将该文档保存为模板类型。

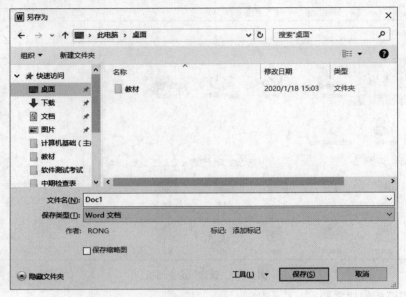

图 3.4　"另存为"对话框

（3）文档加密保存。

为了防止他人未经允许打开或修改文档，可以对文档进行保护，即在保存时为文档加设密码，其步骤如下。

① 单击图 3.4 所示的"另存为"对话框中的"工具"按钮，在弹出的下拉菜单中选择"常规选项"菜单项，则弹出"常规选项"对话框。

② 分别在对话框中的"打开文件时的密码"和"修改文件时的密码"文本框中输入密码，单击"确定"按钮后会弹出"确认密码"对话框，再次输入打开及修改文件时的密码后单击"确定"按钮，返回到图 3.4 所示的对话框。

③ 单击图 3.4 中的"保存"按钮。

设置完成后，再打开文件时，将会弹出图 3.5 所示的对话框，输入正确的打开文件密码后弹出图 3.6 所示的对话框，只有输入正确的修改文件密码时，才可以修改打开的文件，否则只能以只读方式打开。

说明：对文件设置打开及修改密码，不能阻止文件被删除。

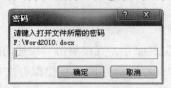

图 3.5　打开文件"密码"对话框

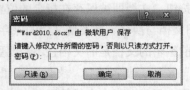

图 3.6　修改文件"密码"对话框

（4）文档定时保存。

在文档的编辑过程中，建议设置定时自动保存功能，以防不可预期的情况发生，使文件内容丢失，其操作步骤如下。

① 单击图 3.4 所示的"另存为"对话框中的"工具"按钮，在弹出的下拉菜单中选择"保存选项"菜单项，弹出"Word 选项"对话框。

②　选中对话框中的"保存自动恢复信息时间间隔"复选框，并在"分钟"数值框中输入保存的时间间隔，单击"确定"按钮返回到图 3.4 所示的对话框。

③　单击图 3.4 所示的"另存为"对话框中的"保存"按钮。

Word 2010 还为用户提供了恢复未保存文档的功能，单击"文件"按钮面板中的"最近所用文件"命令，单击面板右下角的"恢复未保存的文档"按钮，在弹出的"打开"对话框中的文件列表中直接选择要恢复的文件后，单击"打开"按钮即可。

3. 打开文档

如果要对已经存在的文档进行操作，则必须先将其打开。方法很简单，直接双击要打开的文件图标，或者在打开 Word 2010 工作环境后，通过选择"文件"按钮面板中的"打开"命令，然后在打开的"打开"对话框中选择要打开的文件后，单击"打开"按钮即可。

3.2　文档编辑

文档编辑是 Word 2010 的基本功能，主要完成文本的录入、选择、移动、复制等基本操作，同时也为用户提供了查找、替换、撤销和恢复功能。

3.2.1　输入文本

打开 Word 2010 后，用户可以直接在文本编辑区进行输入操作，输入的内容显示在光标所在处。另外，由于 Word 支持"即点即输"功能，用户只需在想输入文本的地方双击鼠标，光标即会自动移到该处，之后用户就可以在该处直接输入。

文本的输入

1. 普通文本的输入

普通文本的输入非常简单，用户只需将光标移到指定位置，选择好合适的输入法后即可进行录入操作。常用的输入法切换的快捷键如下。

①　<Ctrl ＋ Space> 组合键：中 / 英文输入法切换。

②　<Ctrl ＋ Shift> 组合键：各种输入法之间的切换。

③　<Shift ＋ Space> 组合键：全 / 半角之间的切换。

在输入文本的过程中，用户会发现在文本的下方有时会出现红色或绿色的波浪线，这是 Word 2010 提供的拼写和语法检查功能。如果用户在输入过程中出现拼写错误，在文本下方会出现红色波浪线；如果是语法错误，则显示为绿色波浪线。当出现拼写错误时，如误将"Computer"输入为"Conputer"，则"Conputer"下会立刻显示出红色波浪线，用户只需在拼写错误处右键单击，然后在弹出的修改建议菜单中选择想要替换的单词选项就可以将错误的单词替换。

2. 特殊符号的输入

在文本输入过程中常会遇到一些特殊的符号使用键盘无法录入，此时可以单击"插入"选项卡，通过"符号"选项组中的"符号"命令按钮下拉框来录入相应的符号。如果要录入的符号不在"符号"命令按钮下拉框中显示，则可以单击下拉框中的"其他符号"选项，然后在弹出的"符号"对话框中选择所要录入的符号后单击"插入"按钮。

3. 日期和时间的输入

在 Word 2010 中，可以直接插入系统的当前日期和时间，操作步骤如下。

① 将光标定位到要插入日期或时间的位置。

② 单击"插入"选项卡"文本"选项组中的"日期和时间"命令，弹出"日期和时间"对话框。

③ 如果要使插入的时间能够随着系统时间自动更新，可以在对话框中选择语言后在"可用格式"列表中选择需要的格式，然后选中对话框中的"自动更新"复选框，单击"确定"按钮。

3.2.2　选择文本

在对文本进行编辑排版之前要先执行选中操作，从要选择文本的起点处按下鼠标左键，一直拖曳至终点处松开鼠标即可选择文本，选中的文本将以蓝底黑字的形式出现。如果要选择的是篇幅比较大的连续文本，则使用上述方法就不是很方便，此时在要选择的文本起点处单击，然后将鼠标移至选取终点处，单击的同时按下 <Shift> 键即可。

在 Word 2010 中，还有 3 种常用的选定文本的方法，首先将鼠标移到文档左侧的空白处，此处称为选定区，鼠标指针移到此处将发生变化，由指向左上方向的箭头变为指向右上方向的箭头。

① 单击，将选定当前行文字。

② 双击，将选定当前段文字。

③ 三击鼠标，将选中整篇文档。

此外，按下 <Alt> 键的同时拖曳鼠标，可以选中矩形区域；按 <Ctrl+A> 组合键可以选中整篇文档。

3.2.3　插入与删除文本

在文档编辑过程中，会经常执行修改操作来对输入的内容进行更正。当遗漏某些内容时，可以通过单击操作将光标定位到需要补充录入的地方后进行输入。如果要删除某些已经输入的内容，则可以选中该内容后按 <Delete> 键或 <Backspace> 键直接删除。在不选择内容的情况下，按 <Backspace> 键可以删除光标左侧的字符，按 <Delete> 键可以删除光标右侧的字符。

3.2.4　移动文本

将文本移动到另一个位置，是通过先"剪切"再"粘贴"来实现的。Word 2010 提供了三种不同的粘贴方式，如图 3.7 所示。用户可以根据个人的实际需要选择"保留源格式""合并格式"或"只保留文本"三种粘贴方式中的一种。

移动文件有以下 4 种方法。

① 用鼠标左键拖动。选择欲移动的文本，将鼠标指向选择的文本块，此时鼠标指针会变为指向左上角的箭头。按住鼠标左键，拖曳文本到待插入的目标处，松开鼠标左键即可。在拖曳的过程中，会有一个指向插入点的虚线。也可以使用鼠标右键实现文本的移动。选择欲移动的文本，将鼠标指向选定的文本块，按住鼠标右键，拖曳文本到欲插入的目标处，松开鼠标右键，会弹出图 3.8 所示的快捷菜单，选择其中的"移动到此位置"菜单项即可。

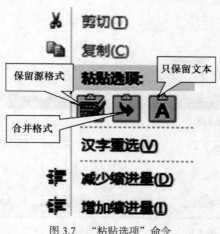

图 3.7　"粘贴选项"命令

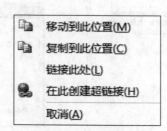

图 3.8　右键拖动实现移动

② 用组合键。选择欲移动的文本后，先按 <Ctrl+X> 组合键实现文本的剪切，然后将光标定位到目标处，按 <Ctrl+V> 组合键实现文本的粘贴。

③ 用功能区的命令。选择欲移动的文本后，单击"开始"选项卡中的"剪切"按钮实现文本的剪切，然后将光标定位到欲移动到的目标处，单击"开始"选项卡中的"粘贴"按钮即可将文本粘贴到这里。

④ 用快捷菜单。选定欲移动的文本后，右键单击，在弹出的快捷菜单中选择"剪切"菜单项，然后将光标定位到欲移动到的目标处，右键单击，在弹出的快捷菜单中选择"粘贴选项"菜单项下的一种粘贴方式即可。

3.2.5　复制文本

复制文本与移动文本操作相类似，只是复制后的文本仍会在原处。

操作时，与移动不同的是，需要将"剪切"换为"复制"（<Ctrl+C> 组合键）命令。

在使用鼠标拖曳进行复制时，在拖曳过程中，需要按住 <Ctrl> 键，鼠标箭头处会出现一个小虚框和一个"+"符号。将选中的文本拖曳到目标处，松开鼠标左键即可。

3.2.6　查找与替换文本

1. 查找

利用查找功能可以方便快速地在文档中找到指定的文本。选择"开始"选项卡，单击"编辑"选项组中的"查找"按钮，在文本编辑区的左侧会显示图 3.9 所示的"导航"窗格，在"搜索文档"文本框内键入查找关字后按回车键，即可列出整篇文档中所有包含该关键字的匹配结果项，并在文档中高亮显示相匹配的关键词，单击某个搜索结果能快速定位到正文中的相应位置。也可以选择"查找选项和其他搜索命令"按钮下拉菜单中的"高级查找"菜单项，在弹出的图 3.10 所示的"查找和替换"对话框中的"查找内容"文本框内键入查找关键字，如"Word 2010"，然后单击"查找下一处"按钮即能定位到正文中匹配该关键字的位置。通过该对话框中的"更多"按钮，能看到更多的查找选项，如是否区分大小写、是否全字匹配以及是否使用通配符等，利用这些选项能完成更高功能的查找操作。

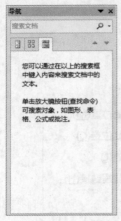

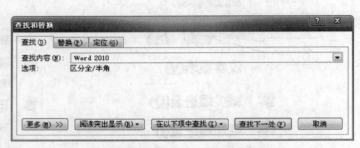

图 3.9　"导航"窗格　　　　　　图 3.10　"查找和替换"对话框

2. 替换

替换操作是在查找的基础上进行的，单击图 3.10 所示的"查找和替换"对话框中的"替换"选项卡，在对话框中的"替换为"文本框中输入要替换的内容，根据情况选择"替换"还是"全部替换"按钮即可完成文本的替换功能。

3.2.7　撤销和重复

Word 2010 的快速访问工具栏中提供的"撤销"按钮 可以帮助用户撤销前一步或前几步的操作，而"重复"按钮 则可以重复执行上一步被撤销的操作。

如果是撤销前一步操作，可以直接单击"撤销"按钮，若要撤销前几步操作，则可以单击"撤销"按钮后面的下拉按钮，在弹出的下拉框中选择要撤销的操作。

3.3　文档排版

文档编辑完成之后，就要对整篇文档排版以使文档具有美观的视觉效果，在这一节中将介绍 Word 2010 中常用的文档排版技术，包括字符格式设置、段落格式设置、边框与底纹设置、分栏设置等。

在讲解文档排版技术之前，先来认识一下在 Word 2010 中的 5 种视图显示方式。

① 页面视图：可以显示 Word 2010 文档的打印结果外观，主要包括页眉、页脚、图形对象、分栏设置、页面边距等元素，是最接近打印结果的视图。

② 阅读版式视图：以图书的分栏样式显示 Word 2010 文档，"文件"按钮、功能区等窗口元素被隐藏起来。可以方便用户阅读，优化了在屏幕上阅读的文档。在"视图选项"下拉菜单中可以对视图的显示方式进行设置，同时还能对文本进行输入和编辑，适用于阅读长篇文章，视觉效果比较好。

③ Web 版式视图：以网页的形式显示文档，视图中显示的始终是文档中的所有文本内容，适用于发送电子邮件和创建网页。

④ 大纲视图：可以显示和更改标题的层级结构，并能折叠、展开各种层级的文档内容，适

用于长文档的快速浏览和设置。

⑤ 草稿：仅显示标题和正文，便于快速编辑文本，是最节省计算机系统硬件资源的视图模式。

可以通过状态栏右侧的视图模式按钮或单击"视图"选项卡的"文档视图"选项组中的相应按钮在这 5 种视图显示模式间进行切换。

3.3.1　字符格式设置

这里的字符包括汉字、字母、数字、符号及各种可见字符，当它们出现在文档中时，就可以通过设置其字体、字号、颜色等进行修饰。对字符格式的设置决定了字符在屏幕上显示和打印输出的样式。字符格式设置可以通过功能区、对话框和浮动工具栏 3 种方式来完成。不管使用哪种方式，都需要在设置前先选择字符，即先选中再设置。

1. 通过功能区进行设置

使用此种方法进行设置，要先单击功能区的"开始"选项卡，此时可以看到"字体"选项组中的相关命令项，如图 3.11 所示，利用这些命令项即可完成对字符的格式设置。

图 3.11　"开始"选项卡中的"字体"组

单击"字体"下拉按钮，当出现下拉式列表框时单击其中的某字体，如楷体，即可将所选字符以楷体的字体形式显示。当用户将鼠标在下拉列表框的字体选项上移动时，所选字符的显示形式也会随之发生改变，这是之前提到过的 Word 2010 提供给用户在实施格式修改之前预览显示效果的功能。

单击"字号"下拉按钮，当出现下拉式列表框时单击其中的某字号，如二号，即可将所选字符以该字号显示。也可以通过"增大字号" $\boxed{A^\cdot}$ 和"减小字号" $\boxed{A^\cdot}$ 按钮来改变所选字符的字号大小。

单击"加粗""倾斜"或"下画线"按钮，可以将所选的字符设置成粗体、斜体或加下画线显示形式。3 个按钮允许联合使用，当"加粗"和"倾斜"按钮同时按下时显示的是粗斜体。单击"下画线"按钮可以为所选字符添加黑色直线下画线，若想添加其他线型的下画线，单击"下画线"按钮旁的向下箭头，在弹出的下拉框中单击所需线型即可；若想添加其他颜色的下画线，在"下画线"下拉框中的"下画线颜色"子菜单中单击所需颜色项或选择"其他颜色"菜单项，在弹出的"颜色"对话框选择所需颜色项并单击"确认"按钮即可。

单击"以不同颜色突出显示文本"按钮 $\boxed{\text{ab}^\cdot}$ 可以为选中的文字添加底色以突出显示，这一般用在文中的某些内容需要读者特别注意的时候。如果要更改突出显示文字的底色，单击该按钮旁的向下箭头，在弹出的下拉框中单击所需的颜色即可。

Word 2010 中增加了为文字添加轮廓、阴影、发光等视觉效果的新功能，单击"开始"选项卡下"字体"选项组中的"文本效果"按钮 $\boxed{A^\cdot}$，在弹出的下拉框中选择所需的效果设置选项就能将该种效果应用于所选文字。

对于"加粗""倾斜""删除线""字符边框""下画线"等属于开关型按钮，单击所需按钮，对应设置起作用；再单击，则取消该设置。

2. 通过对话框进行设置

选中要设置的字符后，单击图 3.11 所示的"字体"选项组右下角的"显示字体对话框"按钮，

图 3.12　"字体"对话框

会弹出图 3.12 所示的"字体"对话框。

在对话框的"字体"选项卡中，可以通过"中文字体"和"西文字体"下拉框中的选项为所选择字符中的中、西文字符设置字体，还可以为所选字符进行字形（常规、倾斜、加粗或加粗倾斜）、字号、颜色等的设置。通过"着重号"下拉框中的"着重号"选项可以为选定字符加着重号，通过"效果"区中的复选框可以进行特殊效果设置，如为所选文字加删除线或将其设为上标、下标等。

在对话框的"高级"选项卡中，可以通过"缩放"下拉框中的选项放大或缩小字符，通过"间距"下拉框中的"加宽""紧缩"选项使字符之间的距离加大或缩小，还可通过"位置"下拉框中的"提升""降低"选项使字符向上提升或向下降低显示。

3. 通过浮动工具栏进行设置

当选中字符并将鼠标指向其后，在选中字符的右上角会出现图 3.13 所示的浮动工具栏，利用它进行设置的方法与通过功能区的命令按钮进行设置的方法类似，不再详述。

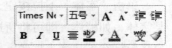

图 3.13　浮动工具栏

3.3.2　段落格式设置

在 Word 中，通常把两个回车换行符之间的部分叫作一个段落。段落格式的设置包括对段落对齐方式、段落缩进、段落间距与行间距，以及首字下沉等的设置。

1. 段落对齐方式

段落的对齐方式分为以下 5 种。

图 3.14　"段落"对话框

① 左对齐：段落所有行以页面左侧页边距为基准对齐。

② 右对齐：段落所有行以页面右侧页边距为基准对齐。

③ 居中对齐：段落所有行以页面中心为基准对齐。

④ 两端对齐：段落除最后一行外，其他行均匀分布在页面左右页边距之间。

⑤ 分散对齐：段落所有行均匀分布在页面左右页边距之间。

单击功能区的"开始"选项卡下"段落"选项组右下角的"显示段落对话框"按钮，将打开图 3.14 所示的"段落"对话框，选择"对齐方式"下拉框中的选项即可进行段落对齐方式的设置，或者单击"段落"选项组中的 5 种对齐方式按钮进行设置。

2. 段落缩进

段落缩进决定了段落到左右页边距的距离，段落的缩进方式分为以下 4 种，如图 3.15 所示。

段落缩进设置

① 左缩进：段落左侧到页面左侧页边距的距离。

② 右缩进：段落右侧到页面右侧页边距的距离。

③ 首行缩进：段落的第一行由左缩进位置起向内缩进的距离。

④ 悬挂缩进：段落除第一行以外的所有行由左缩进位置起向内缩进的距离。

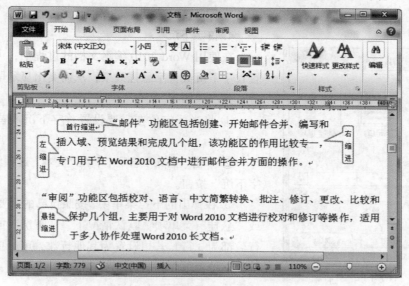

图 3.15　缩进示例

通过图 3.14 所示的"段落"对话框可以精确地设置所选段落的缩进方式和距离。左缩进和右缩进可以通过调整"缩进"区域中的"左侧""右侧"设置框中的上下微调按钮设置；首行缩进和悬挂缩进可以从"特殊格式"下拉框中进行选择，缩进量通过"磅值"设置框进行精确设置。此外，还可以通过水平标尺工具栏来设置段落的缩进，将光标放到设置段落中或选中该段落，之后拖曳图 3.16 所示的缩进方式按钮即可调整对应的缩进量，不过此种方式只能模糊设置缩进量。

图 3.16　水平标尺

3. 段落间距与行间距

通过图 3.14 所示的"段落"对话框中的"间距"区域中的"段前"和"段后"设置框可以设置所选段落与上一段落之间的距离以及该段落与下一段落之间的距离。通过"行距"下拉列表可以修改所选段落相邻两行之间的距离，共有 6 个选项供用户选择。

① 单倍行距：将行距设置为该行最大字体的高度加上一小段额外间距，额外间距的大小取决于所用的字体。

② 1.5 倍行距：将行距设置为单倍行距的 1.5 倍。

③ 2 倍行距：将行距设置为单倍行距的 2 倍。

④ 最小值：将行距设置为适应行上最大字体或图形所需的最小行距。

⑤ 固定值：将行距设置为固定值，可以通过"设置值"设置框设置具体的值。

⑥ 多倍行距：将行距设置为单倍行距的倍数，可以通过"设置值"设置框设置具体的倍数。

需要注意的是，当选择行距为"固定值"并在"设置值"设置框内键入一个磅值时，Word 将不管字体或图形的大小而保持这个固定值，这可能导致行与行相互重叠，所以使用该选项时要小心。

图 3.17　"首字下沉"对话框

4. 首字下沉

在使用 Word 2010 编辑文档的过程中，可以为段落设置首字下沉或首字悬挂效果，从而突出显示段首或篇首位置，其步骤如下。

① 将光标定位在需要设置首字下沉或首字悬挂效果的段落中。

② 单击"插入"选项卡，在"文本"选项组中单击"首字下沉"按钮。

③ 在弹出的下拉菜单中，按照自己的需要选择"下沉"或"悬挂"菜单项。默认情况下，"下沉"或"悬挂"的行数都为 3 行，若想设置为其他行数，可以单击"首字下沉"下拉菜单中的"首字下沉选项"菜单项，打开图 3.17 所示的"首字下沉"对话框。

④ 在"下沉行数"文本框中输入需要下沉的行数，在"距正文"文本框中输入与正文的距离，单击"确定"按钮即可。

如果要取消首字下沉或首字悬挂效果，在"首字下沉"下拉菜单中选择"无"菜单项即可。

3.3.3　边框和底纹设置

边框和底纹能增加读者对文档内容的兴趣和注意程度，并能对文档起到一定美化效果。

边框和底纹设置

1. 添加边框

选中要添加边框的文字或段落后，在功能区的"开始"选项卡下，单击"段落"选项组中的"下框线"按钮右侧的下拉按钮，在弹出的下拉框中选择"边框和底纹"选项，弹出图 3.18 所示的"边框和底纹"对话框，在此对话框中的"边框"选项卡下可以进行边框设置。

用户可以将边框的类型设置为"方框""阴影""三维"或"自定义"类型，若要取消边框可选择"无"选项。选择好边框类型后，还可以选择边框的样式、颜色和宽度，只需打开相应的下拉列表框进行选择。若是给文字加边框，要在"应用于"下拉列表框中选择"文字"选项，文字的四周都有边框。若是给段落加边框，要在"应用于"下拉列表框中选择"段落"选项，Word 2010 会在该段落的左缩进与右缩进间添加边框，如图 3.19 所示。对段落加边框时可根据需要有选择地添加上、下、左、右 4 个方向的边框，可以利用"预览"区域中的"上边框""下边框""左边框"　"右边框" 4 个按钮来为所选段落添加或删除相应方向上的边框，设置完成后单击"确定"
按钮。

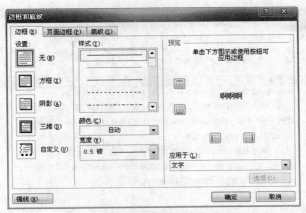

图 3.18　"边框和底纹"对话框

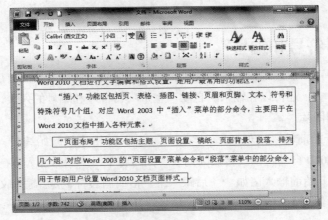

图 3.19　"段落"边框和"文字"边框

2. 添加页面边框

为文档添加页面边框要通过图 3.18 所示的"页面边框"选项卡来完成，页面边框的设置方
法与为段落添加边框的方法基本相同。除了可以添加线型页面边框外，用户还可以添加艺术型页
面边框。打开"页面边框"选项卡中的"艺术型"下拉列表框，选择喜欢的边框类型，再单击"确
定"按钮即可。

3. 添加底纹

添加底纹的目的是使内容更加醒目突出，添加底纹分为添加文字底纹和添加段落底纹两种。

① 添加文字底纹。选中欲添加底纹的文本，单击"开始"选项卡下的"字体"选项组中的"字
符底纹"按钮 **A** 即可；也可以在选中文本后打开图 3.18 所示的"边框和底纹"对话框，单击"底
纹"选项卡。

在"填充"下拉列表中选择合适的颜色，如果在"主题颜色"和"标准色"中没有合适的
颜色，用户可以选择"其他颜色"选项；在"图案"组中选择合适的样式和颜色；在"应用于"
下拉列表中选择"文字"，单击"确定"按钮即可。

② 添加段落底纹。如果要添加段落底纹，在选中欲设置的段落后，在"应用于"下拉列表

中选择"段落"，单击"确定"按钮即可。底纹应用于"文字"和"段落"时的不同效果图 3.20 所示。

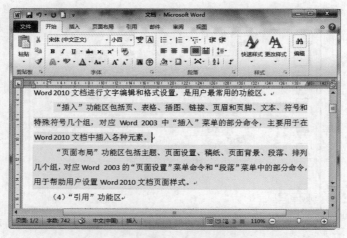

图 3.20   "段落"底纹和"文字"底纹

3.3.4　项目符号和编号

在 Word 2010 中可以快速地给列表添加项目符号和编号，使得文档更有层次感，易于阅读和理解。在 Word 2010 中，还可以在输入时自动产生带项目符号和编号的列表，项目符号除了使用符号外，还可以使用图片。

首先在段落的开始前输入诸如"1.""a）""一"等格式的起始编号，然后输入文本。当按回车键时，Word 2010 自动将该段转换为列表，同时将下一个编号加入下一段的开始。

同样，在段落的开始前输入诸如"*"后跟一个空格或制表符，然后输入文本，当按回车键时，Word 2010 自动将该段转换为项目符号列表，星号转换为黑色的圆点。

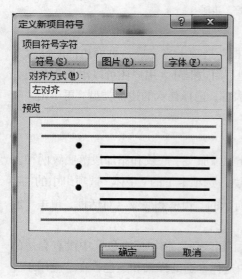

图 3.21   "定义新项目符号"对话框

1. 添加项目符号

若要设置或取消自动创建项目符号功能，可以单击"开始"选项卡下"段落"选项组中的"项目符号"按钮 ≔ 右侧的箭头，在弹出的下拉菜单中选择所需的符号。

如果在下拉列表框中没有满意的项目符号，用户还可以自定义其他符号。选中需要设置的段落，按照前面介绍的方法打开"项目符号"下拉菜单，选择"定义新项目符号"菜单项，打开图 3.21 所示的"定义新项目符号"对话框。根据需要单击"符号""图片"或"字体"按钮，在打开的对话框中选择需要设置为项目号的符号，单击"确定"按钮返回。

用户还可以右键单击选定段落后，在打开的快捷菜单中选择"项目符号"菜单项下的"定义新项目符号"子菜单项，同样会打开图 3.21 所示的"定义新项目符号"

对话框。

2. 添加编号

项目符号和编号的最大不同是：后者为一连续的数字或字母，而前者都使用相同的符号。

添加编号的方法和添加项目符号方法一样，可以通过"段落"选项组中"编号"按钮的下拉菜单中选择所需的编号，也可以通过右键单击，在打开的快捷菜单中选择"编号"菜单项，在"编号"子菜单中进行选择。

3. 多级列表

多级列表可以清晰地表明各层次之间的关系。创建多级列表，可以单击"段落"选项组中"多级列表"按钮 右侧的箭头，打开图 3.22 所示的下拉菜单。在列表中选择一种符合实际需要的多级列表编号格式，在第一个编号后面输入内容，按回车键自动生成第二个编号（注意不是第二级编号），接着输入内容。完成所有内容的输入后，选中需要更改级别的段落，并再次单击"多级列表"按钮。

在下拉菜单中选择"更改列表级别"菜单项，并在子菜单中选择需要设置的列表级别。此时在文档页面中，就可以看到刚才创建的多级列表编号。

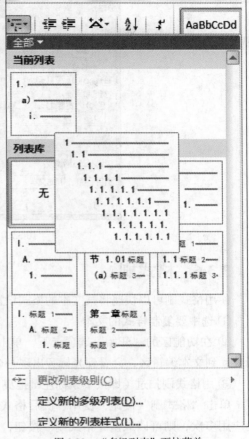

图 3.22 "多级列表"下拉菜单

3.3.5 分栏设置

在编辑报纸、杂志时，经常需要对文档进行各种复杂的分栏排版，使得版面更加生动、更具可读性。分栏设置的操作步骤如下。

① 选中要分栏的段落，单击"页面布局"选项卡，然后单击"页面设置"选项组中的"分栏"按钮。

② 在弹出的下拉菜单中选择所需设置的分栏数。如果在下拉菜单中没有所需的选项，可以选择"更多分栏"菜单项，打开图 3.23 所示的"分栏"对话框。

③ 在"预设"组中选择所需栏数，若希望各栏宽度不同，首先取消"栏宽相等"复选框，然后在"宽度和间距"组中设置各栏的宽度和间距；"分隔线"复选框选中，表示在各栏间加分隔线。

若要取消分栏，只需选择已分栏的段落，在分栏对话框中选择"一栏"，然后单击"确定"按钮。

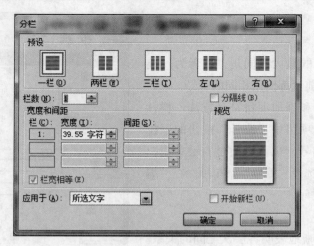

图 3.23　"分栏"对话框

3.3.6　格式刷

使用格式刷可以快速将某文本的格式设置应用到其他文本上，其操作步骤如下。

① 选中要复制样式的文本。

② 在功能区的"开始"选项卡下，单击"剪贴板"选项组中的"格式刷"按钮，之后将光标移动到文本编辑区，会看到光标旁出现一个小刷子的图标。

③ 用格式刷扫过（即按下鼠标左键拖曳）需要应用样式的文本即可。

单击"格式刷"按钮，使用一次后格式刷功能就自动关闭了。如果需要将某文本的格式连续应用多次，则可以双击"格式刷"按钮，之后直接用格式刷分别扫过多处需要应用样式的文本就可以了。要结束使用格式刷功能，再次单击"格式刷"按钮或按 <Esc> 键。

3.3.7　样式与模板

样式与模板是 Word 中非常重要的工具，熟练使用这两个工具可以简化格式设置的操作，提高排版的质量和速度。

1. 样式

样式是应用于文档中的文本、表格等的一组格式特征，利用它能迅速改变文档的外观。应用样式时，只需执行简单的操作就可以应用一组格式。单击"开始"选项卡下"样式"选项组中的样式显示区域右下角的"其他"按钮 ，出现图 3.24 所示的"样式"下拉框，其中显示出了可供选择的样式。要对文档中的文本应用样式，先选中这段文本，然后单击下拉框中需要使用的样式名称就可以了。要删除某文本中已经应用的样式，可先将其选中，再选择"样式"下拉框中的"清除格式"选项即可。

图 3.24　"样式"下拉框

如果要快速改变具有某种样式的所有文本的格式，可通过重新定义样式来完成。选择图 3.24 所示的"样式"下拉框中的"应用样式"选项，在弹出的"应用样式"任务窗格中的"样式名"下拉框中选择要修改的样式名称，如"正文"，再单击"修改"按钮，会弹出

图 3.25 所示的 "修改样式" 对话框, 此时可以看到 "正文" 样式的字体格式为 "中文宋体, 西文 Times New Roman, 五号"; 段落格式为 "两端对齐, 单倍行距"。若要将文档中正文的段落格式修改为 "小四号字, 两端对齐, 1.5 倍行距, 首行缩进 2 字符", 则可以在 "修改样式" 对话框中设置字号为小四, 然后选择对话框中 "格式" 按钮下拉框中的 "段落" 选项, 在弹出的 "段落" 对话框中设置行距为 1.5 倍, 首行缩进为 2 字符, 单击 "确定" 按钮使设置生效后, 即可看到文档中所有使用 "正文" 样式的文本段落格式已发生改变。

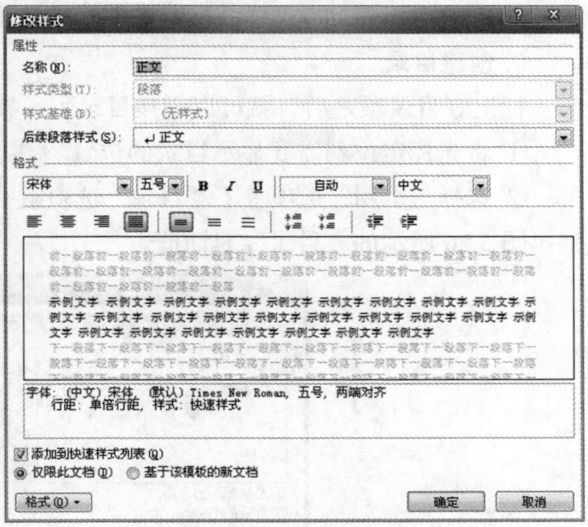

图 3.25　"修改样式" 对话框

2. 模板

模板就是一种预先设定好的特殊文档, 已经包含了文档的基本结构和文档设置, 如页面设置、字体格式、段落格式等, 方便以后重复使用, 省去每次都要排版和设置的烦恼。对于某些格式相同或相近文档的排版工作, 模板是不可缺少的工具。Word 2010 提供了内容涵盖广泛的模板, 有博客文章、书法字帖以及信函、传真、简历和报告等, 利用模板可以快速地创建专业而且美观的文档。另外, Office.com 网站还提供了贺卡、名片、信封、发票等特定功能模板。Word 2010 模板文件的扩展名为 ".dotx", 利用模板创建新文档的方法在前面已经介绍过, 在此不再赘述。

3.3.8　创建目录

在撰写书籍或杂志等类型的文档时, 通常需要创建目录来使读者可以快速浏览文档中的内容, 并可通过目录右侧的页码显示找到所需内容。在 Word 2010 中, 可以非常方便地创建目录, 并且在目录发生变化时, 通过简单的操作就可以对目录进行更新。

创建目录

1. 标记目录项

在创建目录之前, 先将需要在目录中显示的内容标记为目录项, 操作步骤如下。

① 选中要成为目录的文本。

② 单击 "开始" 选项卡下 "样式" 选项组中的样式显示区域右下角的 "其他" 按钮, 弹出图 3.24 所示的 "样式" 下拉框。

③ 根据所要创建的目录项级别, 选择 "标题 1" "标题 2" 或 "标题" 等选项。

如果所要使用的样式不在图 3.24 所示的 "样式" 下拉框中, 则可以通过以下步骤标记目录项。

① 选中要成为目录的文本。

② 单击 "开始" 选项卡下 "样式" 选项组中的 "显示样式窗口" 按钮打开 "样式" 窗格。

③ 单击 "样式" 窗格右下角的 "选项" 按钮, 则弹出 "样式窗格选项" 对话框。

④ 选择对话框中 "选择要显示的样式" 列表框中的 "所有样式" 选项, 单击 "确定" 按钮返回到 "样式" 窗格。

⑤ 此时可以看到在"样式"窗格中已经显示出了所有样式，单击选择所要的样式选项即可。

2. 创建目录

标记好目录项之后，就可以创建目录了，具体操作步骤如下。

① 将光标定位到需要显示目录的位置。

② 选择"引用"选项卡下"目录"选项组中的"目录"按钮下拉框中的"插入目录"选项，弹出图 3.26 所示的"目录"对话框。

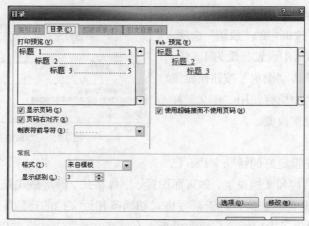

图 3.26　"目录"对话框

③ 在"目录"对话框中，选择是否显示页码、页码是否右对齐，并设置制表符前导符的样式。

④ 在"常规"区选择目录的格式以及目录的显示级别，一般目录显示到 3 级。

⑤ 单击"确定"按钮即可。

3. 更新目录

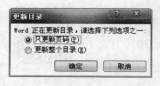

图 3.27　"更新目录"对话框

当文档中的目录内容发生变化时，就需要对目录进行及时更新。

要更新目录，单击"引用"选项卡下"目录"选项组中的"更新目录"按钮，在弹出的图 3.27 所示的"更新目录"对话框中选择是更新整个目录还是只更新页码。也可以先将光标定位到目录上，按 <F9> 键打开"更新目录"对话框进行更新设置。

3.4　表格制作

在一份文档中，用户经常会用表格或统计图表来表示一些数据。这些表格可以简明、直观地表达一份文件或报告的意思。

Word 2010 提供了丰富的表格功能，如建立、编辑、格式化、排序、计算和将表格转换成各类统计图表等功能。

表格由水平的"行"与垂直的"列"组成，表格中的每一格称为"单元格"，单元格内可以输入数字、文字、图形，甚至另一个表格。建立表格时，一般先指定行数、列数，生成一个空表，然后输入单元格中的内容，也可以把已键入的文本转变为表格。

3.4.1　创建表格

1. 插入表格

要在文档中插入表格，先将光标定位到要插入表格的位置，单击"插入"选项卡下"表格"选项组中的"表格"按钮，弹出图 3.28 所示的下拉框，其中会显示一个示意网格，沿网格右下方移动鼠标，当达到需要的行列位置后单击鼠标即可。

除上述方法外，也可以选择下拉框中的"插入表格"选项，弹出图 3.29 所示的"插入表格"对话框，在"列数"和"行数"文本框中分别输入所需的列数和行数，在"自动调整操作"选项中根据需要进行选择，设置完成后单击"确定"按钮即可创建一个新表格。

图 3.28　"表格"按钮下拉框　　　　图 3.29　"插入表格"对话框

2. 绘制表格

插入表格的方法只能创建规则的表格，对于一些复杂的不规则表格，则可以通过绘制表格的方法来实现。要绘制表格，需单击图 3.28 所示的"绘制表格"选项，之后将鼠标指针移到文本编辑区会看到鼠标指针已变成一个笔状图标，此时就可以像使用画笔一样通过鼠标拖曳画出所需的任意表格。

需要注意的是，首次通过鼠标拖曳绘制出的是表格的外围边框，之后才可以绘制表格的内部框线，要结束绘制表格，双击鼠标或者按 <Esc> 键即可。

3. 快速制表

要快速创建具有一定样式的表格，选择图 3.28 所示的"快速表格"选项，在弹出的子菜单中根据需要单击某种样式的表格选项即可。

3.4.2　表格内容输入

表格中的每一个小格叫作单元格，在每个单元格中都有一个段落标记，可以把每个单元格当作一个小的段落来处理。要在单元格中输入内容，需要先将光标定位到单元格中，可以通过在单元格上单击或者使用方向键将光标移至单元格中。例如，可以对新创建的空表进行内容的填充，得到表 3.1 所示的表格。

当然，也可以修改录入内容的字体、字号、颜色等格式，这与文档的字符格式设置方法相同，都需要先选中内容再设置。

表3.1   成绩表

姓名	语文	数学	英语
张丽	76	87	67
赵明	88	79	85
李虎	70	90	79

3.4.3 编辑表格

1. 选定表格

在对表格进行编辑之前，需要学会如何选中表格中的不同元素，如单元格、行、列或整个表格等。Word 2010 中有以下一些选中的技巧。

① 选定一个单元格：将鼠标指针移动到该单元格左边，当鼠标指针变成实心右上方向的箭头时单击，该单元格即被选中。

② 选定一行：将鼠标指针移到表格外该行的左侧，当鼠标指针变成空心右上方向的箭头时单击，该行即被选中。

③ 选定一列：将鼠标指针移到表格外该列的最上方，当鼠标指针变成实心向下方向的箭头时单击，该列即被选中。

④ 选定整个表格：可以拖曳鼠标选取，也可以通过单击表格左上角的被方框框起来的四向箭头图标 ⊞ 来选中整个表格。

2. 调整行高和列宽

调整行高是指改变本行中所有单元格的高度，将鼠标指向此行的下边框线，鼠标指针会变成垂直分离的双向箭头，直接拖曳即可调整本行的高度。

调整列宽是指改变本列中所有单元格的宽度，将鼠标指向此列的右边框线，鼠标指针会变成水平分离的双向箭头，直接拖曳即可调整本列的宽度。要调整某个单元格的宽度，则要先选中该单元格，再执行上述操作，此时的改变仅限于选中的单元格。

也可以先将光标定位到要改变行高或列宽的那一行或列中的任一单元格，此时，功能区中会出现表格工具选项卡"设计"和"布局"，再单击"布局"选项卡中的"单元格大小"选项组中的显示当前单元格行高和列宽的两个文本框右侧的上下微调按钮，即可精确调整行高和列宽。

光标置于表格内或选中表格后右键单击，会弹出图 3.30 所示的"表格属性"对话框，在该对话框的"行"和"列"选项卡中可以对行高和列宽进行具体的设置。

3. 合并和拆分

在创建一些不规则表格的过程中，可能经常会遇到要将某个单元格拆分成若干个小的单元格，或者要将某些相邻的单元格合并成一个单元格，此时就需要使用表格的合并与拆分功能。

表格合并与拆分

要合并某些相邻的单元格，首先要将其选中，然后单击表格工具"布局"选项卡下"合并"选项组中的"合并单元格"按钮，或者右键单击，在弹出的快捷菜单中选择"合并单元格"菜单项，就可以将选中的多个单元格合并成一个，合并前各单元格中的内容将以一列的形式显示在新单元格中。

要将一个单元格拆分，先将光标放到该单元格中，然后单击表格工具"布局"选项卡下"合并"选项组中的"拆分单元格"按钮,在弹出的"拆分单元格"对话框中设置要拆分的行数和列数,最后单击"确定"按钮即可。原有单元格中的内容将显示在拆分后的首个单元格中。

图 3.30 "表格属性"对话框

如果要将一个表格拆分成两个,先将光标定位到拆分分界处(即拆分后的第二个表格的首行上),再单击表格工具"布局"选项卡下"合并"选项组中的"拆分表格"按钮,即完成了表格的拆分。

4. 插入行或列

要在表格中插入新行或新列,只需先将光标定位到要在其周围加入新行或新列的那个单元格,再根据需要选择表格工具"布局"选项卡下"行和列"选项组中的按钮。单击"在上方插入"或"在下方插入"可以在单元格的上方或下方插入一个新行,单击"在左侧插入"或"在右侧插入"可以在单元格的左侧或右侧插入一个新列。

在此,对表 3.1 进行修改,为其插入一个"平均分"行和一个"总成绩"列,得到表 3.2。

表 3.2   插入新行和列的成绩表

姓名	语文		数学		英语		总成绩
张丽	76		87		67		
赵明	88		79		85		
李虎	70		90		79		
平均分							

5. 删除行、列或单元格

要删除表格中的行、列或单元格,首先选定想要删除的单元格、行或列,右键单击,在弹出的快捷菜单中选择"删除"命令。当删除单元格时,Word 2010 会弹出图 3.31 所示的"删除单元格"对话框,在对话框中根据提示选择现有单元格的位置如何移动。

也可以在选定想要删除的单元格、行或列后,在表格工具"布局"选项卡中的"行和列"选项组中选择"删除"。

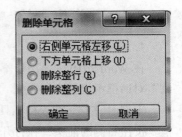

图 3.31 "删除单元格"对话框

需要注意的是，选中行或列后直接按 <Delete> 键只能删除其中的内容而不能删除行或列。

6. 更改单元格对齐方式

单元格中文字的对齐方式一共有 9 种，默认的对齐方式是靠上左对齐。要更改某些单元格的文字对齐方式，先选中这些单元格，再单击表格工具"布局"选项卡，在"对齐方式"选项组中可以看到 9 个小的图例按钮，根据需要的对齐方式单击某个按钮即可；也可以选中后右键单击，在弹出的快捷菜单中选择"单元格对齐方式"子菜单中的某个图例选项。在此，将表 3.2 中的所有内容都设置为水平和垂直方向上都居中，得到表 3.3。

表 3.3 对齐设置后的成绩表

姓名	语文	数学	英语	总成绩
张丽	76	87	67	
赵明	88	79	85	
李虎	70	90	79	
平均分				

7. 绘制斜线表头

在创建一些表格时，需要在首行的第一个单元格中分别显示出行标题和列标题，有时还需要显示出数据标题，这就需要绘制斜线表头。

要为表 3.3 创建斜线表头，可以通过以下步骤来实现。

① 将光标定位在表格首行的第一个单元格当中，并将此单元格的尺寸调大。

② 单击表格工具"设计"选项卡，在"表格样式"选项组的"边框"按钮下拉框中选择"斜下框线"选项即可在单元格中出现一条斜线。

③ 在单元格中的"姓名"文字前输入"科目"后按回车键。

④ 调整两行文字在单元格中的对齐方式分别为"右对齐"和"左对齐"，完成设置后如表 3.4所示。

表 3.4 插入斜线表头后的成绩表

科目 姓名	语文	数学	英语	总成绩
张丽	76	87	67	
赵明	88	79	85	
李虎	70	90	79	
平均分				

3.4.4 美化表格

1. 修改表格框线

在 Word 2010 中，用户不仅可以在"表格工具"功能区设置表格边框，还可以在"边框和底纹"对话框中设置表格边框

① 选中表格，在表格工具"设计"选项卡下"表格样式"选项组中，单击"底纹"按钮和"边框"按钮右侧的箭头，在打开的下拉列表中选择所需的颜色和边框。

② 如果想对表格边框进行具体的线型和颜色的设置，可以在"边框"下拉菜单中选择"边框和底纹"菜单项，打开图 3.32 所示的"边框和底纹"对话框。在"样式""颜色""宽度"列表中分别选择所需选项，在"预览"区可以看到设置后的效果。

2. 添加底纹

为表格添加底纹，先选中要添加底纹的单元格，若是为整个表格添加，则需选中整个表格，之后切换到表格工具"设计"选项卡，单击"表格样式"选项组中的"底纹"按钮下拉框中的样式即可。

也可以在"边框和底纹"对话框中的底纹选项卡中进行设置。

将表 3.4 进行边框和底纹修饰后的效果如表 3.5 所示。

表 3.5　　　　　　　　　　　　　　边框和底纹设置后的成绩表

姓名＼科目	语文	数学	英语	总成绩
张丽	76	87	67	
赵明	88	79	85	
李虎	70	90	79	
平均分				

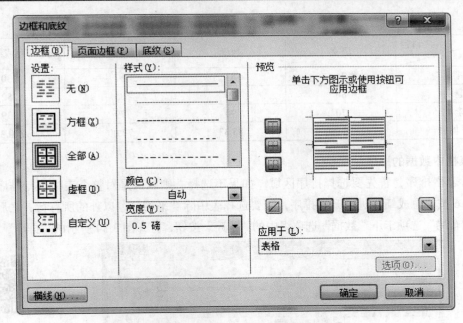

图 3.32　"边框和底纹"对话框

3.4.5　表格转换为文本

要把一个表格转换为文本，先选择整个表格或将光标定位到表格中，再单击表格工具"布局"选项卡下"数据"选项组中的"转换为文本"按钮，在弹出的"表格转换成文本"对话框中选择文字分隔符，之后单击"确定"按钮即可将表格转换成文本。

3.4.6 表格排序与数字计算

1. 表格中数据的计算

图 3.33 "公式"对话框

在 Word 2010 中，可以通过在表格中插入公式的方法来对表格中的数据进行计算。例如，要计算表 3.4 中张丽的总成绩，首先将光标定位到要插入公式的单元格中，然后单击表格工具"布局"选项卡下"数据"选项组中的"公式"按钮，弹出图 3.33 所示的"公式"对话框。在对话框的"公式"文本框中已经显示出了公式"=SUM（LEFT）"，由于要计算的正是公式所在单元格左侧数据之和，所以此时不需要更改，直接单击"确定"按钮就会计算出张丽的总成绩并显示。若要计算英语课程的平均成绩，将光标定位到要插入公式的单元格中之后，再重复以上操作，也会弹出"公式"对话框，只是此时"公式"文本框中显示的公式是"=SUM（ABOVE）"，由于要计算的是平均成绩，所以此时要使用的计算函数是"AVERAGE"，将"公式"文本框中的"SUM"修改为"AVERAGE"或者通过"粘贴函数"下拉框选择"AVERAGE"函数，在"编号格式"下拉框中选择数据显示格式为保留两位小数"0.00"，然后单击"确定"按钮就可计算并显示英语课程的平均成绩。以相同方式计算其余数据，结果如表 3.6 所示。

表 3.6　公式计算后的成绩表

姓名＼科目	语文	数学	英语	总成绩
张丽	76	87	67	230
赵明	88	79	85	252
李虎	70	90	79	239
平均分	78.00	85.33	77.00	240.33

2. 表格中数据的排序

要对表格排序，首先要选择排序区域，如果不选择，则默认是对整个表格进行排序。如果要将表 3.6 按"总成绩"进行升序排序，则要选择表中除"平均分"以外的所有行，之后单击表格工具"布局"选项卡下"数据"选项组中的"排序"按钮，打开图 3.34 所示的"排序"对话框。

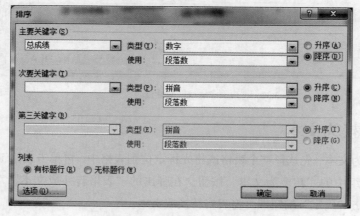

表格排序与
数字计算

图 3.34 "排序"对话框

在"主要关键字"下拉框中选择"总成绩"，则"类型"框的排序方式自动变为"数字"，再选择"升序"单选按钮，根据需要用同样的方式设置"次要关键字"以及"第三关键字"。在对话框底部，选择表格是否有标题行。如果选择"有标题行"，那么顶行条目就不参与排序，并且这些数据列将用相应标题行中的条目来表示，而不是用"列 1""列 2"等方式表示；选择"无标题行"则顶行条目将参与排序，此时选择"有标题行"，再单击"选项"按钮微调排序命令，如排序时是否区分大小写等，设置完成后单击"确定"按钮就完成了排序，结果如表 3.7 所示。

表 3.7　　　　　　　　　　　　　　　按"总成绩"升序排序后的成绩表

姓名　　　科目	语文	数学	英语	总成绩
张丽	76	87	67	230
李虎	70	90	79	239
赵明	88	79	85	252
平均分	78.00	85.33	77.00	240.33

3.5　图文混排

要想使文档具有很好的美观效果，仅仅通过编辑和排版是不够的，有时还需要在文档中适当的位置放置一些图片并对其进行编辑修改以增加文档的美观程度。在 Word 2010 中，为用户提供了功能强大的图片编辑工具，无须其他专用的图片工具，即能完成对图片的插入、剪裁和添加图片特效，也可以更改图片亮度、对比度、颜色饱和度、色调等，能够轻松、快速地将简单的文档转换为图文并茂的艺术作品。通过新增的去除图片背景功能还能方便地移除所选图片的背景。

3.5.1　插入图片

在文档中插入图片的操作步骤如下。

①将光标定位到文档中要插入图片的位置。

②单击"插入"选项卡下"插图"选项组中的"图片"按钮，打开"插入图片"对话框。

图片的插入

③ 找到要选用的图片并选中。

④ 单击"插入"按钮即可将图片插入到文档中。

图片插入到文档中后，四周会出现 8 个控制点，把鼠标移动到控制点上，当鼠标指针变成双向箭头时，拖曳鼠标可以改变图片的大小。同时功能区中出现用于图片编辑的"格式"选项卡，如图 3.35 所示，在该选项卡中有"调整""图片样式""排列""大小"4 个选项组，利用其中的命令按钮可以对图片进行亮度、对比度、位置、环绕方式等进行设置。

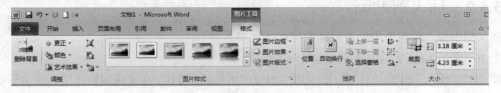

图 3.35　图片工具

Word 2010 在"调整"选项组中增加了许多编辑图片的新功能，包括为图片设置艺术效果、图片修正、自动消除图片背景等。通过对图片应用艺术效果，如铅笔素描、线条图形、水彩海绵、马赛克气泡、蜡笔平滑等，可使其看起来更像素描、绘图或绘画作品。通过微调图片的颜色饱和度、色调将使其具有引人注目的视觉效果，调整亮度、对比度、锐化和柔化，或重新着色能使其更适合文档内容。通过去除图片背景能够更好地突出图片主题。要对所选图片进行以上设置，只需单击图 3.35 所示的选项卡中的设置按钮，并在弹出的下拉框中进行选择。

需要注意的是，在为图片删除背景时，单击"删除背景"按钮，会显示"背景消除"选项卡，如图 3.36 所示，Word 2010 会自动在图片上标记出要删除的部分。用户还可以手动拖曳标记框周围的调整按钮进行设置，之后通过"标记要保留的区域"或"标记要删除的区域"按钮修改图片的边缘效果，完成设置后单击"保留更改"按钮就会删除所选图片的背景。如果用户想把图片恢复到未设置前的样式，单击图 3.35 所示的"调整"选项组中的"重设图片"按钮即可。

通过"图片样式"选项组不仅可以将图片设置成该选项组中预设好的样式，还可以根据自己的需要通过"图片边框""图片效果""图片版式"3 个下拉按钮对图片进行自定义设置，包括更改图片的边框，设置图片的阴影、发光、三维旋转等效果、转换图片为 SmartArt 图形等。

对于图片来说，将其插入到文档中后，一般都要进行环绕方式设置，这样可以使文字与图片以不同的方式显示。选中图片后单击图 3.35 所示的"排列"选项组中的"位置"按钮，在弹出的下拉框中根据需要进行选择即可。图 3.37 所示为将图片设置为"衬于文字下方"环绕方式的显示效果。

图 3.36　"背景消除"选项卡

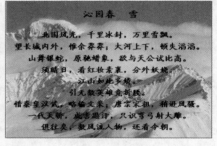

图 3.37　"衬于文字下方"环绕方式效果图

Word 2010 中增加了屏幕截图功能，并能将屏幕截图即时插入到文档中。单击"插入"选项卡下"插图"选项组中的"屏幕截图"按钮，在弹出的下拉菜单中可以看到所有已经开启的窗口缩略图，单击任意一个窗口即可将该窗口完整的截图并自动插入到文档中。如果只想要截取屏幕上的一小部分，选择"屏幕剪辑"选项，然后在屏幕上通过鼠标拖曳选取想要截取的部分，松开鼠标即可将选取内容以图片的形式插入文档中。在添加屏幕截图后，可以使用图片工具"格式"选项卡下的功能对截图进行编辑或修改。

3.5.2　插入剪贴画

在文档中插入剪辑库中的剪贴画的操作步骤如下。

① 将光标定位到文档中要插入剪贴画的位置。

② 单击"插入"选项卡下"插图"选项组中的"剪贴画"按钮，在文档编辑区的右侧会显示"剪贴画"任务窗格。

③ 在"搜索文字"文本框中键入查找图片的关键字,如"计算机"。

④ 在"结果类型"下拉框中选择要显示的搜索结果类型,如选择"插图"复选框,如果需要显示 Office.com 网站的剪贴画,则选中"包括 Office.com 内容"复选框。

⑤ 单击"搜索"按钮,在任务窗格的下方列表框中会显示搜索结果,如图 3.38 所示。

⑥ 单击要使用的图片即可将其插入到文档中。

剪贴画插入后,在功能区同样会出现用于图片编辑的图片工具"格式"选项卡,利用其对剪贴画的设置方法与图片类似,只是不能对剪贴画进行删除背景以及艺术效果设置。

图 3.38　"剪贴画"任务窗格

3.5.3　插入艺术字

艺术字是具有特殊效果的文字,用户可以在文档中插入 Word 2010 艺术字库中所提供的任意效果的艺术字。

在文档中插入艺术字的操作步骤如下。

① 将光标定位到文档中要插入艺术字的位置。

② 单击"插入"选项卡下"文本"选项组中的"艺术字"按钮,在弹出的艺术字样式下拉框中选择一种样式。

③ 在文本编辑区中"请在此放置您的文字"框中键入文字即可。

艺术字插入文档中后,功能区中会出现用于艺术字编辑的绘图工具"格式"选项卡,如图 3.39 所示,利用"形状样式"选项组中的命令按钮可以对显示艺术字的形状进行边框、填充、阴影、发光、三维效果等设置。利用"艺术字样式"选项组中的命令按钮可以对艺术字进行边框、填充、阴影、发光、三维效果和转换等设置。与图片一样,也可以通过"排列"选项组中的"自动换行"按钮下拉框对其进行环绕方式的设置。

图 3.39　绘图工具

3.5.4　绘制图形

Word 2010 提供了很多自选图形绘制工具,其中包括各种线条、矩形、基本形状(圆、椭圆以及梯形等)、箭头和流程图等。插入自选图形的操作步骤如下。

① 单击"插入"选项卡下"插图"选项组中的"形状"按钮,弹出图 3.40 所示的"形状"选择下拉框,在下拉框里选择所需的自选图形。

② 移动鼠标到文档中要显示自选图形的位置,按下鼠标左键并拖曳至合适的大小后松开即可绘出所选图形。

③ 如果需要在图形上添加文字,右键单击该图形,在弹出的快捷菜单中选择"添加文字"

菜单项。此时在图形上会自动显示文本框和光标，在里面输入文字并进行格式的设置，文字会随着图形的移动而移动。

图 3.40　"形状"下拉列表

自选图形插入文档后，在功能区中会显示绘图工具"格式"选项卡，与编辑艺术字类似，也可以对自选图形进行边框、填充色、阴影、发光、三维旋转以及文字环绕等设置。

3.5.5　插入 SmartArt 图形

Word 2010 中的"SmartArt"工具增加了大量新模板，还新添了多个新类别，提供更丰富多彩的各种图表绘制功能，能帮助用户制作出精美的文档图表对象。使用"SmartArt"工具，可以非常方便地在文档中插入用于演示流程、层次结构、循环或者关系的 SmartArt 图形。

在文档中插入 SmartArt 图形的操作步骤如下。

①将光标定位到文档中要插入图形的位置。

② 单击"插入"选项卡中"插图"选项组中的"SmartArt"按钮，打开"选择 SmartArt 图形"对话框，如图 3.41 所示。

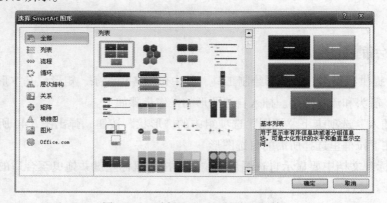

图 3.41　"选择 SmartArt 图形"对话框

③ 图中左侧列表中显示的是 Word 2010 提供的 SmartArt 图形的分类列表, 有列表、流程、循环、层次结构、关系等, 单击某一种类别, 会在对话框中间显示出该类别下的所有 SmartArt 图形的图例, 单击某一图例, 在对话框右侧可以预览到该种 SmartArt 图形, 并在预览图的下方显示该图形的文字介绍, 在此选择"层次结构"分类下的组织结构图。

④ 单击"确定"按钮, 即可在文档中插入图 3.42 所示的显示文本窗格的组织结构图。

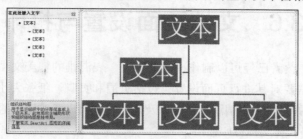

图 3.42 组织结构图

插入组织结构图后, 就可以在图 3.42 所示的图形中显示"文本"的位置输入文字, 也可以在图左侧的"在此处输入文字"文本窗格中输入文字。输入文字的格式将按照预先设计的格式显示, 当然用户也可以根据自己的需要进行更改。

当文档中插入组织结构图后, 在功能区会显示用于编辑 SmartArt 图形的 SmartArt 工具"设计"和"格式"选项卡, 如图 3.43 所示。通过 SmartArt 工具可以为 SmartArt 图形添加新形状、更改布局、更改颜色、更改形状样式(包括填充、轮廓以及阴影、发光等效果设置), 还能为文字更改边框、填充色以及设置发光、阴影、三维旋转和转换等效果。

图 3.43 SmartArt 工具

3.5.6 插入文本框

文本框是存放文本的容器, 也是一种特殊的图形对象。插入文本框的操作步骤如下。

① 单击"插入"选项卡下"文本"选项组中的"文本框"按钮, 将弹出图 3.44 所示的下拉框。

② 如果要使用已有的文本框样式, 直接在"内置"栏中选择所需的文本框样式即可。

③ 如果要手工绘制文本框, 选择"绘制文本框"选项; 如果要使用竖排文本框, 选择"绘制竖排文本框"选项。进行选择后, 鼠标指针在文档中变成"十"字形状, 将鼠标移动到要插入文本框的位置, 按下鼠标左键并拖曳至合适大小后松开即可。

图 3.44 "文本框"按钮下拉框

④ 在插入的文本框中输入文字。

文本框插入文档后，在功能区中会显示绘图工具"格式"选项卡，文本框的编辑方法与艺术字类似，可以对其及其上文字设置边框、填充色、阴影、发光、三维旋转等。若想更改文本框中的文字方向，单击"文本"选项组中的"文字方向"按钮，在弹出的下拉框中进行选择即可。

3.6　文档页面设置与打印

通过前面的介绍，读者已经可以制作一篇图、文、表混排的精美文档了。为了使文档具有较好地输出效果，还需要对其进行页面设置，包括页眉和页脚、纸张大小和方向、页边距、页码等。此外，还可以选择是否为文档添加封面以及是否将文档设置成稿纸的形式。设置完成之后，还可以根据需要选择是否将文档打印输出。

3.6.1　设置页眉与页脚

页眉和页脚中含有在页面的顶部和底部重复出现的信息，可以在页眉和页脚中插入文本或图形，如页码、日期、公司徽标、文档标题、文件名或作者名等。页眉与页脚只能在页面视图下看到，在其他视图下无法看到。

设置页眉与页脚

设置页眉和页脚的操作步骤如下。

① 单击"插入"选项卡。

② 要插入页眉，单击"页眉和页脚"选项组中的"页眉"按钮，在弹出的下拉框中选择内置的页眉样式或者选择"编辑页眉"选项，之后键入页眉内容。也可以双击页眉处，进行页眉编辑。

③ 要插入页脚，单击"页眉和页脚"选项组中的"页脚"按钮，在弹出的下拉框中选择内置的页脚样式或者选择"编辑页脚"选项，之后键入页脚内容。也可以双击页脚处，进入页脚编辑。

在进行页眉和页脚设置的过程中，页眉和页脚的内容会突出显示，而正文中的内容则变为灰色，同时在功能区中会出现用于编辑页眉和页脚的页眉和页脚工具"设计"选项卡，如图 3.45 所示。通过"页眉和页脚"选项组中的"页码"按钮下拉框可以设置页码出现的位置，并且还可以设置页码的格式；通过"插入"选项组中的"日期和时间"命令按钮可以在页眉或页脚中插入日期和时间，并可以设置其显示格式；通过单击"文档部件"下拉框中的"域"选项，在之后弹出的"域"对话框中的"域名"列表框中进行选择，从而可以在页眉或页脚中显示作者名、文件名以及文件大小等信息；通过"选项"选项组中的复选框可以设置首页不同或奇偶页不同的页眉和页脚。

页眉和页脚设置完成后，可以按 <Esc> 键退出编辑状态。

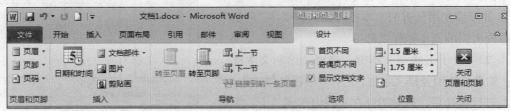

图 3.45　页眉和页脚工具

3.6.2　设置纸张大小与方向

通常在进行文字编辑排版之前，就要先设置好纸张大小以及方向。单击"页面布局"选项卡下"页面设置"选项组中的"纸张方向"按钮，在弹出的下拉框中选择"纵向"或"横向"选项；单击"纸张大小"按钮，可以在下拉框中选择一种已经列出的纸张大小，或者单击"其他页面大小"选项，在弹出的图 3.46 所示的"页面设置"对话框中的"纸张"选项卡下进行纸张大小的设置。

3.6.3　设置页边距

页边距是页面四周的空白区域，要设置页边距，单击"页面布局"选项卡下"页面设置"选项组中的"页边距"按钮，选择下拉框中已经列出的页边距设置，也

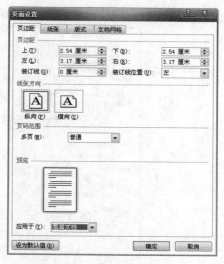

图 3.46　"页面设置"对话框

可以单击"自定义边距"选项，在弹出的图 3.46 所示的"页面设置"对话框中的"页边距"选项卡下进行设置。在"页边距"区域中的"上""下""左""右"数值框中输入要设置的数值，或者通过数值框右侧的上下微调按钮进行设置。如果文档需要装订，则可以在该区域中的"装订线"数值框中输入装订边距，并在"装订线位置"下拉框中选择是在左侧还是上方进行装订。

3.6.4　设置文档封面

要为文档创建封面，用户可以单击"插入"选项卡下"页"选项组中的"封面"按钮，在弹出的下拉框中选择所需的封面即可在文档首页插入所选类型的封面，之后在封面的指定位置输入文档标题、副标题等信息即可完成封面的创建。

3.6.5　稿纸设置

如果用户想将自己的文档设置成稿纸的形式，可以单击"页面布局"选项卡下"稿纸"选项组中的"稿纸设置"按钮，在之后弹出的"稿纸设置"对话框中根据需要设置稿纸的格式、网格的行列数、网格的颜色以及页面大小等，再单击"确认"按钮就可以将当前文档设置成稿纸形式。

3.6.6　打印预览与打印

Word 2010 将打印预览、打印设置及打印功能都融合在了"文件"菜单的"打印"命令面板，该面板分为两部分，左侧是打印设置及打印，右侧是打印预览，如图 3.47 所示。在左侧面板中整合了所有打印相关的设置，包括打印份数、打印机、打印范围、打印方向及纸张大小等，也能根据右侧的预览效果进行页边距的调整以及设置双面打印，还可通过左侧面板右下角的"页面设置"打开用户在打印设置过程中最常用的"页面设置"对话框。在右侧面板中能看到当前文档的打印预览效果，通过预览区左下角的翻页按钮能进行前后翻页预览，调整右侧的滑块能改变预览视图的大小。在 Word 早期版本中，用户需要在修改文档后，通过"打印预览"选项打开打印预览功能，而在 Word 2010 中，用户无须进行以上操作，只要打开"打印"命令面板，就

能直接显示打印预览效果，并且当用户对某个设置进行更改时，页面预览也会自动更新。

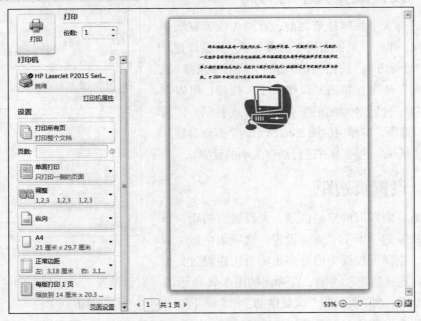

图 3.47 "打印"面板

在 Word 2010 中，打印文档可以边进行打印设置边进行打印预览，设置完成后直接可以一键打印，大大简化了打印工作，节省了时间。

由于篇幅有限，Word 2010 的很多功能在此没有讲到，有兴趣的读者可以查阅帮助或相关书籍。

3.7 邮件合并

在实际工作中，学校经常会遇到批量制作成绩单、准考证、录取通知书等情况；而企业也经常遇到给众多客户发送会议信函、新年贺卡等情况。这些工作都具有工作量大、重复率高的特点，既容易出错，又枯燥乏味，有什么解决办法呢？在 Word 2010 中使用"邮件合并"功能，可以对大部分固定不变的 Word 文档内容进行批量编辑、打印。

3.7.1 邮件合并概述

所谓邮件合并，就是在 Word 文档的固定内容中，插入一组变化的数据域，如 Word 表格、Excel 表、Access 数据表等，从而批量生成需要的邮件合并文档。因此，要使用邮件合并功能，首先要建立两个文档：主文档和数据源，然后在主文档中插入相关的信息。由此可见，邮件合并通常包含以下 4 个步骤。

① 创建主文档，输入内容不变的共有文本。

② 创建或打开数据源，存放可变的数据。

③ 在主文档中所需的位置插入合并域名字。

④ 执行合并操作，将数据源中的可变数据和主文档的共有文本进行合并，生成一个合并文

档并打印。

现有新生的信息如表 3.8 所示，对表格中的每个学生打印出图 3.48 所示的录取通知书。下面，将以此为例介绍邮件合并的操作过程。

表 3.8 　　　　　　　　　　　　　　　　新生录取信息表

姓　名	学　院	专　业	日　期
张　三	电子工程学院	通信工程	9 月 2 日
李　四	商学院	电子商务	9 月 3 日
王　二	人文艺术学院	新闻与采编	9 月 4 日

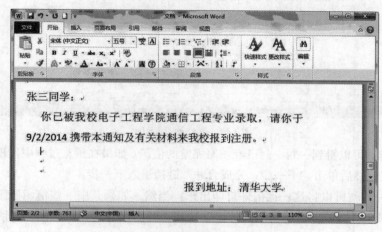

图 3.48　录取通知书

3.7.2　利用"邮件合并向导"进行邮件合并

利用"邮件合并向导"进行邮件合并的操作步骤如下。

① 打开 Word 2010 文档窗口，单击"邮件"选项卡。在"开始邮件合并"选项组中单击"开始邮件合并"按钮，并在打开的菜单中选择"邮件合并分步向导"菜单项，在文档右侧出现"邮件合并"任务窗格。

② 在"选择文档类型"向导页选中"信函"单选按钮，并单击"下一步：正在启动文档"链接，然后，选择文档类型，选中"使用当前文档"单选按钮，并单击"下一步：选取收件人"链接。

③ 选择收件人，即找到数据源。我们使用的是现成的数据表，选择"使用现有列表"单选按钮，在下方单击"浏览"按钮，在弹出的"选取数据源"对话框中选择数据表所在位置并单击"打开"按钮将其打开（如果工作簿中有多个工作表，选择数据所在的工作表并单击"确认"按钮将其打开）。在随后弹出的"邮件合并收件人"对话框中，可以对数据表中的数据进行筛选和排序，还可以进行添加和删除，完成后单击"确认"按钮，返回"邮件合并"任务窗格，然后单击"下一步：撰写信函"链接进入下一步。

④ 撰写信函，这是最关键的一步。这时任务窗格上显示了"地址块""问候语""电子邮政"和"其他项目"四个按钮。在这个例子中，我们选择"其他项目"按钮，在弹出的"插入合并域"对话框中，选择"姓名"这个字段，并单击"插入"按钮，继续选择"学院"这个字段并插入。重复这些步骤，将"专业"和"日期"的信息插入。插入完成后，关闭"插入合并域"对话框

可以看到合并后的文档中出现了 4 个引用字段，如图 3.49 所示。然后，单击"下一步：预览信函"链接进入下一步。

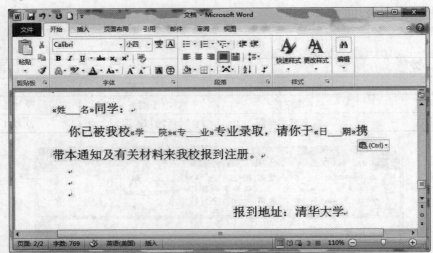

图 3.49　插入合并域示例

⑤ 预览信函，可以看到一封一封已经填写完整的信函。如果在预览过程中发现了什么问题，还可以进行更改。然后单击"下一步：完成合并"链接进入下一步。

⑥ 完成合并，就可以将这一批信件打印出来。当然，如果其中一些信函还需要再加一些个性化的内容，那么可以单击"编辑个人信函"按钮，弹出"合并到新文档"对话框，它的作用是将这些信函合并到新文档，用户可以根据实际情况选择要合并的记录的范围，之后可以对这个文档进行编辑，也可以将它保留下来留备后用。

注意：括住合并域的"《》"是 Word 2010 插入合并域的特殊字符，用户不可以自己键入字符"《》"。

样式与模板

邮件合并

习题 3

一、选择题

1. Word 2010 文件默认的扩展名是（　　）。

　　A．doc　　　　　　B．docx　　　　　　C．dot　　　　　　D．dotx

2. Word 2010 的新增功能包括（　　）。

　　A．背景移除　　　　B．屏幕截图　　　　C．屏幕取词　　　　D．以上都是

3. 将文档进行分两栏设置完成后，只有在（　　）视图下才能显示分栏状态。

　　A．大纲　　　　　　B．普通　　　　　　C．页面　　　　　　D．阅读版式

4．在 Word 编辑状态下，若要调整段落左右边界，直接、快捷的方法是使用（　　）。

　　A．工具栏　　　　　　B．标尺　　　　　　C．样式和格式　　　　D．格式栏

5．在 Word 2010 的（　　）选项卡中，可以为所选中文字设置文字艺术效果。

　　A．开始　　　　　　　B．插入　　　　　　C．页面布局　　　　　D．引用

6．在 Word 2010 编辑状态下，利用键盘上的（　　）键可以在插入和改写两种状态间切换。

　　A．Delete　　　　　　B．Backspace　　　　C．Insert　　　　　　D．Home

7．通过 Word 2010 打开了一个文档并做了修改，之后执行关闭文档操作，则（　　）。

　　A．文档被关闭，并自动保存修改后的内容

　　B．文档被关闭，修改后的内容不能保存

　　C．弹出对话框，询问是否保存对文档的修改

　　D．文档不能关闭，并提示出错

8．样式和模板是 Word 2010 的高级功能，其中样式包括（　　）格式信息。

　　A．字体　　　　　　　B．段落缩进　　　　C．对齐方式　　　　　D．以上都是

9．对于 Word 2010 中表格的叙述，正确的是（　　）。

　　A．不能删除表格中的单元格　　　　　　B．表格中的文本只能垂直居中

　　C．可以对表格中的数据排序　　　　　　D．不可以对表格中的数据进行公式计算

10．在 Word 文档中插入的图片默认使用（　　）环绕方式。

　　A．四周型　　　　　　B．紧密型　　　　　C．嵌入型　　　　　　D．上下型

二、操作题

1．启动 Word 2010，输入以下内容后将文件以名字"Word 排版作业"命名保存。

信息检索简介

　　信息检索是指将杂乱无序的信息有序化，形成信息集合，并根据需要从信息集合中查找出特定信息的过程，全称是信息存储与检索（Information Storage And Retrieval）。信息的存储主要是指对一定范围内的信息进行筛选，描述其特征，加工使之有序化形成信息集合，即建立数据库，这是检索的基础；信息的检索是指采用一定的方法与策略从数据库中查找出所需信息，这是检索的目的，是存储的反过程。存储与检索是相辅相成的过程。为了迅速、准确地检索，就必须了解存储的原理。通常人们所说的信息检索主要指后一过程，即信息查找过程，也就是狭义的信息检索（Information Search）。

　　2．按照以下要求进行设置。

　　①将标题设为艺术字，字体华文行楷、字号一号并设置环绕方式为"上下型环绕"、居中显示；正文设为小四号宋体，首行缩进 2 字符，1.5 倍行距。

　　②对正文进行分栏设置，栏数为 2 栏。

　　③对正文段落添加"茶色，背景 2，深色 25%"的底纹。

　　④在正文最后间隔一行创建一个 5 行 ×6 列的空表格，并将表格外框线设置为宽度 1.5 磅的双实线型，再将表格的第一行和最后一行单元格合并。

　　⑤在表格下方插入形状"爆炸形 1"，将其设为居中显示，并设置填充色为"茶色，背景 2，深色 25%"，添加"紧密映像，接触"型的映像效果。

　　⑥在页脚处插入页码，对齐方式为居中，页码数字格式为"I，II，III，…"。

第 4 章
电子表格处理软件 Excel 2010

Excel 2010 是 Microsoft 公司出品的 Office 2010 系列办公软件中的另一个组件，可以用来制作电子表格、完成许多复杂的数据运算、进行数据的统计和分析等，并且具有强大的制作图表的功能。本章从基本的操作入手，内容涉及工作表的编辑、数据处理、图表制作等方面的知识。

【知识要点】

- Excel 2010 的数据输入。
- Excel 2010 工作表格式化。
- Excel 2010 公式与函数。
- Excel 2010 数据管理。
- Excel 2010 图表制作。
- Excel 2010 工作表打印输出。

4.1　Excel 2010 概述

4.1.1　Excel 2010 的新功能

Excel 2010 提供了强大的工具和功能，用户可以使用这些工具和功能轻松地分析、共享和管理数据。Excel 2010 中改进的新功能主要有以下 10 个方面。

① 使用单元格内嵌的迷你图可以直观地反映数据系列的变化趋势。

② 使用新增的切片器功能可以快速、直观地筛选大量信息，并增强了数据透视表和数据透视图的可视化分析。

③ 使用新增的搜索筛选器可以快速缩小表、数据透视表和数据透视图中可用筛选选项的范围。

④ 简化了多个来源的数据集成和快速处理多达数百万行的大型数据集，可对几乎所有数据进行高效建模和分析。

⑤ 可以创建自定义选项卡，甚至可以自定义内置选项卡。

⑥ 使用 Excel 2010 中的条件格式功能，可以对样式和图标进行更多控制。

⑦ 利用交互性更强和更动态的数据透视图以最有说服力的视图来分析和捕获数字。

⑧ 恢复用户已关闭但没有保存的未保存文件。

⑨ Excel 2010 简化了访问功能的方式，全新的 Microsoft Office Backstage 视图取代了传统的文件菜单，允许用户通过单击即可保存、共享、打印和发布电子表格。

⑩ 允许企业用户将电子表格发布到 Web，从而在整个组织内共享分析信息和结果。

4.1.2　Excel 2010 的启动与退出

1. 启动

启动 Excel 2010 与启动 Word 2010 类似，有多种启动方法。

① 单击"开始"按钮，在弹出的菜单中选择"所有程序"→"Microsoft Office"→"Microsoft Excel 2010"菜单项，即可启动 Excel 2010 并新建一个 Excel 工作簿。

② 双击任意一个 Excel 文件，Excel 就会启动并且打开相应的文件。

③ 双击桌面快捷方式也可启动并新建一个 Excel 工作簿。

环境介绍

2. 退出

如果要退出 Excel 2010，可以用下列方法之一。

① 选择菜单"文件"→"退出"菜单项。

② 按组合键 <Alt+F4>。

③ 单击 Excel 2010 标题栏右上角的"关闭"按钮 。

4.1.3　Excel 2010 的工作主界面

Excel 2010 提供了全新的 Ribbon 应用程序操作界面，由快速访问工具栏、标题栏、选项卡、功能区、编辑栏、状态栏和工作表编辑区等部分组成，如图 4.1 所示。

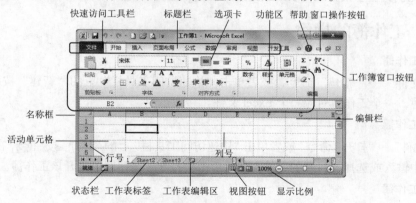

图 4.1　Excel 2010 主界面组成

① 快速访问工具栏：显示多个常用的工具按钮，默认状态下包括"保存""撤销"和"恢复"按钮。用户也可以根据需要进行添加或更改。

② 标题栏：显示正在编辑的工作表的文件名以及所使用的软件名。

③ 选项卡：单击相应的选项卡，在功能区中提供了不同的操作设置选项。例如，"文件"选项卡，使用基本命令（如"新建""打开""另存为""打印"和"关闭"）时单击此按钮。选择"选

项"命令可以进行相应默认值的设定。

④ 功能区：当用户单击功能区上方的选项卡时，即可打开相应的功能区选项，图 4.1 所示的界面即打开了"开始"选项卡，在该区域中用户可以对字体、段落等内容进行设置。

⑤ 帮助按钮：用于打开 Excel 的帮助文件。

⑥ 窗口操作按钮：用于设置窗口的最大化、最小化或关闭窗口。

⑦ 工作簿窗口按钮：用于设置 Excel 窗口中打开的工作簿窗口。

⑧ 名称框：显示当前所在单元格或单元格区域的名称或引用。

⑨ 编辑栏：可直接在此向当前所在单元格输入数据内容；在单元格输入数据时也会同时在此显示。

⑩ 工作表编辑区：显示正在编辑的工作表。工作表由行和列组成，工作表中行列交叉的方形格称为"单元格"。用户可以在工作表中输入或编辑数据。

⑪ 行号：用数字表示，如：1，2，……

⑫ 列号：用字母表示，如：A，B，……Z，AA，AB，……

⑬ 活动单元格：工作表中用鼠标点选的黑色边框的单元格，又称为当前单元格，用户输入的数据显示在活动单元格中。单元格名称又称为单元格地址，用列号加行号表示，如 A1，表示 A 列第 1 行单元格。

⑭ 状态栏：显示当前的状态信息，如页数、字数及输入法等信息。

⑮ 工作表标签：单击相应的工作表标签即可切换到工作簿中的该工作表下，默认情况下一个工作簿中含有 3 个工作表。

⑯ 视图按钮：包括"普通"视图、"页面布局"视图和"分页预览"视图，单击想要显示的视图类型按钮即可切换到相应的视图方式下，对工作表进行查看。

⑰ 显示比例：用于设置工作表区域的显示比例，拖动滑块可以方便快捷地进行调整。

4.1.4　工作簿的操作

1. 新建工作簿

单击"文件"→"新建"命令，或者单击"快速访问工具栏"上的"新建"按钮 □ 可以新建一个工作簿，一个工作簿对应一个 Excel 文件。

2. 打开工作簿

单击"文件"→"打开"命令，或者单击"快速访问工具栏"上的"打开"按钮 🗁，在弹出的"打开"对话框中输入或选择要打开的文件，然后单击"打开"按钮即可打开该工作簿。

3. 保存工作簿

当完成对一个工作簿文件的建立、编辑后，就可以将文件保存起来。保存工作簿的操作步骤如下。

① 单击"文件"→"保存"命令，若该文件已保存过，可直接将工作簿保存起来。

② 若该文件为新文件，将会弹出"另存为"对话框，在"文件名"文本框中，输入名字来保存当前的工作簿；如果需要将工作簿保存到其他位置，可以在"保存位置"列表框中，选择其他的磁盘或目录；如果需要选择以其他文件格式保存 Excel 工作簿，可以在"保存类型"列表框中，选择其他的文件格式，然后单击"保存"按钮。

③ 设置安全性选项：单击"另存为"对话框中的"工具"按钮，在弹出的下拉菜单中"常规选项"菜单项后，弹出"常规选项"对话框进行打开权限密码与修改权限密码的设置。

4. 关闭工作簿

单击"文件"→"关闭"命令，或直接单击应用程序窗口右上角的"关闭"按钮可以关闭工作簿。如果当前工作簿的所有的编辑工作已经保存过，则直接关闭工作簿；如果工作簿没有保存，就会弹出保存提示对话框，如图 4.2 所示。可以单击"保存"按钮保存文件并退出 Excel 2010，单击"不保存"按钮不保存文件直接退出 Excel 2010，如果选择"取消"按钮，则不退出 Excel 2010 返回编辑状态。

图 4.2 保存提示对话框

4.1.5 工作表的操作

1. 选定工作表

要选定单个工作表，只需要将其变成当前活动工作表，即单击该工作表标签。

当选定多个工作表时，工作簿的标题栏的文件名后面就会出现"[工作组]"字样，这时，在其中任意一个工作表内的操作都将同时在所有所选的工作表中进行。选定多个工作表的方法如下。

① 要选定两个或多个相邻的工作表，先单击第一个工作表标签，然后按住 <Shift> 键，并单击最后一个工作表标签。

② 要选定两个或多个非相邻的工作表，首先单击第一个工作表标签，然后按住 <Ctrl> 键，并逐个单击其他需要选定的工作表标签。

③ 要选定全部工作表，首先在工作表标签上右键单击，然后在弹出的快捷菜单上选择"选定全部工作表"菜单项即可。

④ 要取消多个工作表的选定，首先在非当前工作表标签上单击，或在工作表标签上右键单击，然后在弹出的快捷菜单上选择"取消组合工作表"菜单项即可。

2. 工作表重命名

在创建新的工作簿时，默认包含 3 个名字为 Sheet1、Sheet2、Sheet3 的工作表，在实际操作中，为了更有效地进行管理，可以使用以下两种方法对工作表重命名。

① 双击要重命名的工作表标签，输入新名字后按回车键即可。

② 右键单击工作表标签，在弹出的快捷菜单中选择"重命名"菜单项，然后输入新名字后按回车键即可。

3. 移动工作表

单击要移动的工作表标签，拖曳到需要移动的位置释放即可。

4. 复制工作表

在需要复制的工作表标签上右键单击，如图 4.3 所示，在弹出的快捷菜单中选择"移动或复制"菜单项，弹出"移动或复制工作表"对话框，如图 4.4 所示。首先勾选"建立副本"复选框，再在"下列选定工作表之前"列表框中单击需要移动到其位置之前的选项，然后单击"确定"按钮即可。或单击需要复制的工作表标签，按住 <Ctrl> 键再拖曳到新位置完成工作表的复制，拖曳时标签行上方出现一个小黑三角形，指示当前工作表所要插入的新位置。

图 4.3　工作表快捷菜单

图 4.4　"移动或复制工作表"对话框

5. 插入工作表

选定新工作表插入位置之后的一个工作表，然后右键单击，在弹出快捷菜单中选择"插入 …"菜单项，打开"插入"对话框，在"常用"选项卡下的列表中选择"工作表"选项，最后单击"确定"按钮即可插入工作表。

6. 删除工作表

选定要删除的工作表，然后右键单击，在弹出的快捷菜单中选择"删除"菜单项，这时会弹出是否删除确认对话框，单击"删除"按钮，即可完成删除工作表的操作。

4.2　Excel 2010 的数据输入

4.2.1　单元格中数据的输入

Excel 2010 支持多种数据类型，向单元格输入数据可以通过以下 3 种方法。

① 单击要输入数据的单元格，使其成为"活动单元格"，然后直接输入数据。

② 双击要输入数据的单元格，单元格内出现光标，此时可定位光标直接输入数据或修改已有数据信息。

数据录入

③ 单击选中单元格，然后移动鼠标至编辑栏并单击，即可在编辑栏添加或修改数据。数据输入后，单击编辑栏上的"输入"按钮 ✔ 或按回车键确认输入，单击"取消"按钮 ✖ 或按 <Esc> 键可取消输入。选中单元格后，单击"插入函数"按钮 *f*✕ 也可以用插入函数的方法为单元格输入内容。

1. 文本的输入

单击需要输入文本文字的单元格直接输入即可，输入的文字会在单元格中自动以左对齐方式显示。

若需将纯数字作为文本输入，如电话号码、身份证号等，可以在其前面加上单引号，如：'05516381668，然后按回车键；也可以先将单元格格式设置为"文本"，再输入数字文本。

2. 数值的输入

数值是指能用来计算的数据。可向单元格中输入整数、小数、分数和科学计数法形式的数据，有效位数为 15 位。在 Excel 2010 中能用来表示数值的字符有 0 ~ 9、+、-、（ ）、/、$、%、，、.、E、e。

在输入分数时应注意，要先输入整数部分和空格。例如，输入 6/7，正确的输入是：0 空格 6/7，按回车键后在编辑栏中可以看到其分数形式；否则会将分数当成日期，按回车键后单元格中将显示 6 月 7 日，在编辑栏中可以看到系统当前年份的日期值，如 2019-6-7。再如，要输入 6 又 3/7，正确的输入是：6 空格 3/7，若不加空格按回车键后单元格中将显示 Jul-63，在编辑栏中可以看到 1963-7-1，单元格内容被转换成了日期。

输入负数时可直接输入负号和数据，也可以不加负号而在数据上加小括号。

默认情况下，输入到单元格中的数值将自动右对齐。

3. 日期和时间

在工作表中可以输入各种形式的日期和时间格式的数据内容。设置单元格格式为日期的方法是在"开始"选项卡下，"数字"选项组中的"数字格式"下拉列表框中选择"短日期"或者"长日期"选项；也可以单击该选项组右下角的"显示设置单元格格式对话框的数字选项卡"按钮，在弹出的"设置单元格格式"对话框中对时间格式进行设置，如图 4.5 所示。

图 4.5　设置单元格格式

输入日期时，其格式建议采用 YYYY-MM-DD 的形式，可在年、月、日之间用"/"或"-"连接，如 2019/4/8 或 2019-4-8。

时间数据由时、分、秒组成。输入时，时、分、秒之间用冒号分隔，如 8:23:46 表示 8 点 23 分 46 秒。Excel 时间默认以 24 小时制表示，若要以 12 小时制输入时间，需要在时间后加一空格并输入"AM"或"PM"（或"A"及"P"），分别表示上午和下午。

如果要在单元格中同时输入日期和时间，应先输入日期后输入时间，中间以空格隔开。例如，若要输入 2019 年 4 月 8 日下午 8 点 8 分，实际输入时则可输入 2019-4-8 8:8 PM 或 2019-4-8 20:8。

在单元格中要输入当天的日期，按 <Ctrl+ ; >组合键；输入当前时间，按 <Shift+Ctrl+ ; >组合键；若要输入当前日期和时间，按 <Ctrl+ ; > 组合键，然后按空格键，接着 <Shift+Ctrl+ ; > 组合键。

4. 批注

在 Excel 2010 中用户可以为单元格输入批注内容，用来对单元格中的内容做进一步的说明和解释。在选定的活动单元格上右键单击，在弹出的菜单中选择"插入批注"菜单项；也可以单击"审阅"选项卡下"批注"选项组中的"新建批注"按钮，在选定的单元格右侧会弹出一个批注框。用户可以在此框中输入对单元格做解释和说明的文本内容。输入完成后，单击其他单元格，在输入了批注的单元格的右上角会出现一个红色小三角，表示该单元格含有批注。

当鼠标指向含有批注的单元格时，批注会显示在单元格的右边上，右键单击该单元格，在弹出的菜单中选择"编辑批注"菜单项可以修改批注；选择"删除批注"菜单项，可以删除批注。

4.2.2 自动填充数据

在表格中输入数据时，往往有些栏目是由序列构成的，如编号、序号、星期等，在 Excel 2010 中，序列值不必——输入，可以在某个区域快速建立序列，实现自动填充数据。

数据填充

1. 自动重复列中已输入的项目

如果在单元格中键入的前几个字符与该列中已有的项相匹配，Excel 会自动建议输入其余的字符，但 Excel 2010 只能自动重复文字或文字与数字的组合项。只包含数字、日期或时间的项不能自动重复。如果接受建议的输入内容，按回车键；如果不想采用自动提示的字符，就继续键入所需的内容。

2. 使用"填充"命令填充相邻单元格

（1）实现单元格复制填充。

选中包含要填充的数据的单元格上方、下方、左侧或右侧的空白单元格。在"开始"选项卡下"编辑"选项组中，单击"填充"按钮，如图 4.6 所示。然后在弹出的图 4.7 所示的下拉列表中选择"向上""向下""向左"或"向右"选项，可以实现单元格某一方向所选相邻区域的复制填充。

（2）实现单元格序列填充。

选定要填充区域的第一个单元格并输入数据序列中的初始值；选定含有初始值的单元格区域；在"开始"选项卡下"编辑"选项组中，单击"填充"按钮，然后在弹出的下拉列表中选择"系列"选项，弹出"序列"对话框，如图 4.8 所示。

图 4.6 "编辑"选项组

图 4.7 填充命令选项

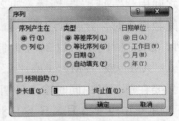

图 4.8 "序列"对话框

在"序列"对话框中对序列进行设置。

- 序列产生在：选择行或列，进一步确认是按行或是按列方向进行填充。
- 类型：选择序列类型，若选择"日期"，还必须在"日期单位"框中选择单位。
- 步长值：指定序列增加或减少的数量，可以输入正数或负数。
- 终止值：输入序列的最后一个值，用于限定输入数据的范围。

设置完成后，单击"确定"按钮，即可实现单元格序列填充。

3. 使用填充柄填充数据

填充柄是位于选定区域右下角的小黑方块。将鼠标指向填充柄时，鼠标指针更改为黑十字。

对于数字、数字和文本的组合、日期或时间段等连续序列，首先选定包含初始值的单元格，然后将鼠标移到单元格区域右下角的填充柄上，按下鼠标左键，在要填充序列的区域上拖曳填充柄，在拖曳过程中，可以观察到序列的值；松开鼠标左键，即释放填充柄之后会出现"自动填充选项"按钮，然后单击此按钮，在弹出的快捷菜单中选择如何填充所选内容。例如，可以选择

"复制单元格"菜单项实现数据的复制填充，也可以选择"填充序列"菜单项实现数值的连续序列填充。

如果填充序列是不连续的，比如数字序列的步长值不是 1，则需要在选定填充区域的第一个和下一个单元格中分别输入数据序列中的前两个数值作为初始值，两个数值之间的差决定数据序列的步长值，同时选中作为初始值的两个单元格，然后拖曳填充柄直到完成填充工作。效果如图 4.9 和图 4.10 所示。

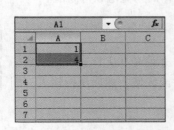

图 4.9　选中单元格并拖曳填充柄

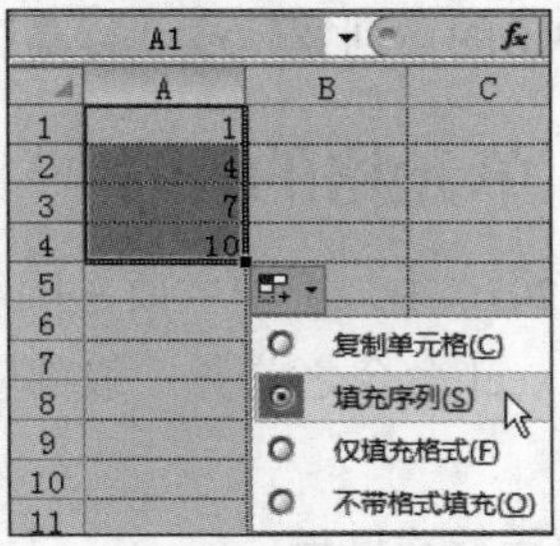

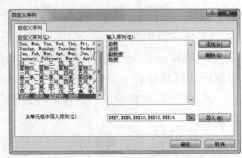

图 4.10　选择填充格式

4. 使用自定义填充序列填充数据

为了更轻松地输入特定的数据序列，可以创建自定义填充序列。自定义填充序列可以基于工作表中已有项目的列表，也可以从头开始键入列表。不能编辑或删除如星期、月份、季度等内置填充序列，但可以编辑或删除自定义填充序列。

使用基于新的项目列表的自定义填充序列的具体步骤如下。

单击"文件"→"选项"命令，在弹出的"Excel 选项"对话框中，单击"高级"→"常规"→"编辑自定义列表"按钮，弹出图 4.11 所示的"自定义序列"对话框。

单击"自定义序列"列表框中的"新序列"选项，然后在"输入序列"框中键入各个项，从第一个项开始，每键入一个项后，按回车键；当列表完成后，单击"添加"按钮，然后单击"确定"按钮两次。在工作表中，选中一个单元格，然后输入在自定义填充序列中要用作列表初始值的项目，拖曳填充柄，经过要填充的单元格即可完成自定义填充序列的数据填充。

图 4.11　"自定义序列"对话框

4.3　Excel 2010 数据格式化

4.3.1　设置工作表的列宽和行高

为使工作表表格在屏幕上或打印出来能有一个比较好的效果，用户可以对列宽和行高进行适当调整。

1. 使用鼠标调整

将鼠标指向列号的右侧或行号的下方，鼠标指针变成双向箭头✚或✚，拖曳鼠标，表格的列宽和行高将调整到拖曳后的位置处。

若在某列号的右侧或某行号的下方的格线处双击鼠标，则可将表格中该（列）（行）调整到能显示当前单元格数据的适当位置处。

2. 使用命令调整

选定单元格区域，单击"开始"选项卡下"单元格"选项组中的"格式"按钮，在下拉列表中选择列宽或行高，也可以选择"自动调整列宽"或"自动调整行高"选项可以自动调整，然后分别在弹出的"列宽"或"行高"对话框中设置具体的列宽值和行高值。

4.3.2 单元格的操作

在 Excel 2010 中，工作主要是围绕工作表展开的。无论是在工作表中输入数据还是在使用 Excel 命令之前，一般都应首先选定单元格或区域，然后执行输入、删除等操作。

单元格操作

1. 选定单元格或区域

① 选定一个单元格：将鼠标指针指向要选定的单元格然后单击。若要选定不连续的单元格，按下 <Ctrl> 键的同时单击需要选定的单元格。

② 选定一行：单击行号。将鼠标指针放在需要选定行单元格左侧的行号位置处，此时鼠标指针呈向右的箭头状，单击即可选定该行单元格。如要选定多行，则需要按 <Ctrl> 键的同时选定行号。

③ 选定一列：单击列号。将鼠标指针放在需要选定列单元格的上面的列号位置处，此时鼠标指针呈向下的箭头状，单击即可选定该列单元格。同样，按 <Ctrl> 键的同时，选定列号可以选定多列。

④ 选定整个表格：单击工作表左上角行号和列号的交叉按钮，即"全选"按钮。

⑤ 选定一个矩形区域：在区域左上角的第一个单元格内单击，按住鼠标沿着对角线方向拖曳到所选区域最后一个单元格，松开鼠标。

⑥ 选定不相邻的矩形区域：按住功能 <Ctrl> 键的同时单击选定的单元格或拖曳鼠标选择矩形区域。

2. 插入行、列、单元格

在需要插入单元格的位置处选定相应的单元格，单击"开始"选项卡下"单元格"选项组中的"插入"右侧的下拉列表按钮，弹出图 4.12 所示的下拉列表，在列表中选择"插入单元格"选项，弹出"插入"对话框，如图 4.13 所示。选择插入单元格的方式，然后单击"确定"按钮完成插入操作。插入行、列的操作与插入单元格类似。

图 4.12　插入单元格

图 4.13　"插入"对话框

3. 删除行、列、单元格

选定要删除的单元格，单击"开始"选项卡下"单元格"选项组中的"删除"右侧的下拉列表按钮，在弹出的列表中选择"删除单元格"选项，弹出"删除"对话框，选择删除单元格的方式，再单击"确定"按钮，单元格即被删除。

如果要删除整行或整列，应先选定相应的行或列，再进行以上操作。

也可在选定行或列之后右键单击，通过弹出的快捷菜单删除。

4. 单元格内容的复制与粘贴

复制和粘贴单元格有以下 3 种方式。

① 鼠标移动。选定要复制的单元格，将鼠标指针指向选定单元格的黑边框上，同时按下 <Ctrl> 键，并拖曳选定的单元格到想要粘贴的位置。拖曳时鼠标指针会变成箭头右上方加一个"+"号的形状，释放鼠标，完成复制操作。

② 利用剪贴板完成。选定需要复制内容的单元格，单击"开始"选项卡下"剪贴板"选项组中的"复制"按钮，然后选定需要粘贴的单元格，再单击"剪贴板"选项组中的"粘贴"按钮即可。还可以单击"剪贴板"选项组中的"粘贴"按钮下方的下拉列表按钮，在展开的列表中选择"选择性粘贴"选项，弹出"选择性粘贴"对话框，如图 4.14 所示，选择相应的选项，再单击"确定"按钮，复制即被完成。

图 4.14　"选择性粘贴"对话框

③ 用户也可以在需要复制或粘贴的单元格位置处右键单击，在弹出的快捷菜单中进行相应操作。

5. 清除单元格

选定要清除的单元格，单击"开始"选项卡下"编辑"选项组中的"清除"按钮，在展开的下拉列表中选择"清除内容"选项，单元格中的内容即被删除。如果单元格进行了格式设置，要想清除格式，应在下拉列表中单击"清除格式"选项。每个选项的功能如下。

① 全部清除：清除区域中的内容、批注和格式。

② 清除格式：只清除区域中的数据格式，而保留数据的内容和批注。

③ 清除内容：只清除区域中的数据，而保留区域中的数据格式，也等同于选中后按 <Delete> 键。

④ 清除批注：清除区域中的批注信息。

4.3.3　设置单元格格式

1. 字符的格式化

选定要设置字体格式的单元格后，可以通过以下两种方法进行相应的设置。

（1）使用"开始"选项卡字体格式命令。

可以直接利用"开始"选项卡下的"字体"选项组中的相关命令，如图 4.15 所示，对字体、字号、字形、字体颜色以及其他对字符进行修饰，单击"字体"列表框右边的向下箭头，从下拉列表中选择一种字体；单击"字号"列表框右边的向下箭头，从下拉列表中选择字号大小；"加粗"按钮 **B** 、"倾斜"按钮 **I** 、"下画线"按钮 **U** ，可以改变选中文本的字形；单击"字体颜色"按钮 **A** 右边的向下箭头，从下拉列表中选择所需要的颜色。

（2）使用"设置单元格格式"对话框。

也可以单击字体选项组右下角的"显示设置单元格格式：字体"按钮，在弹出的"设置单元格格式"对话框的"字体"选项卡下进行设置，如图4.16所示。

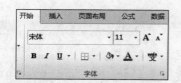

图4.15 使用选项卡设置字体格式

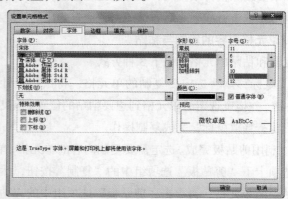

图4.16 "设置单元格格式"对话框"字体"选项卡

2. 数字格式化

在 Excel 中数字是最常用的单元格内容，所以系统提供了多种数字格式，当对数字格式化后，单元格中表现的是格式化后的结果，编辑栏中表现的是系统实际存储的数据。

"开始"选项卡下"数字"选项组中，提供了5种快速格式化数字的按钮，即"会计数字格式"按钮 、"百分比样式"按钮 **%** 、"千位分隔样式"按钮 **,** 、"增加小数位数"按钮 和"减少小数位数"按钮 。设置数字样式时，只要选定单元格区域，再单击相应的按钮即可完成，如图4.17所示。当然，也可以通过图4.18所示的"设置单元格格式"对话框的"数字"选项卡进行更多更详尽的设置。

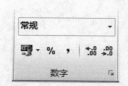

图4.17 设置单元格图

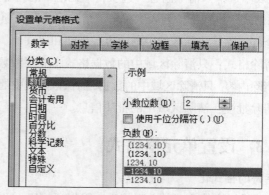

图4.18 "设置单元格格式"对话框"数字"选项卡

3. 对齐及缩进设置

默认情况下，在单元格中文本左对齐，数值右对齐，用户可以改变字符的对齐方式。

在"开始"选项卡下"对齐方式"选项组中提供了几个对齐和缩进按钮，如"顶端对齐"按钮 、"垂直居中"按钮 、"底端对齐"按钮 、"自动换行"按钮 、"文本左对齐"

按钮 ≡、"文本右对齐"按钮 ≡、"居中"按钮 ≡、"合并后居中"按钮 ⊞▾、"减少缩进量"按钮 ⊯、"增加缩进量"按钮 ⊯、"方向"按钮 ≫▾,如图 4.19 所示。也可以通过使用"设置单元格格式"对话框的"对齐"选项卡进行详细的设置,如图 4.20 所示。

① 选定要格式化的单元格或区域。

② 在"开始"选项卡下"对齐方式"选项组中,选择对齐的选项。"对齐方式"选项组中,除了可以设置文本的水平对齐方式、垂直对齐方式和缩进外,还有一些其他设置。

方向:沿对角线或垂直方向旋转文字,通常用于标志较窄的列。

自动换行:通过多行显示使单元格所有内容都可见,也可以按 <Alt+Enter> 组合键来强制换行。

合并后居中:将选择的多个单元格合并在一起,并将新单元格内容居中。

图 4.19　设置对齐方式　　　　图 4.20　"设置单元格格式"对话框"对齐"选项卡

4. 边框和底纹

屏幕上显示的网格线是为用户输入和编辑方便而预设的,在打印和显示时,可以全部用它作为表格的格线,也可以全部取消它,而用自定义的边框样式和底纹颜色。

(1)使用选项卡格式命令。

选定要格式化的单元格或区域,单击"开始"选项卡下"字体"选项组中的"边框"右侧的下拉按钮,从弹出的列表中选择所需要的边框线型,也可手绘边框,如图 4.21 所示。

选定要格式化的单元格或区域,单击"开始"选项卡下"字体"选项组中的"填充颜色"右侧的下拉按钮,从弹出的列表中选择所需的填充颜色。

(2)使用"设置单元格格式"对话框。

选定要格式化的单元格区域,单击"开始"选项卡下"单元格"选项组中的"格式"按钮,在下拉列表中选择"设置单元格格式"选项,弹出"设置单元格格式"对话框,单击"边框"选项卡,显示关于线型的各种设置。

在"样式"框中选择一种线型样式,在"颜色"下拉列表中选择一种颜色,在"边框"框中指定添加边框线的位置,此处可设置在单元格中绘制斜线,如图 4.22 所示。

在"设置单元格格式"对话框中单击"填充"选项卡,可以设置区域的底纹样式和填充色。

在"背景色"框中选择一种背景颜色,在"图案样式"列表中选择单元格底纹的图案。

图4.21 添加边框

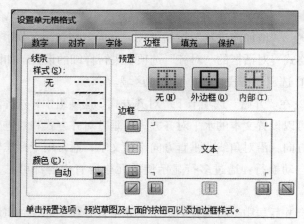

图4.22 "设置单元格格式"对话框"边框"选项卡

4.3.4 使用条件格式

条件格式基于条件更改单元格区域的外观，有助于突出显示所关注的单元格或单元格区域，强调异常值，使用数据条、颜色刻度和图标集来直观地显示数据。例如，在学生成绩表中，可以使用条件格式将各科成绩和平均成绩不及格的分数醒目地显示出来。

条件格式

1. 快速格式化

选择单元格区域，在"开始"选项卡下"样式"选项组中，单击"条件格式"下拉按钮，在下拉菜单中选择"突出显示单元格规则"→"小于"菜单项，弹出"小于"条件格式对话框，如图4.23所示。不及格的学生成绩项显示效果如图4.24所示。

图4.23 "小于"条件格式对话框

学生成绩表						
序号	班级	姓名	性别	语文	数学	政治
1	1班	张三丰	男	77	64	78
2	1班	秦基业	男	88	48	40
3	1班	万里天	男	56	60	69
4	2班	王烈	男	85	48	73
5	2班	李云青	女	97	77	58

图4.24 学生成绩条件格式显示效果

2. 高级格式化

选择单元格区域，在"开始"选项卡下"样式"选项组中，单击"条件格式"的按钮，然后在下拉菜单中选择"新建规则"菜单项，将显示"新建格式规则"对话框，如图4.25所示。在"选择规则类型"列表中选择"只为包含以下内容的单元格设置格式"选项，对各个选项进行设置后单击"确定"按钮实现高级条件格式设置。

4.3.5 套用表格格式

Excel 2010中提供了一些已经制作好的表格格式，制作报表时，可以套用这些格式，制作出既漂亮又专业化的表格。使用方法如下。

① 选定要格式化的区域。

② 在"开始"选项卡下"样式"选项组中，单击"套用表格格式"下拉按钮，弹出图4.26

所示的套用表格格式列表框。

③ 在表格格式列表框中选择要使用的格式，同时选中的格式出现在示例框中。

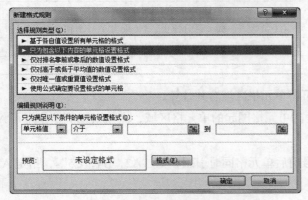

图 4.25　"新建格式规则"对话框

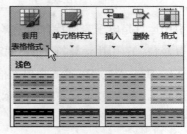

图 4.26　套用表格格式列表框

4.3.6　使用单元格样式

要在一个步骤中应用几种格式，并确保各个单元格格式一致，可以使用单元格样式。单元格样式是一组已定义的格式特征，如字体和字号、数字格式、单元格边框和单元格底纹。

1. 应用单元格样式

选择要设置格式的单元格，在"开始"选项卡下"样式"选项组中，单击"单元格样式"下拉按钮，在弹出的"单元格样式"列表框中选择要应用的单元格样式即可。

2. 创建自定义单元格样式

在"开始"选项卡下"样式"选项组中，单击"单元格样式"下拉按钮；在弹出的"单元格样式"列表框中选择"新建单元格样式"选项，在弹出的"样式"对话框中的"样式名"文本框中，为新单元格样式键入适当的名称，单击"格式"按钮，在弹出的"设置单元格格式"对话框中的各个选项卡上，选择所需的格式，然后单击两次"确定"按钮即可完成自定义单元格样式的创建，并出现在"单元格样式"列表框中，设置单元格格式的时候可以选择自定义的样式。

4.4　使用公式和函数

4.4.1　使用公式

在 Excel 中，公式是对工作表中的数据进行计算操作最为有效的手段之一。在工作表中输入数据后，运用公式可以对表格中的数据进行计算并得到需要的结果。

在 Excel 中使用公式是以"="开头，运用各种运算符号，将值、单元格引用和函数等组合起来，形成公式的表达式。Excel 2010 会自动计算公式表达式的结果，并将其显示在相应的单元格中。

公式的使用

1. 公式运算符与其优先级

在构造公式时，经常要使用各种运算符，常用的有 4 类，如表 4.1 所示。

表 4.1 运 算 符 及 其 优 先 级

优 先 级 别	类 别	运 算 符
高 ↓ 低	引用运算	：（冒号）、，（逗号）、（空格）
	算术运算	－（负号）、%（百分比）、^（乘方）、* 和 /、+ 和 －
	字符运算	&（字符串连接）
	比较运算	=、<、<=、>、>=、<>（不等于）

引用运算是电子表格特有的运算，可将单元格区域合并计算。

冒号（：）：引用运算符，指由两对角的单元格围起的单元格区域，如 "A2：B4"，指定了 A 2、B2、A3、B3、A 4、B4 这 6 个单元格。

逗号（，）：联合运算符，表示逗号前后单元格同时引用，如 "A2，B4，C5"，指定 A2、B4、C5 这 3 个单元格。

空格：交叉运算符，引用两个或两个以上单元格区域的重叠部分，如 "B3：C5 C3：D5" 指定 C3、C4、C5 这 3 个单元格，如果单元格区域没有重叠部分，就会出现错误信息 "#NULL!"。

字符连接符 & 的作用是将两串字符连接成为一串字符，如果要在公式中直接输入文本，文本需要用英文双引号括起来。

Excel 2010 中，计算并非简单地从左到右执行，运算符的计算顺序如下：冒号、逗号、空格，负号、百分号、乘方、乘除、加减，&，比较。使用括号可以改变运算符执行的顺序。

2. 公式的输入

输入公式操作类似于输入文本类型数据，不同的是，在输入一个公式时，以 "=" 开头，然后才是公式的表达式。在单元格中输入公式的操作步骤如下。

① 选定要输入公式的单元格。

② 在单元格中输入一个 "="。

③ 输入第一个数值或单元格引用或函数等。

④ 输入一个运算符号。

⑤ 输入下一个数值或单元格引用或函数等。

⑥ 重复上面步骤，输入完成后，按回车键或单击编辑栏中的 "输入" 按钮✓，如图 4.27 所示，即可在单元格中显示出计算结果。

通过拖曳填充柄，可以复制引用公式。利用 "公式" 选项卡下 "公式审核" 选项组中的相应命令，可以对被公式引用的单元格及单元格区域进行追踪，如图 4.28 所示。

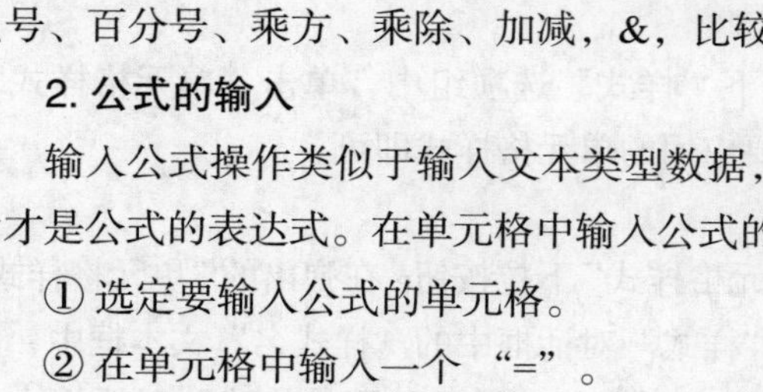

图 4.27 使用公式

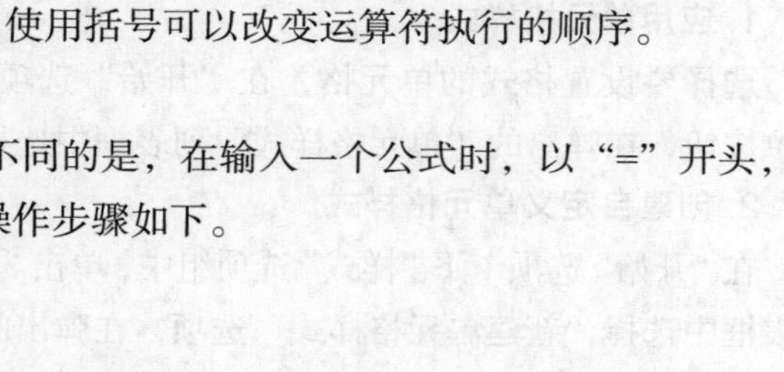

图 4.28 公式追踪

3. 公式错误信息

在公式计算时，经常会出现一些异常信息，它们以符号 # 开头，以感叹号或问号结束，公式错误值及可能的出错原因如表 4.2 所示。

表 4.2　　　　　　　　　　　　　　　　　公式错误值及可能原因

错误值	一般出错的原因
#####	单元格中输入的数值或公式太长，单元格显示不下，不代表公式有错
#DIV/0!	做除法时，分母为零
#NULL?	应当用逗号将函数的参数分开时，却使用了空格
#NUM!	与数字有关的错误，如计算产生的结果太大或太小而无法在工作表中正确表示出来
#REF!	公式中出现了无效的单元格地址
#VALUE!	在公式中键入了错误的运算符，对文本进行了算术运算

4.4.2　单元格的引用

单元格的引用

在公式中可以引用本工作簿或其他工作簿中任何单元格区域的数据。公式中输入的是单元格区域地址，引用后，公式的运算值随着被引用单元格值的变化而变化。

1. 单元格引用类型

单元格地址根据被复制到其单元格时是否改变，可分为相对引用、绝对引用和混合引用 3 种类型。通过按 <F4> 键可以在 3 种引用中切换。

① 相对引用。相对引用是指当前单元格与公式所在单元格的相对位置。运用相对引用，当公式所在单元格的位置发生改变时，引用也随之改变。图 4.29 所示的示例中 B4 和 C4 代表相对引用单元格。

② 绝对引用。绝对引用指引用工作表中固定位置的单元格，它的位置与包含公式的单元格无关。如果在列号与行号前面均加上 $ 符号，图 4.29 所示的示例中 $B$3 和 $C$3 就代表绝对引用单元格。

③ 混合引用。混合引用是指在一个单元格地址中，使用绝对列和相对行，或者相对列和绝对行，如 $A1 或 A$1。当含有公式的单元格因复制等原因引起行、列引用的变化时，公式中相对引用部分会随着位置的变化而变化，而绝对引用部分不随位置的变化而变化。如图 4.30 所示，B2 单元格的值是利用 B$1 和 $A2 这两个混合引用单元格的乘积来实现的。第 1 行数字为被乘数，第 A 列数字为乘数，B2:I9 为利用混合引用得到的 9×9 乘法表。

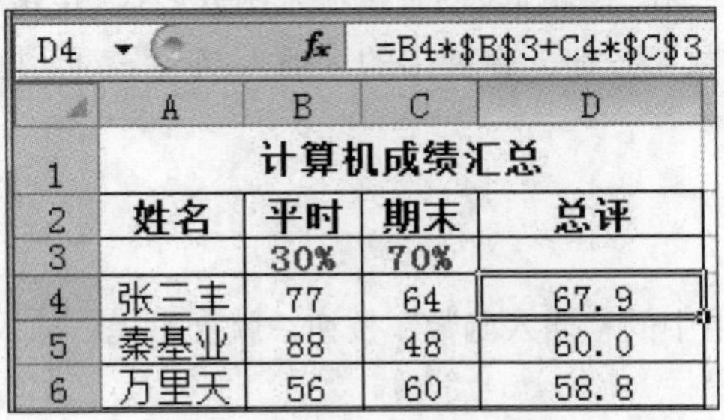

图 4.29　相对和绝对引用示例 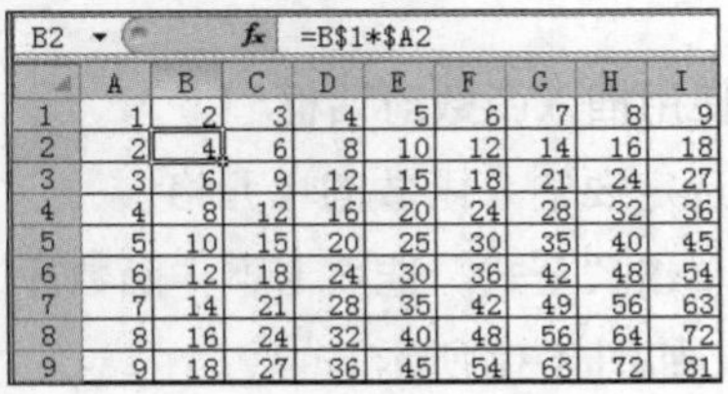　　　　　　　图 4.30　混合引用示例

2. 同一工作簿不同工作表的单元格引用

要在公式中引用同一工作簿不同工作表的单元格内容，则需在单元格或区域前注明工作表名。例如，在当前 Sheet2 工作表 B1 单元格中求 Sheet1 工作表的单元格区域 A1:A4 之和，方法如下。

① 选取 Sheet2 的 B1 单元格，输入公式"=SUM（Sheet1!A1:A4）"，按回车键确定。

② 选取 Sheet2 的 B1 单元格，在输入"=SUM（"后，用鼠标选取 Sheet1 中 A1:A4 单元格区域，再输入"）"，按回车键即可。

3. 不同工作簿的单元格引用

要在单元格 B1 中引用其他工作簿，如 D 盘的工作簿 2.xlsx 的 Sheet1 工作表中 A1:A4 区域单元格求和，方法如下。

① 若工作簿 2.xlsx 已经被打开，则可以通过在 B1 单元格中输入"=SUM（[工作簿 2.xlsx]Sheet1!$A$1:$A$4）"，按回车键确定。

② 若工作簿 2.xlsx 没有被打开，即要引用关闭后的工作簿文件的数据，则可以在 B1 单元格中输入公式"=SUM（'D:\[工作簿 2.xlsx]Sheet1'!$A$1:$A$4）"，再按回车键即可。

4.4.3 使用函数

函数实际上是一些预定义的公式，某些无法用四则运算表达式表达的计算，通过函数封装实现其功能，用户只需设置其参数就能完成某些操作或计算。函数是公式功能的扩展，既可以单独使用也可以作为公式的一部分。Excel 2010 提供了财务、统计、逻辑、文本、日期与时间、查找与引用、数学和三角、工程、多维数据集和信息函数共 10 类函数。运用函数进行计算可大大简化公式的输入过程，只需设置函数相应的必要参数就能进行正确的计算。

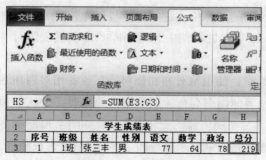

图 4.31 公式的使用

函数的结构：一个函数包含等号、函数名和函数参数 3 个部分。函数名表达函数的功能，每个函数都有一个唯一的函数名，函数中的参数是函数运算的对象，可以是数字、文本、逻辑值、表达式、引用或是其他函数。要想插入函数可以切换到"公式"选项卡下进行选择，如图 4.31 所示。

若熟悉使用的函数及其语法规则，也可以在"编辑框"内直接输入函数形式。建议单击"公式"选项卡下"函数库"选项组中的"插入函数"按钮，在弹出的"插入函数"对话框中输入函数。

1. 使用插入函数对话框

① 选定要输入函数的单元格。

② 单击"公式"选项卡下"函数库"选项组中的"插入函数"按钮，就会出现"插入函数"对话框，如图 4.32 所示。

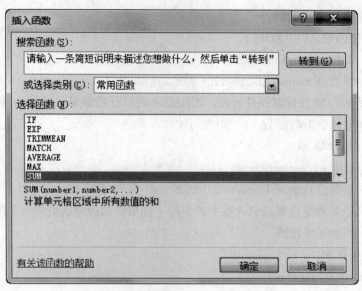

图 4.32　"插入函数"对话框

③ 在"选择类别"下拉框中选择函数类别，然后在选择函数列表中选择要用的函数，单击"确定"按钮后，会弹出"函数参数"对话框，如图 4.33 所示。

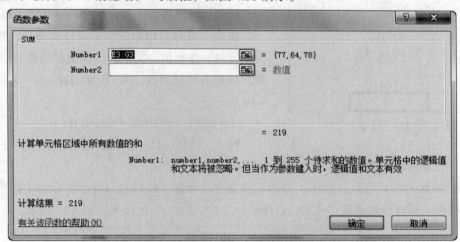

图 4.33　设置函数参数

④ 在弹出的"函数参数"对话框中输入参数。如果选择单元格区域作为参数，则单击参数框右侧的折叠对话框按钮 来缩小公式选项板再选择单元格区域，选择结束后，单击参数框右侧的展开对话框按钮 恢复公式选项板。

⑤ 单击"函数参数"对话框中的"确认"按钮，即完成函数的插入。

2. 常用函数

（1）求和函数 SUM( )。

格式：SUM(number1,number2,…)。

功能：计算一组数值 number1,number2,…的总和。

说明：此函数的参数是必不可少的，参数允许是数值、单个单元格的地址、单元格区域、

简单函数

简单算式，并且允许最多使用 30 个参数。

（2）求平均值函数 AVERAGE( )。

格式：AVERAGE(number1,number2,…)。

功能：计算一组数值 number1,number2,…的平均值。

说明：对于所有参数进行累加并计数，再用总和除以计数结果，区域内的空白单元格不参与计数，但如果单元格中的数据为“0”则参与计数。

（3）最大值函数 MAX( )。

格式：MAX(number1,number2,…)。

功能：计算一组数值 number1,number2,…的最大值。

说明：参数可以是数字或者是包含数字的引用。如果参数为错误值或为不能转换为数字的文本，将会导致错误。

计数函数

（4）最小值函数 MIN( )。

格式：MIN(number1,number2,…)。

功能：计算一组数值 number1,number2, …的最小值，参数说明同最大值函数 MAX( )。

B6 fx =COUNT(B1:B5)

	A	B	C
1		12	
2		TRUE	
3		2019-4-13	
4			
5		a1010	
6		2	

图 4.34　插入计数函数

（5）计数函数 COUNT( )。

格式：COUNT(value1,value2,…)。

功能：计算区域中包含数字的单元格个数。

说明：只有引用中的数字或日期会被计数，而空白单元格、逻辑值、文字和错误值都将被忽略。在 B6 单元格插入计数函数“=COUNT(B1:B5)”的结果如图 4.34 所示。

（6）条件计数函数 COUNTIF( )。

格式：COUNTIF(单元格区域，条件)。

功能：计算区域中满足条件的单元格个数。

说明：条件的形式可以是数字、表达式或文字。例如，统计总分在 200 分以上的人数。在 G12 单元格插入条件计数函数“=COUNTIF(G2:G11," >200")”的结果如图 4.35 所示。

G12 fx =COUNTIF(G2:G11, ">200")

	A	B	C	D	E	F	G
1	班级	姓名	性别	语文	数学	政治	总分
2	1班	张三丰	男	77	64	78	219
3	1班	秦基业	男	88	48	40	176
4	1班	万里天	男	56	60	69	185
5	2班	王烈	男	85	48	73	206
6	2班	李云青	女	97	77	58	232
7	2班	谢天明	男	94	84	96	274
8	2班	张泽明	男	74	90	91	255
9	3班	蒋伟模	男	86	62	82	230
10	3班	史韩美	女	57	67	67	191
11	3班	叶枫	女	80	97	75	252
12			总分在200分以上的人数:				7

图 4.35　插入条件计数函数

（7）条件函数 IF( )。

格式：IF(logical-test, value-if-true, value-if-false)。

功能：根据逻辑值 logical-test 进行判断，若为 true，返回 value-if-true，否则，返回 value-if-false。

条件函数

说明：IF 函数可以嵌套使用，用 logical-test 和 value-if-true 参数可以构造复杂的测试条件。

例如，在 I2 单元格中插入条件函数 "=IF(H2>=60," 及格 "," 不及格 ")"，返回值为及格。

又例如，在 I2 单元格中插入条件函数 "=IF(H2>=90," 优秀 ",IF(H2>=80," 良好 ",IF(H2>=70," 中等 ",IF(H2>=60," 及格 "," 不及格 "))))"，以实现综合评语自动评定，效果如图 4.36 所示。

	fx		=IF(H2>=90," 优秀 ", IF(H2>=80," 良好 ", IF(H2>=70," 中等 ", IF(H2>=60,"" 及格 "," 不及格 ""))))							
	A	B	C	D	E	F	G	H	I	J	K
1	班级	姓名	性别	语文	数学	政治	计算机	平均成绩	总分	综合评价	名次
2	1班	张三丰	男	77	64	78	80	74.75	299	中等	6
3	1班	秦基业	男	88	48	40	60	59.00	236	不及格	10
4	1班	万里天	男	56	60	69	90	68.75	275	及格	7
5	2班	王烈	男	85	48	73	56	65.50	262	及格	8
6	2班	李云青	女	97	77	58	73	76.25	305	中等	5
7	2班	谢天明	男	94	84	96	88	90.50	362	优秀	1
8	2班	张泽明	男	74	90	91	97	88.00	352	良好	2
9	3班	蒋伟模	男	86	62	82	79	77.25	309	中等	4
10	3班	史韩美	女	57	67	67	71	65.50	262	及格	8
11	3班	叶枫	女	80	97	75	87	84.75	339	良好	3

图 4.36　插入条件函数

（8）排名函数 RANK( )。

格式：RANK(number, range, rank-way)。

功能：返回单元格 number 在一个垂直区域 range 中的排位名次。

排名函数

说明：rank-way 是排位的方式，为 0 或省略，则按降序排名次（值最大的为第一名），不为 0 则按升序排名次（值最小的为第一名）。

排名函数 RANK() 对重复数的排位相同，但重复数的存在将影响后续数值的排位。

例如，在 K2 单元格中插入排名函数 "=RANK(I2,$I$2:$I$11)" 实现了自动排名，计算结果如图 4.36 所示。

4.4.4　快速计算与自动求和

1. 快速计算

在分析、计算工作表的过程中，有时需要得到临时计算结果而无须在工作表中表现出来，则可以使用快速计算功能。

方法：选定需要计算的单元格区域，即可得到选定区域数据的平均值、计数个数及求和结果，并显示在窗口下方的状态栏中，如图 4.37 所示。

2. 自动求和

由于经常用到的公式是求和、平均值、计数、最大值和最小值，所以可以使用"开始"选项卡下

E2		fx	64	
	A	B	C	D	E
	班级	姓名	性别	语文	数学
1	1班	张三丰	男	77	64
2	1班	秦基业	男	88	48
3	1班	万里天	男	56	60
4	2班	王烈	男	85	48
5	2班	李云青	女	97	77
6	2班	谢天明	男	94	84
7	2班	张泽明	男	74	90
8	3班	蒋伟模	男	86	62
9	3班	史韩美	女	57	67
10	3班	叶枫	女	80	97

学生成绩　Sheet1　Sheet2　Sheet4

就绪　　平均值: 69.7　计数: 10　求和: 697

图 4.37　快速计算

"函数库"选项组中的"自动求和"按钮或"自动求和"下拉菜单中的选项。

① 选定存放求和结果的单元格,一般选中一行或一列数据末尾的单元格。

② 单击"公式"选项卡下"函数库"选项组中的"自动求和"按钮,将自动出现求和函数以及求和的数据区域,如图 4.38 所示。

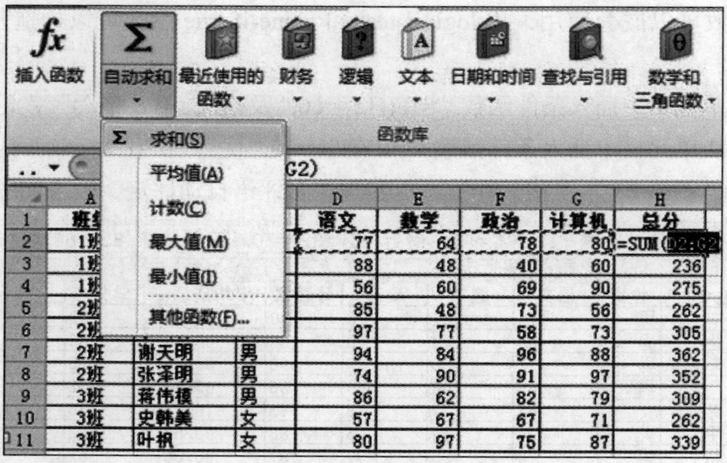

图 4.38　自动求和

③ 如果求和的区域不正确,可以用鼠标重新选取。如果是连续区域,可用鼠标拖曳的方法选取区域,如果是对单个不连续的单元格求和,可以在选取单个单元格后,从键盘键入",",用于分隔选中的单元格引用或使用 <Ctrl> 键,再继续选取其他单元格。

④ 确认参数无误后,按回车键确定。

4.5　数据管理功能

Excel 2010 不仅具有数据计算的能力,而且提供了强大的数据管理功能。可以运用数据的排序、筛选、分类汇总、合并计算、数据透视表等各项处理操作功能,实现对复杂数据的分析与处理。

数据排序

4.5.1　数据排序

对数据进行排序是数据分析不可缺少的组成部分,排序有助于快速直观地显示数据并更好地理解数据,有助于组织并查找所需数据,有助于最终做出更有效的决策。

数据表是包含标题及相关数据的一组数据行,每行相当于数据库中的一条记录。通常数据表中的第一行是标题行,由多个字段名(关键字)构成,表中的每列对应一个字段。

排序就是按照数据某个字段名(关键字)的值,将所有记录进行升序或降序的重新排列。

1. 快速排序

如果只依据单列进行排序,首先选定所要排序字段内的任意一个单元格,然后单击"数据"选项卡下"排序和筛选"选项组中的"升序"按钮或"降序"按钮,则数据表中的记录就会按所选字段为排序关键字进行相应的排序操作。

2. 复杂排序

复杂排序是指通过设置"排序"对话框中的多个排序条件对数据表中的数据内容进行排序，操作方法如下。

① 选定需要排序的数据表中的任意单元格，再单击"数据"选项卡下"排序和筛选"选项组中的"排序"按钮，出现"排序"对话框，如图 4.39 所示。

图 4.39 "排序"对话框

② 单击"主要关键字"下拉列表按钮，在展开的列表中选择主关键字，然后设置排序依据和次序。

③ 单击添加条件按钮，以同样方法设置次要关键字，还可以设置第三关键字等。

首先按照主关键字排序，对于主关键字相同的记录，则按次要关键字排序，若记录的主要关键字和次要关键字都相同，则按第三关键字排序。

排序时，如果要排除第一行的标题行，则选中"数据包含标题"复选框，如果数据表没有标题行，则不选"数据包含标题"复选框。

3. 自定义排序

可以根据自己的特殊需要进行自定义的排序方式。

① 单击"数据"选项卡下"排序和筛选"选项组中的"排序"按钮，出现"排序"对话框。

② 单击"排序"对话框中的"选项"按钮，在弹出的"排序选项"对话框中可以设置排序选项。

③ 在"排序"对话框的次序下拉列表中单击"自定义序列"选项，可以在弹出的"自定义序列"对话框中为"自定义序列"列表框"添加"定义的新序列。

④ 选中自定义序列后，返回到"排序"对话框中，此时"次序"已设置为自定义序列方式，数据内容按自定义的排序方式进行重新排序。

4.5.2 数据筛选

数据筛选的主要功能是将符合要求的数据集中显示在工作表上，不符合要求的数据暂时隐藏，从而从数据库中检索出有用的数据信息。Excel 2010 中常用的筛选方式有自动筛选、自定义筛选和高级筛选。

数据筛选

1. 自动筛选

自动筛选是进行简单条件的筛选，方法如下。

① 单击"数据"选项卡下"排序和筛选"选项组中的"筛选"按钮，此时，在数据表每列

标题的右侧出现一个下拉列表按钮,如图 4.40 所示。

班级 ▾	姓名 ▾	性别 ▾	语文 ▾	数学 ▾	政治 ▾	计算 ▾	总分 ▾
1班	秦基业	男	88	48	40	60	236
2班	王烈	男	85	48	73	56	262
2班	李云青	女	97	77	58	73	305
2班	谢天明	男	94	84	96	88	362
3班	蒋伟模	男	86	62	82	79	309
3班	叶枫	女	80	97	75	87	339

图 4.40 自动筛选

② 在列中单击某字段右侧的下拉列表按钮,弹出的下拉列表中列出了该列中的所有项目,从下拉菜单中选择需要显示的项目。

③ 如果要取消筛选,再次单击"数据"选项卡下"排序和筛选"选项组中的"筛选"按钮即可。

2. 自定义筛选

自定义筛选提供了多条件定义的筛选,可使在筛选数据表时更加灵活,筛选出符合条件的数据内容。

① 在数据表自动筛选的条件下,单击某字段右侧下拉列表按钮,在下拉列表中单击"数字筛选"→"自定义筛选"选项。

② 在弹出的"自定义自动筛选方式"对话框中填充筛选条件,如图 4.41 所示。

3. 高级筛选

高级筛选是以用户设定的条件对数据表中的数据进行筛选,可以筛选出同时满足两个或两个以上条件的数据。

图 4.41 "自定义自动筛选方式"对话框

首先在工作表中设置条件区域,条件区域至少为两行,第一行为字段名,第二行以下为查找的条件。设置条件区域前,先将数据表的字段名复制到条件区域的第一行单元格中,当作查找时的条件字段,然后在其下一行输入条件。同一行不同单元格的条件为"与"逻辑关系,不同行单元格中的条件互为"或"逻辑关系。条件区域设置完成后进行高级筛选的具体操作步骤如下。

① 单击数据表中的任一单元格。

② 切换到"数据"选项卡下,单击"数据和筛选"选项组中的"高级"按钮,出现"高级筛选"对话框,如图 4.42 所示。

③ 此时需要设置筛选数据区域,可以单击"列表区域"文本框右边的折叠对话框按钮,将对话框折叠起来,然后在工作表中选定数据表所在单元格区域,再单击展开对话框按钮,返回到"高级筛选"对话框。

图 4.42 "高级筛选"对话框

④ 单击"条件区域"文本框右边的折叠对话框按钮,将对话框折叠起来,然后在工作表中选定条件区域。再单击展开对话框按钮,返回到"高级筛选"对话框。

⑤ 在"方式"选项区域中选择"在原有区域显示筛选结果"或"将筛选结果复制到其他位置"单选按钮。若选择"将筛选结果复制到其他位置"方式,设置复制到的目标位置单元格,单击"确定"按钮完成筛选。利用高级筛选后的示例效果如图 4.43 所示。

	A	B	C	D	E	F	G	H	
1	班级	姓名	性别	语文	数学	政治	计算机	总分	
2	1班	张三丰	男	77	64	78	80	299	
3	1班	秦基业	男	88	48	40	60	236	
4	1班	万里天	男	56	60	69	90	275	列表区域
5	2班	王烈	男	85	48	73	56	262	
6	2班	李云青	女	97	77	58	73	305	
7	2班	谢天明	男	94	84	96	88	362	
8	2班	张泽明	男	74	90	91	97	352	
9	3班	蒋伟模	男	86	62	82	79	309	
10	3班	史韩美	女	57	67	67	71	262	
11	3班	叶枫	女	80	97	75	87	339	
12									
13	复制到			数学	计算机	——条件区域			
14				>80	>90				筛选结果
15	班级	姓名	性别	语文	数学	政治	计算机	总分	
16	2班	张泽明	男	74	90	91	97	352	

图 4.43　高级筛选示例

4.5.3　分类汇总

在实际工作中，往往需要对一系列数据进行小计和合计，使用分类汇总功能操作十分方便。

分类汇总

① 首先对分类字段进行排序，使相同的记录集中在一起。

② 选定数据表中的任意单元格。在"数据"选项卡下"分级显示"选项组中单击"分类汇总"按钮，弹出"分类汇总"对话框，如图 4.44 所示。

分类字段：选择分类排序字段。

汇总方式：选择汇总计算方式，默认汇总方式为"求和"。

选定汇总项：选择与需要对其汇总计算的数值列对应的复选框。

③ 设置完成后，单击"确定"按钮。分类汇总示例效果如图 4.45 所示。

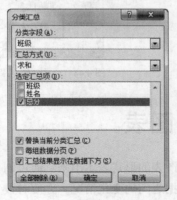

图 4.44　"分类汇总"对话框　　　　图 4.45　分类汇总示例

4.5.4　合并计算

合并计算

对 Excel 2010 数据表进行数据管理，有时需要将几张工作表上的数据合并到一起，如使用日报表记录每天的销售信息，到周末需要汇总成周报表；到月底需要汇总生成月报表；年底汇总生成年报表。使用"合并计算"功能，可以将多张工作表上的数据合并。

① 准备好参加合并计算的工作表，如上半年汇总、下半年汇总、全年总表。将上半年和下半年两张工作表上的"销售额"数据汇总到全年总表上，如图 4.46 所示。

图 4.46　合并数据前的各工作表

② 选中目标区域的单元格（本例是选中全年总表上的 B3 单元格），单击"数据"选项卡下"数据工具"选项组中的"合并计算"按钮，出现"合并计算"对话框，如图 4.47 所示。

函数：选择在合并计算中将用到的汇总函数，选择"求和"选项。

引用位置：单击"引用位置"后边的折叠对话框按钮，从工作表上直接选择单元格区域，也可以输入要合并计算的第一个单元格区域，然后再次单击展开对话框按钮展开对话框，单击"添加"按钮，可以看到所选择（或输入）的单元格区域已被加入"所有引用位置"文本框中，继续选择（或输入）其他的要合并计算的单元格区域。

标签位置：确定所选中的合并区域中是否含有标志，指定标志是在"首行"或"最左列"。

创建指向源数据的链接：表示当源数据发生变化时，汇总后的数据自动随之变化。

③ 单击"确定"按钮，完成合并计算功能。汇总后的结果如图 4.48 所示。

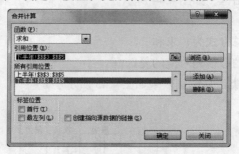

图 4.47　"合并计算"对话框

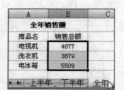

图 4.48　合并计算结果

4.6　数据图表

为使表格中的数据关系更加直观，可以将数据以图表的形式表示出来。通过创建图表可以更加清楚地了解各个数据之间的关系和数据之间的变化情况，方便对数据进行对比和分析。在 Excel 2010 中，只需选择图表类型、图表布局和图表样式，便可以很轻松地创建具有专业外观的图表。

图表操作

4.6.1　创建图表

根据数据特征和观察角度的不同，Excel 2010 提供了包括柱形图、折线图、饼图、条形图、面积图、XY 散点图、股价图、曲面图、圆环图、气泡图和雷达图，总共 11 类图表供用户选用，每一类图表又有若干个子类型。

1. 图表基本概念

图表：由图表区和绘图区组成。

图表区：整个图表的背景区域。

绘图区：用于绘制数据的区域，在二维图表中，是指通过轴来界定的区域，包括所有数据系列；在三维图表中，同样是通过轴来界定的区域，包括所有数据系列、分类名、刻度线标志和坐标轴标题。

数据系列：在图表中绘制的相关数据点，这些数据源自数据表的行或列。图表中的每个数据系列具有唯一的颜色或图案并且在图表的图例中表示。可以在图表中绘制一个或多个数据系列。其中，饼图只有一个数据系列。

坐标轴：界定图表绘图区的线条，用作度量的参照框架。x 轴通常为水平轴并包含分类，y 轴通常为垂直坐标轴并包含数据。

图表标题：说明性的文本，可以自动与坐标轴对齐或在图表顶部居中。

数据标签：为数据标记提供附加信息的标签，数据标签代表源于数据表单元格的单个数据点或值。

图例：一个方框，用于标志图表中的数据系列或分类指定的图案或颜色。

建立图表以后，可通过增加图表项，如数据标记、标题、文字等来美化图表及强调某些信息。大多数图表可被移动或调整大小，也可以用图案、颜色、对齐、字体及其他格式属性来设置这些图表项的格式。

2. 创建图表

① 首先用鼠标（或配合 <Ctrl> 键）选择要包含在图表中的单元格或单元格区域。

② 切换到"插入"选项卡下的"图表"选项组，单击右下角的"显示图表对话框"按钮，弹出"插入图表"对话框，如图 4.49 所示。可以在"插入图表"对话框的左侧列表框中选择所需图表类型，也可以在"图表"选项组中单击创建图表下拉列表按钮，在弹出的下拉列表中选择图表样式。然后在右边区域中选择所需的图表样式，单击"确定"按钮后即可创建原始图表，效果如图 4.50 所示。

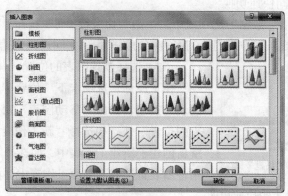

图 4.49　图形库

无论建立哪一种图表，都要经过以下几步：指定需要用图表表示的单元格区域，即图表数据源；选定图表类型；根据所选定的图表格式，指定一些项目，如图表的方向，图表的标题，是否要加入图例，等等；设置图表位置，可以直接嵌入到原工作表中，也可以放在新建的工作表中。

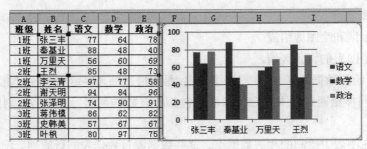

图 4.50　创建图表效果

4.6.2　编辑图表

单击选中已经创建的图表，在 Excel 2010 窗口原来选项卡的位置右侧同时增加了图表工具"设计""布局""格式"选项卡，以方便对图表进行更多的设置与美化。

1. 设置图表"设计"选项

单击"图表工具"的"设计"选项卡，如图 4.51 所示。

（1）图表的数据编辑。

在"设计"选项卡下"数据"选项组中，单击"选择数据"按钮，出现"选择数据源"对话框，可以实现对图表引用数据的添加、编辑、删除等操作，如图 4.52 所示。

图 4.51　图表工具"设计"选项卡

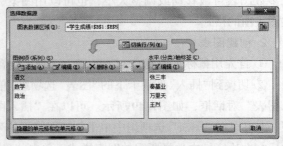

图 4.52　"选择数据源"对话框

（2）数据行/列之间快速切换。

在"设计"选项卡下"数据"选项组中，单击"切换行/列"按钮，则可以交换坐标轴上的数据，即在从工作表行或从工作表列绘制图表中的数据系列之间进行快速切换。

图 4.53　"移动图表"对话框

（3）选择放置图表的位置。

在"设计"选项卡下"位置"选项组中，单击"移动图表"按钮，弹出"移动图表"对话框，在"选择放置图表的位置"处，如选择"新工作表"单选按钮，则将图表重新创建于新建工作表中，如选择"对象位于"单选按钮，则将图表直接嵌入到原工作表中，如图 4.53 所示。

（4）图表类型与样式的快速更改。

在"设计"选项卡下"类型"选项组中，单击"更改图表类型"按钮，可以弹出"更改图表类型"对话框，在该对话框中重新选定所需类型，并单击"确定"按钮即可。

对于已经选定的图标类型，在"设计"选项卡下"图表样式"选项组中，可以重新选定所需图表样式。

2. 设置图表"布局"选项

单击"图表工具"的"布局"选项卡,如图 4.54 所示。

图 4.54 图表工具"布局"选项卡

① 设置图表标题:单击选中图表,再单击图表工具"布局"选项卡下"标签"选项组中的"图表标题"按钮,在展开的列表中单击"图表上方"选项,即可在图表中自动生成默认的图表标题。输入标题文本内容,再在图表位置上右键单击,在弹出的快捷菜单中选择"字体"选项,可以在弹出的"字体"对话框中可以设置标题的字体、字号、颜色、位置等。

② 设置坐标轴标题:单击选中图表,再单击图表工具"布局"选项卡下"标签"选项组中的"坐标轴标题"按钮,在展开的下拉列表中对坐标轴的标题进行设置,方法和图表标题类似。

③ 在图表工具"布局"选项卡下"标签"选项组中,可以设置图表中添加、删除或放置图表的图例、数据标签、模拟运算表。

④ 单击图表工具"布局"选项卡下"插入"选项组中的按钮,可以对图表进行插入图片、形状和文本框的相关设置。

⑤ 在图表工具"布局"选项卡下可以设置图表的背景、分析图和属性。

3. 设置图表元素"格式"选项

在"图表工具"的"格式"选项卡下"当前选择内容"选项组中,单击"图表区"框旁边的箭头,然后在下拉列表中选择要设置格式的图表元素。"图表工具"的"格式"选项卡如图 4.55 所示。

若要为所选图表元素的形状设置格式,则在"形状样式"选项组中单击需要的样式,或者单击"形状填充""形状轮廓"或"形状效果"下拉按钮,然后选择需要的格式选项。若要通过使用"艺术字"为所选图表元素中的文本设置格式,则在"艺术字样式"选项组中单击需要的样式,或者单击"文本填充""文本轮廓"或"文本效果"下拉按钮,然后选择需要的格式选项。

图 4.55 图表工具"格式"选项卡

4.6.3 迷你图的操作

通过 Excel 表格对销售数据进行统计分析后发现,仅通过普通的数字,很难发现销售数据随时间的变化趋势。使用"图表"插入普通的"折线图"后,发现互相交错的折线也很难清晰地展现每个产品的销量变化趋势。Excel 2010 提供了全新的"迷你图"功能,利用它,仅在一个单

图 4.56　"迷你图"选项组

元格中便可绘制出简洁、漂亮的小图表，并且数据中潜在的价值信息也可以醒目地呈现在屏幕之上。

① 在 Excel 工作表中，切换到"插入"选项卡，并在"迷你图"选项组中单击"折线图"按钮，如图 4.56 所示。

② 在打开的"创建迷你图"对话框中，在"数据范围"和"位置范围"文本框中分别设置需要进行直观展现的数据范围和用来放置图表的目标单元格位置，如图 4.57 所示。

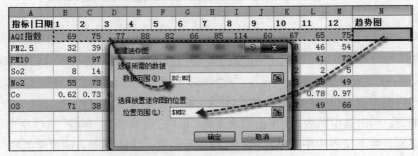

创建迷你图

图 4.57　创建"迷你图"

③ 单击"确定"按钮关闭对话框，一个简洁的"折线迷你图"创建成功。选中迷你图所在单元格，功能区会出现迷你图工具"设计"选项卡，可以进一步使用迷你图工具"设计"选项卡下的命令对其进行美化，一个精美的迷你图设计完成后，通过拖曳迷你图所在单元格右下角的填充柄将其复制到其他单元格中（就像复制 Excel 公式一样），从而快速创建一组迷你图，折线迷你图效果如图 4.58 所示。

	A	B	C	D	E	F	G	H	I	J	K	L	M	N
1	指标|日期	1	2	3	4	5	6	7	8	9	10	11	12	趋势图
2	AQI指数	69	75	77	88	82	66	85	114	60	67	65	75	
3	PM2.5	32	39	49	64	58	38	50	74	41	48	46	54	
4	PM10	83	97	91	92	84	72	113	116	51	51	41	72	
5	So2	8	14	8	11	5	6	7	10	4	2	2	5	
6	No2	55	73	46	60	38	31	52	38	25	23	35	49	
7	Co	0.6	0.7	0.8	0.9	0.8	0.8	1	1.2	0.8	0.6	0.8	1	
8	O3	71	38	88	68	84	91	87	91	54	47	49	66	

图 4.58　"迷你图"效果

4.7　打印操作

4.7.1　页面设置

在 Excel 2010 用户界面中，可以通过"页面布局"选项卡下各选项组中的命令，对页面布局效果进行快速设置，如图 4.59 所示。

图 4.59　"页面布局"选项卡

单击"页面布局"选项卡下"页面设置"选项组中右下角的"显示页面设置对话框"按钮，弹出"页面设置"对话框。在"页面设置"对话框中可以对"页面""页边距""页眉/页脚"或"工作表"选项进行更详细的设置。

4.7.2　打印预览

打印预览有助于避免多次打印尝试和在打印输出中出现截断的数据。

1. 在打印前预览工作表

在打印前，单击要预览的工作表。单击"文件"→"打印"选项，在视图右侧显示"打印预览"窗口，若选择了多个工作表，或者一个工作表含有多页数据时，要预览下一页和上一页，在"打印预览"窗口的底部单击"下一页"和"上一页"按钮。单击"显示边距"按钮，会在"打印预览"窗口中显示页边距，要更改页边距，可将页边距拖至所需的高度和宽度。还可以通过拖曳打印预览页顶部的控点来更改列宽。

2. 利用"分页预览"视图调整分页符

分页符是为了便于打印，将一张工作表分隔为多页的分隔符。在"分页预览"视图（单击"视图"选项卡下"工作簿视图"选项组中的"分页预览"按钮）中可以轻松地实现插入、删除或移动分页符。手动插入的分页符以实线显示。虚线指示 Excel 自动分页的位置。

3. 利用"页面布局"视图对页面进行微调

打印包含大量数据或图表的 Excel 工作表之前，单击"视图"选项卡下"工作簿视图"选项组中的"页面布局"按钮，在"页面布局"视图中快速对其进行微调，使工作表达到专业水准。在此视图中，可以如同在"普通"视图中那样更改数据的布局和格式。此外，还可以使用标尺测量数据的宽度和高度，更改纸张方向，添加或更改页眉和页脚，设置页边距，隐藏或显示行标题与列标题以及将图表或形状等各种对象准确放置在所需的位置。

4.7.3　打印设置

选择相应的选项来打印选定区域、活动工作表、多个工作表或整个工作簿，单击"文件"→"打印"选项。

若工作表要连同其行标题和列标题一起打印，单击"页面布局"选项卡，在"工作表选项"选项组中的"标题"组下，选中"打印"复选框即可。

打印设置

拓展案例　窗口设置

习题 4

一、选择题

1. 在 Excel 中，如果把数字作为字符输入，则应当（ ）。

    A. 在数字前面加空格　　　　　　　　B. 在数字前面加 0

    C. 在数字前面加 "'"　　　　　　　　D. 在数字前面加 0 和空格

2. 现要向 A5 单元格中输入分数 "1/10" 并显示为分数 "1/10"，正确输入方法为（ ）。

    A. 1/10　　　　　　B. 0 空格 1/10　　　C. "1/10"　　　　　D. 0.1

3. 当多个运算符同时出现在同一 Excel 公式中时，由高到低各运算符的优先级是（ ）。

    A. 括号、%、^、乘除、加减、&、比较符

    B. 括号、%、^、乘除、加减、比较符、&

    C. 括号、^、%、乘除、加减、&、比较符

    D. 括号、^、%、乘除、加减、比较符、&

4. 在 Excel 中，"B1,C2" 代表的单元格是（ ）。

    A. C1，C2　　　　　　　　　　　　B. B1，B2

    C. B1，B2，C1，C2　　　　　　　　D. B1，C2

5. 在同一个工作簿中，将工作表 Sheet1 中的单元格 D2、工作表 Sheet2 中的单元格 D2 和工作表 Sheet3 中的单元格 D2 求和，结果放在工作表 Sheet4 中的单元格 D2 中，结果单元格中正确的输入是（ ）。

    A. =D2+D2+D2　　　　　　　　　　B. =Sheet1D2+Sheet2D2+Sheet3D2

    C. =Sheet1!D2+Sheet2!D2+Sheet3!D2　D. 以上都不对

6. 若在工作簿 1 的工作表 Sheet2 的单元格 C1 内输入公式时，需要引用工作簿 2 的工作表 Sheet1 单元格中 A2 的数据，那么正确的引用为（ ）。

    A. Sheet1!A2　　　　　　　　　　　B. 工作簿 2!Sheet1(A2)

    C. 工作簿 2Sheet1A2　　　　　　　　D. [工作簿 2]Sheet1!A2

7. 在单元格 D5 中输入公式 "=$B5+C$5"，这是属于（ ）。

    A. 相对引用　　　B. 混合引用　　　C. 绝对引用　　　　D. 以上都不是

8. 在 Excel 中，假设在单元格 D4 内输入公式 "=C3+$A$5"，再把公式复制到单元格 E7 中，则在单元格 E7 内，公式实际上是（ ）。

    A. C3+$A$5　　　B. =D6+$A$5　　C. C3+$B$8　　　D. D6+B8

9. 在 Excel 工作表中，要计算 A1:C8 单元格区域中值大于等于 60 的单元格个数，应使用的公式是（ ）。

    A. =COUNT(A1:C8," >=60")　　　　B. = COUNTIF(A1:C8, " >=60"))

    C. =COUNT(A1:C8,>=60)　　　　　　D. = COUNTIF(A1:C8,>=60)

10. 在 Excel 工作表中，按 A1: A20 单元格区域中的成绩，在 C1:C20 单元格区域中计算出与 A 列同行成绩的名次，应在单元格 C1 中输入公式（ ），然后复制填充到 C2:C20 单元格区域。

    A. =RANK(C1,A1: A20)　　　　　　B. =RANK($C$1, A1: A20)

    C. =RANK(A1, A$1: A$20)　　　　　D. =RANK(A1: A20 , C1)

二、操作题

1. 根据图 4.60 所示的成绩统计表，上机完成下列操作。

（1）在工作表 Sheet1 中制作图 4.60 所示的成绩统计表，并将工作表 Sheet1 更名为成绩统计表。

（2）利用公式或函数分别计算平均成绩、总成绩、名次，并统计各科与平均成绩不及格人数、各科与平均成绩最高分、平均成绩优秀的比例（平均成绩大于等于 85 分的人数 / 考生总人数，并以 % 的形式表示）。

（3）利用条件格式将各科与平均成绩不及格的单元格数据变为红色字体。

（4）以"平均成绩"为关键字降序排序。

（5）以表中的"姓名"列为水平轴标签，"平均成绩"列为垂直序列，制作簇状柱形图，并将图形放置于成绩统计表下方。

	A	B	C	D	E	F	G	H
1	成绩统计表							
2	学号	姓名	数学	计算机	英语	平均成绩	总成绩	名次
3	90203001	李莉	78	92	93			
4	90203002	张斌	58	67	43			
5	90203003	魏娜	91	87	83			
6	90203004	郝仁	68	78	92			
7	90203005	程功	88	56	79			
8	各科与平均成绩不及格人数：							
9	各科与平均成绩最高分：							
10	平均成绩优秀比例：							

图 4.60　成绩统计表

2. 根据图 4.61 所示的工资汇总表，进行以下统计分析。

（1）在工作表 Sheet2 中制作图 4.61 所示的工资汇总表，并将工作表 Sheet2 更名为工资汇总表。

（2）利用公式或函数计算应发工资，数据均保留 2 位小数。

（3）以"部门"为主要关键字，"编号"为次要关键字进行升序排序。

（4）以"部门"为分类字段进行分类汇总，分别将同一部门的"应发工资"汇总求和，汇总数据显示在数据下方。

	A	B	C	D	E	F
1	工资汇总表					
2	编号	部门	姓名	基本工资	补助工资	应发工资
3	rs001	人事处	张三	1068.56	680.46	
4	jw001	教务处	李四	2035.38	869.30	
5	jw002	教务处	王五	1625.50	766.65	
6	rs002	人事处	赵六	2310.23	1012.00	
7	jw003	教务处	田七	890.22	640.50	

图 4.61　工资汇总表

第5章
演示文稿处理软件 PowerPoint 2010

PowerPoint 2010 是 Microsoft 公司出品的 Office 2010 系列办公软件中的另一个组件，可以用来完成演示文稿的相关操作。

本章将首先介绍 PowerPoint 2010 工作界面，以及如何创建和保存演示文稿，然后详细介绍 PowerPoint 2010 演示文稿的编辑、格式化、主题、背景、版式以及动画设置，最后介绍 PowerPoint 2010 演示文稿的放映与输出。通过本章内容的学习，读者可以理解和掌握 PowerPoint 2010 的基本功能，并掌握实际的应用技巧。

【知识要点】
- 创建演示文稿。
- 演示文稿的编辑、格式化。
- 演示文稿的动画设置。
- 演示文稿的放映及打印。

5.1　创建演示文稿

演示文稿可以集文字、图形、声音、动画、视频等多媒体于一体，并通过设置特殊的播放效果，能够更好、更准确、更生动形象地向观众表达观点、演示成果及传达信息。

PowerPoint 是 Microsoft Office 软件包中的演示文稿软件，简称 PPT。作为 Office 的三大核心组件之一，PowerPoint 2010 是 Microsoft 公司推出的 Office 2010 软件包中的一个重要组成部分，主要用于幻灯片的制作与播放，该软件在各种需要演讲、演示的场合都可见到其踪迹。它可以帮助用户以简单的操作，快速制作出图文并茂、富有感染力的演示文稿，并且还可以通过图示、视频和动画等多媒体形式表现复杂的内容，从而使听众更容易理解。

PowerPoint 2010 的启动、退出和文件的保存与 Office 的其他组件类似，其扩展名是 ".pptx"。一个演示文稿包含若干张幻灯片。幻灯片是 PowerPoint 操作的主体。

5.1.1　熟悉 PowerPoint 2010 工作界面

在启动 PowerPoint 2010 后，将会看到图 5.1 所示的工作界面。PowerPoint 2010 的工作界面与 Word 2010 和 Excel 2010 的工作界面基本类似，其中快速访问工具栏、标题栏、选项卡和功能区等的结构及作用更是基本相同（选项卡的名称以及功能区的按钮会因为软件的不同而不同）。下面将对 PowerPoint 2010 特有部分的作用进行介绍。

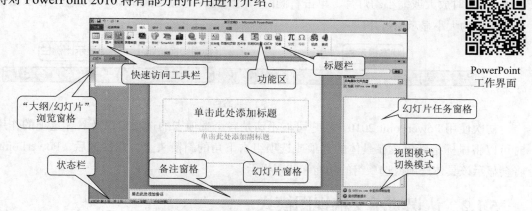

PowerPoint
工作界面

图 5.1　PowerPoint 2010 的工作界面

PowerPoint 2010 工作界面主要由以下一些部分组成。

① "大纲 / 幻灯片" 浏览窗格。"大纲 / 幻灯片" 浏览窗格位于演示文稿编辑区的左侧，其上方有两个选项卡，单击不同的选项卡，可在 "幻灯片" 浏览窗格和 "大纲" 浏览窗格两个窗格之间切换。在 "幻灯片" 浏览窗格中显示当前演示文稿所有幻灯片的缩略图，单击某张幻灯片的缩略图，将在右侧的幻灯片窗格中显示该幻灯片的内容；在 "大纲" 浏览窗格中可以显示当前演示文稿中所有幻灯片的标题与正文内容，用户在 "大纲" 浏览窗格或幻灯片窗格中编辑文本内容时，将自动同步在另一个窗格中。

② 幻灯片窗格。幻灯片窗格也叫文档窗格，它是编辑文档的工作区域，位于演示文稿编辑区的右侧，用于显示和编辑幻灯片的内容，其功能与 Word 的文档编辑区类似。在本窗格中，可以进行添加文本、编辑图像、制定表格、设置对象方式等操作。幻灯片窗格是与 PowerPoint 交流的主要场所，幻灯片的制作和编辑都在这里完成。

③ 幻灯片任务窗格。在编辑幻灯片时，当某些操作项需要具体说明操作内容时，系统会在幻灯片窗格右侧自动打开任务窗格。例如，当需要插入一幅 "剪贴画" 时，可以单击 "插入" 选项卡下 "图像" 选项组中的 "剪贴画" 按钮，"剪贴画" 任务窗格就会在幻灯片窗格右侧打开。如果要隐藏打开的任务窗格，可以直接单击任务窗格右上角的 "关闭" 按钮 ✕。

④ 备注窗格。备注窗格位于幻灯片窗格的下方，在该窗格中输入当前幻灯片的解释和说明等信息，以方便演讲者在正式演讲时参考。

⑤ 状态栏。位于 PowerPoint 2010 工作界面的底部，如图 5.2 所示。用于显示当前演示文稿的编辑状态，包括视图模式、幻灯片的总张数和当前所在张等。它主要由状态提示栏、视图切换按钮和显示比例栏组成。

其中状态提示栏用于显示幻灯片的数量、序列信息，以及当前演示文稿使用的主题；视图切换按钮用于在演示文稿的不同视图之间进行切换，单击相应的视图切换按钮即可切换到对应的视图中，从左到右依次是 "普通视图" 按钮 ▣、"幻灯片浏览" 按钮 ▦、"阅读视图" 按钮 ▤、"幻灯片放映"按钮; 显示比例栏用于设置幻灯片窗格中幻灯片的显示比例, 单击"缩小"按钮或"放大"按钮, 将以 10% 的比例缩小或放大幻灯片, 拖曳两个按钮之间的"显示比例"滑块, 将实时放大或缩小幻灯片, 单击右侧的"使幻灯片适应当前窗口"按钮, 将根据当前幻灯片窗格的大小显示幻灯片。

图 5.2　状态栏

初次使用 PowerPoint 2010, 用户可能不清楚各个选项卡的选项组以及具体选项的作用, 此时可以将鼠标指针停放在具体的选项或选项组右下角的斜箭头上, 几秒钟后, PowerPoint 2010 将会显示该具体选项或选项组的功能和使用提示。

5.1.2　认识演示文稿视图模式

在"视图"选项卡下"演示文稿视图"选项组中, PowerPoint 2010 提供了 4 种主要的视图模式按钮, 即"普通视图"、"幻灯片浏览"、"阅读视图"和"备注页", 单击相应的按钮可切换到相应的视图模式。

1. 普通视图

"普通视图"是进入 PowerPoint 2010 后默认的工作模式, 也是最常用的编辑视图模式。可用于编写或设计演示文稿。

"普通视图"模式包含 3 个窗格, 左侧为"大纲/幻灯片"浏览窗格, 分"大纲"浏览窗格和"幻灯片"浏览窗格、右侧为幻灯片窗格, 底部为备注窗格, 这些窗格的大小是可以通过鼠标拖放功能来调整的。

2. 幻灯片浏览

在"幻灯片浏览"模式下, 既能够看到整个演示文稿的全貌, 又可以方便地进行幻灯片的组织。在这个视图模式下, 可以轻松地调整幻灯片的顺序、添加或删除幻灯片、复制幻灯片, 设置幻灯片的放映时间、动画特效以及进行排练计时, 如图 5.3 所示。

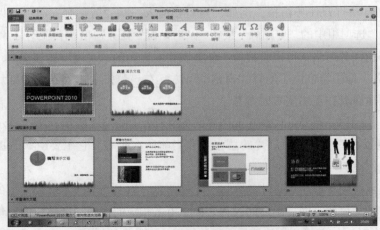

图 5.3　"幻灯片浏览"模式的窗口

此外，还有"幻灯片放映"模式，单击"幻灯片放映"选项卡"开始播放幻灯片"选项组中的功能按钮，即进入播放幻灯片的界面，也叫"幻灯片放映"模式。幻灯片的播放可以"从头开始""从当前幻灯片开始"，还可以自定义放映幻灯片。

当幻灯片处于"幻灯片放映"模式时将占据整个计算机屏幕。通过按 <Esc> 键或者通过选择右键快捷菜单的"结束放映"菜单项可以退出"幻灯片放映"模式。

3. 阅读视图

在"阅读视图"模式下可以预览演示文稿的放映效果，包括演示文稿中设置的动画和声音，以及每张幻灯片的切换效果，该模式以全屏动态方式显示每张幻灯片的效果。

4. 备注页

备注的文本虽然可以通过普通视图的备注窗格输入，但是在"备注页"模式下编辑备注文字更方便一些。在"备注页"模式下，幻灯片和该幻灯片的备注内容同时出现，备注内容出现在下方，尺寸也比较大，用户可以通过拖曳滚动条显示不同的幻灯片，以编辑不同幻灯片的备注内容，如图 5.4 所示。

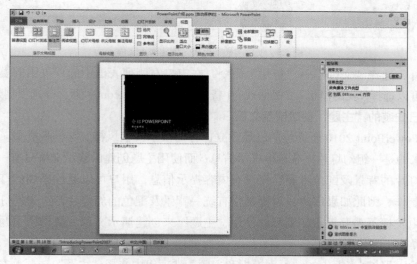

图 5.4 "备注页"模式下的窗口

5.1.3 创建演示文稿

演示文稿是由一系列幻灯片组成的。PowerPoint 2010 提供了多种创建演示文稿的方法，主要有 3 类，即使用"模板"、使用已安装的"主题"和使用"空白演示文稿"，下面将分别介绍。

演示文稿的
创建和保存

1. 使用"模板"创建演示文稿

模板是一种以特殊格式保存的演示文稿。利用模板创建演示文稿可以统一整个演示文稿的风格。它是由一组幻灯片组成的，其中包含幻灯片的背景、配色方案、版式、字体格式及部分提示内容等信息。用户只要在相应位置补充内容，进行少量修改就可以完成演示文稿的创建，这使得演示文稿的设计工作更方便快捷。

在 PowerPoint 2010 中有多种方式可以获得模板，默认已经保存了许多美观的"样本模板"供用户选择。模板的具体方法如下。

① 选择"文件"→"新建"命令，在窗口右侧列表框中的"可用的模板和主题"选项组中选择"样本模板"选项，就会在列表框中显示本机已安装的模板缩略图，如图 5.5 所示。

② 单击其中任一模板查看到预览效果，单击"创建"按钮，就会生成以该模板为基础的一组幻灯片。

图 5.5 使用"样本模板"创建演示文稿

除此之外，选择"文件"→"新建"命令，在窗口右侧列表框中的"可用的模板和主题"选项组中还可以选择"我的模板""根据现有内容新建""Office.com 模板"等选项创建演示文稿。

2. 使用已安装的"主题"创建演示文稿

主题是 PowerPoint 2010 所提供的已经建立保存的演示文稿风格，与模板类似。不同的是用模板创建出来的是一组幻灯片，有具体提示信息；而使用主题创建的演示文稿只有一张幻灯片，其中包含幻灯片的背景及配色方案，而没有内容提示信息，用户可以通过添加幻灯片完成整个演示文稿的制作。因此如果用户只需要制作有统一背景及配色的幻灯片，至于幻灯片的内容及版式可以自由发挥不需要提示，则可以使用"主题"来创建演示文稿。使用"主题"创建演示文稿的具体操作步骤如下。

在图 5.5 中间的列表框中的"可用模板和主题"选项组中选择"主题"选项，在显示的主题样式中选择需要的主题，如图 5.6 所示；单击"创建"按钮即可创建该主题风格的演示文稿。

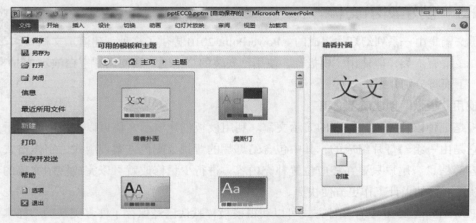

图 5.6 使用"主题"创建演示文稿

3. 使用"空白演示文稿"创建演示文稿

当用户制作演示文稿不需要任何背景和配色方案，只需要一张带有布局格式的空白幻灯片时，可以使用"空白演示文稿"来创建演示文稿。

使用"空白演示文稿"创建演示文稿的具体方法是：选择"文件"→"新建"命令，在中间的列表框的"可用模板和主题"选项组中选择"空白演示文稿"选项，然后单击"创建"按钮即可创建一张带有布局格式的空白幻灯片，如图 5.7 所示。

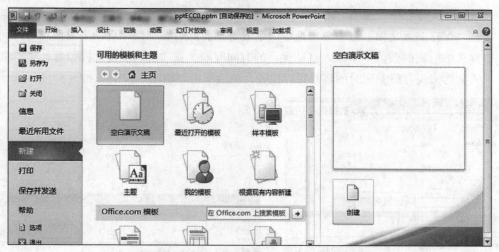

图 5.7　使用"空白演示文稿"创建演示文稿

除此之外，当我们启动 PowerPoint 2010 应用程序时，系统也会自动创建一个空白的演示文稿。在"Office.com 模板"中，包括表单表格、日历、贺卡、幻灯片背景、学术、日程安排等模板。单击任意一项，然后从"Office.com 模板"列表框中选择一项，单击"下载"按钮将该模板下载并完成演示文稿的创建下载。

5.1.4　保存演示文稿

制作好的演示文稿应及时保存在计算机中，同时用户应根据需要选择不同的保存方式，以满足实际的需求。保存演示文稿的方法有很多，下面将分别进行介绍。

- 直接保存演示文稿。直接保存演示文稿是最常用的保存方法，其步骤是：选择"文件"→"保存"命令或单击"快速访问工具栏"中的"保存"按钮，打开"另存为"对话框，在该对话框中选择保存位置并输入文件名后，单击"保存"按钮。当执行过一次保存操作后，再次选择"文件"→"保存"命令或单击"快速访问工具栏"中的"保存"按钮，可将两次保存操作之间所编辑的内容再次进行保存，而不会再打开"另存为"对话框。
- 另存为演示文稿。若不想改变原有演示文稿中的内容，可通过"另存为"命令将演示文稿保存在其他位置或更改其名称。选择"文件"→"另存为"命令，打开"另存为"对话框，重新设置保存的位置或文件名，然后单击"保存"按钮，如图 5.8 所示。
- 将演示文稿保存为模板。将制作好的演示文稿保存为模板，可提高制作同类演示文稿的速度。选择"文件"→"保存"命令，打开"另存为"对话框，在"保存类型"下拉列表中选择"PowerPoint 模板"选项，然后单击"保存"按钮。

- 保存为低版本的演示文稿。如果希望保存的演示文稿可以在 PowerPoint 97 或 PowerPoint 2003 软件中打开或编辑，应将其保存为低版本。在"另存为"对话框的"保存类型"下拉列表中选择"PowerPoint 97-2003 演示文稿"选项，其余操作与直接保存演示文稿操作相同。
- 自动保存演示文稿。在制作演示文稿的过程中，为了减少不必要的损失，可设置演示文稿定时保存，即到达指定时间后，无须用户执行保存操作，系统将自动对其进行保存。选择"文件"→"选项"命令，打开"PowerPoint 选项"对话框，单击"保存"选项卡，在"保存演示文稿"组中单击选中两个复选框，然后在"保存自动恢复信息时间间隔"复选框后面的数值框中输入自动保存的时间间隔，在"自动恢复文件位置"文本框中输入文件未保存就关闭时的临时保存位置，然后单击"确定"按钮，如图 5.9 所示。

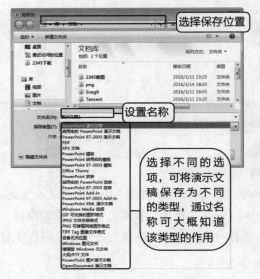

图 5.8 "另存为"对话框

图 5.9 自动保存演示文稿

5.2 演示文稿的编辑及格式化

5.2.1 编辑幻灯片

1. 输入文本

文本是构成演示文稿最基本的元素，在建立新演示文稿时，首先就需要输入文本。在幻灯片中添加文本的方法有很多，在"普通视图"模式下最简单的方式就是直接将文本输入到幻灯片的占位符和文本框中。

编辑幻灯片

（1）使用占位符输入文本。

占位符就是一种带有虚线或阴影线的边框，在文本占位符中可以直接输入文本。通常，在幻灯片上添加文本最简单的方式就是直接将文本输入到幻灯片的任何占位符中。幻灯片的占位符上会提示"单击此处添加标题"或"单击此处添加文本"等字样，单击后就可以输入文字了。

（2）使用文本框输入文本。

通过绘制文本框输入文本。在空白版式的幻灯片上输入文本内容，就需要借助文本框。文本框有"横排"和"竖排"两种。在"插入"选项卡下，单击"文本"选项组中的 "文本框"下拉按钮，在下拉列表中选择"横排文本框"或"竖排文本框"选项，然后在幻灯片上拖曳鼠标就可以插入一个文本框，然后输入文字即可。将鼠标指针指向文本框的边框，可以将文本框拖曳到任意位置。

2. 选择幻灯片

在"普通视图"模式下，只要单击"大纲"浏览窗格中的幻灯片编号后的图标，或者单击"幻灯片"浏览窗格中的幻灯片缩略图就可以选定相应的幻灯片。

幻灯片的所有操作都应该是在选定幻灯片之后才能进行。

3. 插入幻灯片

一般情况下演示文稿是由多张幻灯片组成的，在 PowerPoint 2010 中用户可根据需要在任意位置在"普通视图"模式或者"幻灯片浏览"模式下手动插入新的空白幻灯片。插入幻灯片的操作步骤如下。

图 5.10　"新建幻灯片"按钮

选定当前幻灯片，单击"开始"选项卡，再单击其中的"新建幻灯片"命令按钮，如图 5.10 所示。

或者在"大纲/幻灯片"浏览窗格中右键单击幻灯片缩略图，在弹出的快捷菜单中选择"新建幻灯片"菜单项，将会在当前幻灯片的后面快速插入一张版式为"标题和内容"的新幻灯片。

4. 幻灯片复制

当要制作的一张幻灯片与之前的某张幻灯片在格式或内容上非常相似时，则可以复制先前制作好的幻灯片后直接使用和修改。幻灯片复制的操作步骤如下。

① 选定需要复制的幻灯片。

② 单击"开始"选项卡下"剪贴板"选项组中的"复制"按钮，或者按 <Ctrl+C> 组合键。就可以将当前幻灯片复制到剪贴板中。

③ 选中目标位置，单击"剪贴板"选项组中的"粘贴"按钮或者使用 <Ctrl+V> 组合键，就会在选中幻灯片的后面插入复制的幻灯片。

除以上方法，通过右键单击"幻灯片"浏览窗格中的幻灯片缩略图，在弹出的菜单中也可以实现幻灯片的复制操作。

5. 幻灯片移动

在制作幻灯片时，有时需要重新排列幻灯片的位置，调整幻灯片的先后顺序，这就需要移动幻灯片。

可以利用"剪切"（按 <Ctrl+X> 组合键）和"粘贴"（按 <Ctrl+V> 组合键）命令来改变幻灯片的排列顺序，其操作步骤和复制操作相似。除此之外也可用鼠标直接拖曳要移动的幻灯片至目标位置。

6. 幻灯片删除

编辑幻灯片时对于多余的幻灯片可以将其删除。选定需要删除的幻灯片，然后直接按 <Delete>

键即可将其删除，也可以通过"剪切"命令将其删除。

5.2.2　插入多媒体素材

在演示文稿中只有文字信息是远远不够的，可以插入图形、SmartArt 图形、图片、图表、音频、视频、艺术字等对象，并且可以对插入的素材进行修改，从而增强幻灯片的表现力和感染力。

1. 插入图片

图片是演示文稿最常用的对象之一，图片可以是剪贴画也可以是来自文件，可以直接向幻灯片中插入图片，也可以使用图片占位符插入图片，使用图片可以使幻灯片更加生动形象。

（1）直接插入"剪贴画"。

选定要插入剪贴画的幻灯片，单击"插入"选项卡下"图像"选项组中的"剪贴画"按钮，在窗口的右侧弹出图 5.11 所示的"剪贴画"任务窗格，在"搜索文字"文本框中输入要搜索的主题，如输入"人物"，然后单击"搜索"按钮，单击列表框中要插入的剪贴画即可插入。

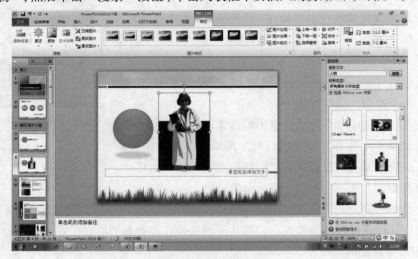

图 5.11　插入剪贴画

（2）直接插入来自文件的图片。

选定要插入图片的幻灯片，单击"插入"选项卡下"图像"选项组中的"图片"按钮，弹出"插入图片"对话框，选择要插入的图片，如图 5.12 所示，然后单击"插入"按钮即可。

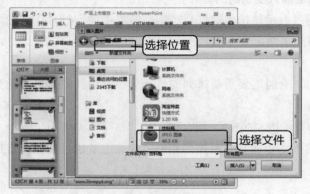

图 5.12　插入来自文件的图片

此外，在带有图片版式的幻灯片中插入图片时可以单击"单击此处添加文本"占位符中的"插入来自文件的图片"按钮，也可以弹出"插入图片"对话框，选择要插入的图片，然后单击"插入"按钮。

2. 插入自选图形

单击"插入"选项卡下"插图"选项组中的"形状"下拉按钮，系统会显示自选图形下拉框，其中包括线条、矩形、基本形状、箭头总汇、公式形状、流程图、星与旗帜、标注、动作按钮等。选择所需图形的图标，然后在幻灯片中拖曳出所选形状。如果选择的是动作按钮，会弹出"动作设置"对话框，在该对话框中可以设置单击鼠标和鼠标移动时的动作，默认情况下为无动作。

3. 插入 SmartArt 图形

从 Office 2007 开始，Office 提供了一种全新的 SmartArt 图形，用来取代以前的组织结构图。SmartArt 图形是信息和观点的视觉表示形式。可以通过从多种不同布局中进行选择来创建 SmartArt 图形，从而快速、轻松、有效地传达信息。创建 SmartArt 图形时，系统将提示选择一种 SmartArt 图形类型，如"流程""层次结构""循环"或"关系"等，如图 5.13 所示。

在 PowerPoint 2010 中，可以直接向幻灯片中插入 SmartArt 图形，也可以在带有占位符版式的幻灯片中插入 SmartArt 图形。在带有占位符版式的幻灯片中插入 SmartArt 图形，只需单击"插入 SmartArt 图形"按钮，就可以弹出"选择 SmartArt 图形"对话框，如图 5.13 所示。

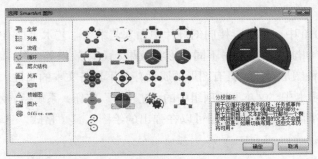

图 5.13　选择 SmartArt 图形

在"选择 SmartArt 图形"对话框的列表中选择一种图示类型，单击"确定"按钮即可完成插入，接下来可以在插入的 SmartArt 图形中输入文字，如图 5.14 所示。

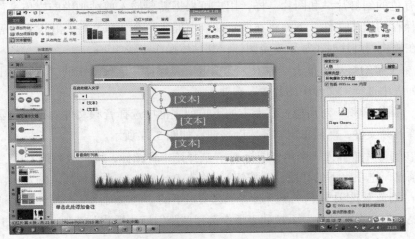

图 5.14　输入文本内容

4. 插入表格

表格可以直观形象地表达数据情况，在 PowerPoint 2010 中既可以在幻灯片中插入表格，还可以对插入的表格进行编辑和美化。

单击"插入"选项卡下"表格"选项组中的"表格"下拉按钮，系统就会打开"插入表格"下拉框，然后选择"插入表格"选项会弹出"插入表格"对话框，在该对话框的"列数"数值框和"行数"数值框中输入表格的列数和行数，再单击"确定"按钮，就完成了表格的插入。接着就可以在各单元格中输入表格内容，如图 5.15 所示。将光标移动到表格边框，就可以通过拖曳鼠标调整表格的大小和位置，如图 5.16 所示。

图 5.15　插入表格并输入文本　　　　　　图 5.16　调整表格大小和位置

5. 插入艺术字

在 PowerPoint 2010 中，可以直接向幻灯片中插入艺术字。艺术字拥有比普通文本拥有更多的美化和设置功能，如渐变的颜色、不同的形状效果、立体效果等。艺术字在演示文稿中使用得十分频繁。它是一种图形对象，具有图形的属性，而不具备文本的属性。

单击"插入"选项卡中"文本"选项组中的"艺术字"按钮，系统会显示艺术字形状选择框。单击选择一种艺术字即可插入，同时还可以在弹出的绘图工具"格式"选项卡下选择适当的工具对艺术字进行编辑。

6. 插入媒体文件

PowerPoint 2010 为用户提供了一个功能强大的媒体剪辑库，其中包含了"音频"和"视频"。为了改善幻灯片放映时的视听效果，用户可以在幻灯片中插入声音、视频等多媒体对象，从而制作出有声有色的幻灯片。和图片一样，用户可根据需要插入剪贴画中的媒体文件，也可以插入计算机中保存的媒体文件。下面将在演示文稿中插入一个音乐文件，并设置该音乐跨幻灯片循环播放，在放映幻灯片时不显示声音图标，其具体操作步骤如下。

① 选定第 1 张幻灯片，单击"插入"选项卡下"媒体"选项组中的"音频"下拉按钮，在打开的下拉列表中选择"文件中的音频"选项。

② 打开"插入音频"对话框，在上方的下拉列表框中选择音频文件的存放位置，在中间的列表框中选择音频文件，然后单击"插入"按钮，如图 5.17 所示。

③ 自动在幻灯片中插入一个声音图标，选择该声音图标，将激活音频工具，单击"播放"选项卡下"预览"选项组下的"播放"按钮，将在 PowerPoint 中播放插入的音乐。

④ 选择"播放"选项卡下"音频选项"选项组下的"放映时隐藏"复选框和"循环播放，直到停止"复选框，在"开始"下拉列表框中选择"跨幻灯片播放"选项，如图 5.18 所示。

图 5.17　插入音频

图 5.18　设置声音选项

5.2.3　幻灯片字体设置

输入文本后，就可以对文本格式进行设置。利用"开始"选项卡下"字体"选项组中的功能可以改变文字常用格式设置，方法同 Word 2010 此处不再赘述。但字体搭配效果的好坏，与演示文稿的阅读性和感染力息息相关。实际上，字体设计也有一定的原则可循的，下面介绍 5 种常见的字体设计原则。

① 幻灯片标题的字体建议选用更容易阅读的较粗的字体，而正文建议选用比标题更细的字体，以区分主次。

② 在搭配字体时，标题和正文尽量选用常用的字体，而且要考虑标题字体和正文字体的搭配效果。

③ 在演示文稿中如果要使用英文字体，可选择 Arial 与 Times New Roman 两种英文字体。

④ PowerPoint 不同于 Word，其正文内容不宜过多，正文中只列出较重点的标题即可，其余扩展内容可留给演示者临场发挥。

⑤ 在商业、培训等较正式的场合，其字体可使用较正规的字体，如标题使用方正粗黑宋简体、黑体和方正综艺简体等，正文可使用微软雅黑、方正细黑简体和宋体等；在一些相对较轻松的场合，其字体可以更随意一些，如方正粗倩简体、楷体（加粗）和方正卡通简体等。

其次，在演示文稿中，字体的大小不仅会影响观众接收信息的多少，还会影响演示文稿的专业度，因此，字体大小的设计也非常重要。字体大小还需根据演示文稿演示的场合和环境来决定，因此在选用字体大小时要注意以下两点。

① 如果演示的场合较大，观众较多，那么幻灯片中的字体就应该越大，要保证最远的位置都能看清幻灯片中的文字。此时，标题建议使用 36 号以上的字号，正文使用 28 号以上的字号。为了保证听众更易查看，一般情况下，演示文稿中的字号不应小于 20 号。

② 同类型和同级别的标题和文本内容要设置同样大小的字号，这样可以保证内容的连贯性，让观众更容易地把信息归类，也更容易理解和接收信息。

5.2.4　幻灯片版式

当创建演示文稿后，可能需要对某一张幻灯片的版面进行更改，这在演示文稿的编辑中是比较常见的事情，幻灯片版式预先定义了幻灯片上要显示内容的位置布局和格式设置信息。PowerPoint 2010 中提供了 11 种标准幻灯片版式，如图 5.19 所示。设置幻灯片版式主要分以下两种情况。

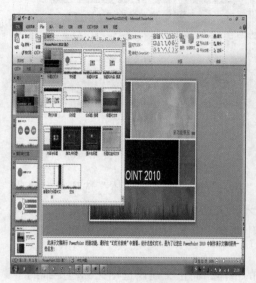

图 5.19　幻灯片版式类型

（1）新建幻灯片时直接设置版式。

一般来说，演示文稿中添加新幻灯片默认版式为"标题和内容"版式。如果要添加一张其他版式的新幻灯片，其具体方法如下。

在"开始"选项卡下，单击"幻灯片"选项组中的"新建幻灯片"下拉按钮，在图 5.19 所示的下拉菜单中选择所需要的版式即可。

（2）应用幻灯片版式。

可以修改现有幻灯片的版式，选定要修改版式的幻灯片后，在"开始"选项卡下，单击"幻灯片"选项组中的"版式"下拉按钮，在弹出的下拉列表中选择其他幻灯片版式，或者选定幻灯片后，右键单击该幻灯片的缩略图，在弹出的菜单中选择"版式"菜单项，然后在出现的列表框中选择其他版式。通过以上两种方法即可完在对现有幻灯片版式的修改。

5.2.5　幻灯片主题

为幻灯片应用不同的主题配色方案，可以增强演示文稿的表现力。PowerPoint 提供大量的内置主题方案供用户选择，必要时还可以自己设计背景颜色、字体搭配以及其他展示效果。

单击"设计"选项卡，会在"主题"选项中看到系统提供的部分主题，如图 5.20 所示。当光标指向一种主题时，幻灯片窗格中的幻灯片就会以这种主题的样式改变，当选择一种主题单击后，该主题才会被应用到整个演示文稿中。

图 5.20　主题选项组

5.2.6　设置幻灯片背景

在 PowerPoint 2010 中，没有应用幻灯片主题的幻灯片背景默认是白色的，为了丰富演示文稿的视觉效果，用户可以根据需要为幻灯片添加合适的背景颜色，

演示文稿主题和幻灯片版式的使用

设置不同的填充效果，也可以在已经应用了幻灯片主题的演示文稿中修改其中个别幻灯片的背景。

　　单击"设计"选项卡下"背景"选项组右侧的向下箭头按钮，系统会显示"设置背景格式"对话框。PowerPoint 2010 提供了多种幻灯片的填充效果，包括纯色、渐变、纹理、图案和图片，如图 5.21 所示。

图 5.21　"设置背景格式"对话框

可以为幻灯片设置"纯色填充""渐变填充""图片或纹理填充""图案填充"等。设置完成后，单击"关闭"按钮，确认所做的设置并返回到幻灯片视图。如果将设置的背景应用于演示文稿中所有的幻灯片，则关闭之前先单击"全部应用"按钮。

5.2.7　使用母版

　　演示文稿中每张幻灯片都有两部分，一部分是幻灯片本身，另一部分是幻灯片母版，这两者就像两张透明的胶片叠放在一起，上面的一张就是幻灯片本身，下面的一张就是母版。在幻灯片放映时，母版是固定的，更换的是上面的一张。

　　PowerPoint 2010 提供了 3 种母版，即幻灯片母版、讲义母版和备注母版，利用它们可以分别控制演示文稿的每个主要部分的外观和格式。

演示文稿母版和背景的设置

1. 幻灯片母版

　　幻灯片母版是所有母版的基础，通常用来统一整个演示文稿的幻灯片格式。它是一张包含格式占位符的幻灯片，这些占位符是为标题、主要文本和所有幻灯片中出现的背景项目而设置的。用户可以在幻灯片母版上为所有幻灯片设置默认版式和格式。换句话说，也就是如果更改幻灯片母版，会影响所有基于幻灯片母版的演示文稿幻灯片。它们的文字格式、位置、项目符号的字符、配色方案以及图形项目随着母版的改变而改变。

　　在"视图"选项卡下"母版视图"选项组中单击"幻灯片母版"按钮，就切换到"幻灯片母版"编辑视图，如图 5.22 所示，同时在选项卡的第一个位置出现"幻灯片母版"选项卡。PowerPoint 2010 版本的母版与前期版本不同的是，它是一个版式集合，包含多张幻灯片，并且每张幻灯片的版式不同。如图 5.22 所示，在左侧窗格显示出来的幻灯片母版集合中，第一张为"主母版"，下面列出了其他版式的母版，当光标置于母版缩略图上时就会显示该版式的母版由哪些幻灯片使用。

　　主母版与其他版式母版之间的区别在于，对主母版进行更改会应用到后面所有的各种版式的幻灯片。因此用户可以将演示文稿中共性的内容设置在主母版中，如统一的背景、图片、页眉页脚等，然后分别设置各个不同版式母版的内容。图 5.23 所示的就是在幻灯片母版中添加图片后，整个演示文稿改变后的效果。

图 5.22 "幻灯片母版"编辑视图

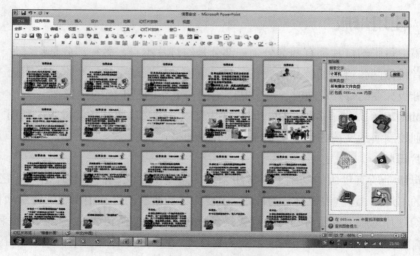

图 5.23 幻灯片母版改变后的效果

2. 讲义母版

讲义母版用于控制幻灯片按照讲义形式打印的格式。讲义是演示文稿的打印版本，为了在打印出来的讲义中留有足够的注释空间，可以设定在每一页中打印幻灯片的数量。也就是说，讲义母版用于编排讲义的格式，它还包括设置页眉页脚、占位符格式等。讲义只显示幻灯片而不包括相应的备注。

3. 备注母版

每张幻灯片都可以有相应的备注。用户可以为自己创建备注或为观众创建备注，还可以为每张幻灯片打印备注。

备注母版主要控制备注页的格式。备注页是用户输入的对幻灯片的注释内容，利用备注母版，可以控制备注页中输入的备注内容与外观。另外，备注母版还可以调整幻灯片的大小和位置。

5.3　演示文稿的动画设置

演示文稿中对象
的动画效果设置

5.3.1　设置幻灯片的动画效果

为了使幻灯片放映时引人注意、更具有视觉效果。在 PowerPoint 2010 中，用户可以通过"动画"选项卡下"动画"选项组中的命令为幻灯片上的文本、形状、声音和其他对象设置动画，这样就可以突出重点，控制幻灯片上的对象的放映顺序，并提高演示文稿的趣味性。

选中要设置动画的幻灯片上的对象，在"动画"选项卡下"动画"功能组中，单击选择动画效果，如图 5.24 所示。如果界面中显示的默认动画效果不够，用户可以单击动画的下拉按钮，从下拉列表中根据动画类型单击选择所需的动画效果。

图 5.24　动画选项卡

PowerPoint 2010 中主要有以下 4 种不同类型的动画效果。

① 进入：用于幻灯片中的对象（包括文本、图片、表格等）进入幻灯片过程中所设置的动画效果。例如，使对象飞入幻灯片。

② 强调：用于对已显示在幻灯片中的对象，为了突出它而设置的动画效果。例如，使对象放大或缩小，改变字体颜色，或者中心旋转等。

③ 退出：当对象退出屏幕过程中所设置的动画效果。例如，使对象飞出幻灯片。

④ 动作路径：可以使幻灯片中的某个对象按照一定的动作路径进行移动，从而体现动态效果。这些路径可以是系统预设的直线、曲线等，也可以按照用户自己的要求通过自定义路径，绘制对象移动路线来设置动画效果。

当添加过动画效果后，可以进一步设置动画属性。选择动画对象，使用"动画"选项卡下的命令对动画属性进行修改。

① "效果选项"按钮：可以设置动画的运动方向及序列。不同动画的运动方向选项可能不同。例如，"百叶窗"动画包含"水平"和"垂直"两种方向可选；出现时可以按照一个对象整体出现动画或者按段落序列出现等。

② "开始"选项："开始"选项可以设置动画效果的开始时间。包括"单击时""与上一动画同时""上一动画之后"。"单击时"表示单击后出现动画效果；"与上一动画同时"表示这个动画与上一个动画同时出现动画效果；"上一动画之后"表示这个动画发生在上一个动画完成之后。这些选项通常用于设置动画效果的先后顺序。

③ "持续时间"：指动画出现将要运行的持续时间，可在后面的"持续时间"数值框内输入时间，持续时间越长，动画出现的速度越慢。

④ "延迟"：指动画开始前的延时时间。延迟时间值越大，与上一个动画间隔时间越长。

5.3.2　设置幻灯片间的切换效果

在放映幻灯片时,除了设置幻灯片内部的动画效果外,幻灯片间切换时也可以设置不同的效果,以达到更好地演示效果。

幻灯片间的切换效果是指移走屏幕上已有的幻灯片,显示新幻灯片时以何种方式变换。幻灯片间的切换类型很多,在触发时可以手动切换,也可以自动切换。

设置幻灯片间的切换效果的操作步骤如下。

① 选定要设置幻灯片间的切换效果的幻灯片。

② 在"切换"选项卡下"切换到此幻灯片"选项组中,如图 5.25 所示,可以看到有很多切换方式,选择"推进"切换类型。如果要看到更多的切换方式可以单击切换图案旁的"其他"下拉按钮,打开的下拉框中显示了更多的切换方式,单击选择某种切换方式。

③ 根据需要可以进一步修改切换效果属性,如选择"换片方式"为"单击鼠标时"。此外,切换效果属性还可以设置效果选项控制切换效果的方向,设置切换声音,设置持续时间控制幻灯片切换的速度,持续时间越长,速度越慢。单击"预览"按钮,可以预览该幻灯片的切换效果。

如果要所有的幻灯片都应用所选的切换方式,单击"全部应用"按钮即可。

图 5.25　"切换"选项卡

5.3.3　设置幻灯片超链接

在浏览网页的过程中,单击某段文本或某张图片时,就会自动弹出另一个相关的网页,通常这些被单击的对象称为超链接,在 PowerPoint 2010 中也可为幻灯片中的图片和文本创建超链接,实现从一张幻灯片到另一张幻灯片、一个网页或一个文件的连接。链接本身可能是文本或对象(例如,图片、图形、形状或艺术字)。表示链接的文本用下画线显示,图片、形状和其他对象的链接没有附加格式。

在演示文稿中
设置链接

创建超链接的方法有两种:使用"超链接"命令和使用"动作按钮"。

1. 使用"超链接"命令创建超链接

选择要创建超链接的文本或对象,如标题文字。单击"插入"选项卡下"链接"选项组中的"超链接"按钮,弹出"插入超链接"对话框,如图 5.26 所示。在这里我们可以设置超链接到现有文件或网页、本文档中的位置、新建文档和电子邮箱地址。

① 现有文件或网页:超链接到本文档以外的文件或者某个网页。

② 本文档中的位置:超链接到"请选择文档中的位置"列表中所选定的幻灯片。

③ 新建文档:超链接到新建演示文稿。

④ 电子邮件地址:超链接到某个电子邮箱地址。当用户希望访问者给自己回信,并且将信件发送到自己的电子信箱中去时,就可以创建一个电子邮件地址的超链接了。

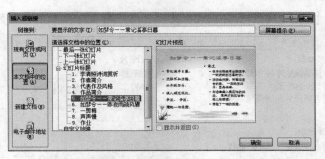

图 5.26　"插入超链接"对话框

此外，在"插入超链接"对话框中单击"屏幕提示"按钮，输入屏幕提示文字内容，放映演示文稿时在链接位置旁边显示屏幕提示文字。

单击"确定"按钮，回到幻灯片工作区后，可以发现标题文字添加了下画线，同时颜色也发生了变化。当我们放映幻灯片时，将鼠标放在标题文字上可见光标变成一个"手指"形状，单击即可实现超链接了。

对已经建立好的超链接，我们可以右键单击添加了超链接的对象，在弹出的菜单中进行编辑或删除超链接。

2. 使用"动作按钮"创建超链接

除了可以对现存的文本等对象设置超链接，还可以通过添加特定动作的图形按钮实现幻灯片的跳转。使用"动作按钮"创建超链接的具体步骤如下。

① 单击"插入"选项卡下"插图"选项组中的"形状"下拉按钮，在弹出的下拉列表中选择"动作按钮"类型中的任意一个形状按钮，光标变成"十"字形状。

② 在幻灯片合适位置拖曳鼠标画出动作按钮，弹出"动作设置"对话框，如图 5.27 所示。

③ 在"动作设置"对话框中可以设置单击鼠标时超链接到的目标位置、是否播放声音等；或者鼠标移过时也可以设置类似的链接效果。单击"确定"按钮即可完成超链接的创建。

④ 放映幻灯片，单击该动作按钮实现超链接效果。

图 5.27　"动作设置"对话框

5.4　演示文稿的放映和打印

制作演示文稿的最终目的就是要将其展示给观众欣赏，即放映演示文稿。在演示文稿制作完成后，就可以观看一下演示文稿的放映效果了。

演示文稿
放映设置

5.4.1　演示文稿的放映

1. 设置幻灯片放映方式

用户可以根据不同的需求采用不同的方式放映演示文稿，设置幻灯片放映方式可以通过"设置放映方式对话框"来实现，包括放映类型、放映范围、换片方式等。单击"幻灯片放映"选项卡下"设置"选项组中的"设置幻灯片放映"按钮，打开图 5.28 所示的"设置放映方式"对话框。

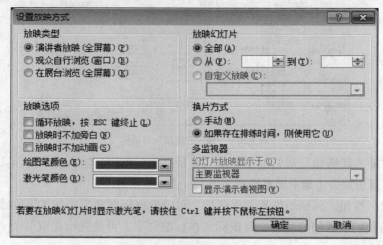

图 5.28 "设置放映方式"对话框

PowerPoint 2010 为用户提供了以下 3 种放映类型。

① 演讲者放映（全屏幕）。用于演讲者自行播放演示文稿，这是系统默认的放映方式，也是最常用的演示方式。

② 观众自行浏览（窗口）。指幻灯片在小窗口内播放，用户可以在放映时进行操作，允许用户移动、编辑、复制和打印幻灯片。

③ 在展台浏览（全屏幕）。适用于使用了排练计时的情况下，此时鼠标不起作用，可以自动放映演示文稿，按 <Esc> 键才能结束放映。

用户可以根据需要在"放映类型""放映幻灯片""放映选项""换片方式"中进行设置，所有设置完成之后，单击"确定"按钮即可。

2. 隐藏或显示幻灯片

放映幻灯片时，系统将自动按设置的放映方式依次放映每张幻灯片，但在实际放映过程中，可以将暂时不需要的幻灯片隐藏起来，等到需要时再将其显示。隐藏或显示幻灯片的具体操作如下。

① 选定第 9 张幻灯片，然后单击"幻灯片放映"选项卡下"设置"选项组中的"隐藏幻灯片"按钮，隐藏该幻灯片，如图 5.29 所示。

② 在"幻灯片"浏览窗格中选定的幻灯片缩略图上将出现"隐藏"标志，单击"幻灯片放映"选项卡下"开始放映幻灯片"选项组中的"从头开始"按钮，开始放映幻灯片，此时隐藏的幻灯片将不再被放映出来。隐藏幻灯片并不是将其从演示文稿中删除，只是在放映演示文稿时不显示该张幻灯片，其仍然保留在文件中。

3. 放映幻灯片

当演示文稿中所需幻灯片的各项播放设置完成后，就可以放映幻灯片观看其放映效果。启动幻灯片放映的方法有很多，常用的有以下 3 种。

① 使用"幻灯片放映"选项卡下"开始放映幻灯片"选项组中的"从头开始""从当前幻灯片开始"或"自定义幻灯片放映"命令。

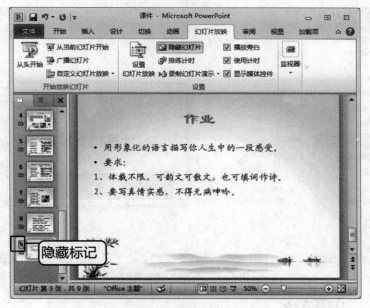

图 5.29　隐藏幻灯片

② 按 <F5> 快捷键。

③ 单击窗口右下角的"幻灯片放映"按钮 ⊒ 。

其中按 <F5> 键将从第一张幻灯片开始放映，单击窗口右下角的"幻灯片放映"按钮 ⊒ ，将从演示文稿的当前幻灯片开始放映。

在幻灯片放映的过程中，如果将幻灯片的切换方式设置为自动，那么幻灯片将按照事先设置好的顺序自动进行切换；如果将切换方式设置为手动，则需要用户单击鼠标或使用键盘上的相应键，一般是回车键，才能切换到下一张幻灯片。

4. 排练计时

对于某些需要自动放映的演示文稿，设置动画效果后，可以设置排练计时，从而在放映时可根据排练的时间和顺序进行放映。

单击"幻灯片放映"选项卡下"设置"选项组中的"排练计时"按钮 ▦ 进入放映排练状态，同时会打开"录制"工具栏自动为该幻灯片计时，如图 5.30 所示。

图 5.30　"录制"工具栏

5.4.2　演示文稿的打印

在 PowerPoint 2010 中，演示文稿制作好以后，不仅可以在计算机上展示最终效果，还可以将演示文稿打印出来长期保存。在打印演示文稿之前，应先进行打印的设置。

选择"文件"→"打印"命令，系统会显示图 5.31 所示的界面。在"打印"设置窗口中允许设定或修改默认打印机、打印份数等信息。单击"整页幻灯片"的下拉按钮，还可以对每张打印纸张上的打印内容进行选择。

图 5.31 "打印"设置窗口

PPT 的设计原则

习题 5

一、选择题

1. 下面关于 PowerPoint 的说法中，不正确的是（ ）。

    A．它不是 Windows 应用程序　　　　　　B．它是演示文稿制作软件

    C．它可以制作幻灯片　　　　　　　　　　D．它是 Office 套装软件之一

2. 一个演示文稿有 30 张幻灯片，现在只想播放其中的第 1 张、第 5 张、第 10 张、第 12 张和第 20 张，应该选择（ ）。

    A．从当前幻灯片开始播放　　　　　　　　B．使用排列计时

    C．设置幻灯片放映方式中的自定义幻灯片放映　D．以上都不是

3. PowerPoint 不支持的放映类型是（ ）。

    A．自动连续放映　　B．演讲者放映　　C．观众自行浏览　　D．在展台浏览

4. 设置 PowerPoint 的幻灯片母版，可使用（ ）命令进行。

    A．"开始"→"幻灯片母版"　　　　　　B．"设计"→"幻灯片母版"

    C．"视图"→"幻灯片母版"　　　　　　D．"加载项"→"幻灯片母版"

5. 在 PowerPoint 中，要调整幻灯片的排列顺序，建议在（ ）模式下进行。

    A．阅读视图　　　　B．幻灯片浏览　　　C．备注页　　　　　D．普通视图

6. 在 PowerPoint 中设置文本动画，首先要（ ）。

    A．选定文本　　　　B．指定动画效果　　C．设置动画参数　　D．选定动画类型

7. 在 PowerPoint 中，若希望在文字预留区外的区域输入其他文字，可通过（ ）按钮来插入文字。

    A．图表　　　　　　B．格式刷　　　　　C．文本框　　　　　D．剪贴画

二、简答题

1. 简单叙述创建一个演示文稿的主要步骤。

2. 在 PowerPoint 中输入和编辑文本与在 Word 中有什么类似的地方？

三、操作题

1. 制作一个个人简历演示文稿，并满足以下要求。

（1）选择一种合适的模板。

（2）整个文件中应有不少于 3 张的相关图片。

（3）幻灯片中的部分对象应有动画设置。

（4）幻灯片之间应有切换设置。

（5）幻灯片的整体布局合理、美观大方。

2. 制作一个演示文稿，用来介绍李白的几首诗，并满足以下要求。

（1）第一张幻灯片是标题幻灯片。

（2）第二张幻灯片重点介绍李白的生平。

（3）在第三张幻灯片中给出要介绍的几首诗的目录，目录项通过超链接可以链接到相应的幻灯片上。

（4）在每首诗的介绍中应该有不少于 1 张的相关图片。

（5）选择一种合适的模板。

（6）幻灯片中的部分对象应有动画设置。

（7）幻灯片之间应有切换设置。

（8）幻灯片的整体布局合理、美观大方。

第6章
计算机网络基础与 Internet 应用

本章不仅介绍计算机网络的定义及发展，而且详细阐述网络的软件组成、协议和体系结构，同时介绍网络的硬件组成以及常见的网络设备；以 Internet 为例，讲述相关的理论知识，并介绍 Internet 的 WWW 服务、文件传输、搜索引擎等应用及相关操作。

【知识要点】
- 计算机网络的基本概念。
- 计算机网络的组成。
- 计算机网络的功能与分类。
- 网络协议和体系结构。
- 计算机网络硬件。
- Internet 基础知识。
- Internet 应用。

6.1　计算机网络概述

6.1.1　计算机网络的定义

计算机网络是计算机技术与通信技术相融合，实现信息传送，达到资源共享的系统。随着计算机技术和通信技术的发展，其内涵也在发展变化。从资源共享的角度出发，美国信息处理学会联合会认为，计算机网络是以能够相互共享资源（硬件、软件、数据）的方式连接起来，并各自具备独立功能的计算机系统的集合。

在理解计算机网络定义的时候，要注意以下 3 点。

① 自主：计算机之间没有主从关系，所有计算机都是平等独立的。

② 互连：计算机之间由通信信道相连，并且相互之间能够交换信息。

③ 集合：网络是计算机的群体。

计算机网络是计算机技术和通信技术紧密融合的产物，它涉及通信与计算机两个领域。它的诞生使计算机体系结构发生了巨大变化，在当今社会经济中起着非常重要的作用，它对人类社会的进步做出了巨大贡献。从某种意义上讲，计算机网络的发展水平不仅反映了一个国家的计算机科学和通信技术水平，而且已经成为衡量其国力及现代化程度的重要标志之一。

6.1.2　计算机网络的发展

计算机网络发展史

计算机网络出现的历史不长，但发展速度很快。在 50 多年的时间里，它经历了一个从简单到复杂、从单机到多机的演变过程。发展过程大致可概括为 4 个阶段：具有通信功能的单机系统阶段；具有通信功能的多机系统阶段；以共享资源为主的计算机网络阶段；以局域网及其互联为主要支撑环境的分布式计算阶段。

1. 具有通信功能的单机系统阶段

具有通信功能的单机系统又称终端—计算机网络，是早期计算机网络的主要形式。它是由一台中央主计算机连接大量的地理位置上分散的终端。20 世纪 50 年代初，美国建立的半自动地面防空系统（Semi-Automatic Ground Environment，SAGE）就是将远距离的雷达和其他测量控制设备的信息，通过通信线路汇集到一台中心计算机进行集中处理，从而首次实现了计算机技术与通信技术的结合。

2. 具有通信功能的多机系统阶段

在具有通信功能的单机系统中，中央计算机负担较重，既要进行数据处理，又要承担通信控制，实际工作效率较低；而且主机与每台远程终端都需要用一条专用通信线路连接，线路的利用率较低。由此出现了数据处理和数据通信的分工，即在主机前增设一个前端处理机负责通信工作，并在终端比较集中的地区设置集中器。集中器通常由微型计算机或小型计算机实现，它首先通过低速通信线路将附近各远程终端连接起来，然后通过高速通信线路与主机的前端处理机相连。这种具有通信功能的多机系统，构成了计算机网络的雏形，如图 6.1 所示。20 世纪 60 年代初，此系统在军事、银行、铁路、民航、教育等部门都有应用。

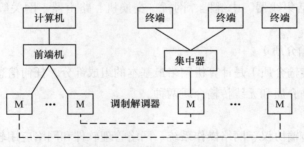

图 6.1　具有通信功能的多机系统

3. 以共享资源为主的计算机网络阶段

20 世纪 60 年代中期，出现了由若干个计算机互连的系统，开创了"计算机—计算机"通信的时代，并呈现出多处理中心的特点，即利用通信线路将多台计算机连接起来，实现了计算机之间的通信。

4. 以局域网及其互联为主要支撑环境的分布式计算阶段

自 20 世纪 70 年代开始，随着大规模集成电路技术和计算机技术的飞速发展，硬件价格急剧下降，微型计算机得到广泛应用，局域网技术得到迅速发展。早期的计算机网络是以主计算机为中心的，计算机网络控制和管理功能都是集中式的，但随着个人计算机（Personal Computer，

PC）功能的增强，PC方式呈现出的计算能力已逐步发展成为独立的平台，这就导致了一种新的计算结构——分布式计算模式的诞生。

目前，计算机网络的发展正处于第4阶段。这一阶段计算机网络发展的特点是互连、高速、智能与更为广泛的应用。

6.1.3　计算机网络的组成

计算机网络由3个部分组成：网络硬件、通信线路（传输介质）和网络软件，如图6.2所示。

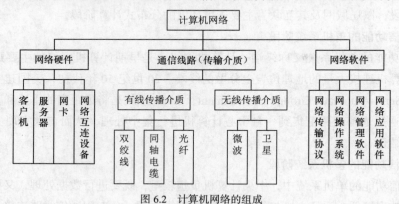

图6.2　计算机网络的组成

1. 网络硬件

网络硬件包括客户机、服务器、网卡和网络互连设备。

客户机指用户上网使用的计算机，也可理解为网络工作站、节点机和主机。

服务器是提供某种网络服务的计算机，由运算功能强大的计算机担任。

网卡即网络适配器，是计算机与传输介质连接的接口设备。

网络互连设备包括集线器、中继器、网桥、交换机、路由器、网关等，其详细说明将在后续章节中介绍。

2. 通信线路（传输介质）

物理通信线路（传输介质）是计算机网络最基本的组成部分，任何信息的传输都离不开它。传输介质分为有线传输介质和无线传输介质两种。

3. 网络软件

网络软件有网络传输协议、网络操作系统、网络管理软件和网络应用软件4个部分。

① 网络传输协议。网络传输协议就是连入网络的计算机必须共同遵守的一组规则和约定，以保证数据传送与资源共享能顺利完成。

② 网络操作系统。网络操作系统是控制、管理、协调网络上的计算机，使之能方便有效地共享网络上硬件、软件资源，为网络用户提供所需的各种服务的软件和有关规程的集合。网络操作系统除具有一般操作系统的功能外，还具有网络通信能力和多种网络服务功能。目前，常用的网络操作系统有Windows、UNIX、Linux和NetWare。

③ 网络管理软件。网络管理软件的功能是对网络中大多数参数进行测量与控制，以保证用户安全、可靠、正常地得到网络服务，使网络性能得到优化。

④ 网络应用软件。网络应用软件就是能够使用户在网络中完成相应功能的一些工具软件。

例如，能够实现网上漫游的 IE 或 360 浏览器，能够收发电子邮件的 Outlook Express 等。随着网络应用的普及，将会有越来越多的网络应用软件，为用户带来很大的方便。

6.1.4　计算机网络的功能与分类

计算机网络的种类繁多，性能各不相同，根据不同的分类原则，可以得到各种不同类型的计算机网络。

1. 按照网络的分布范围分类

计算机网络按照其覆盖的地理范围进行分类，可以很好地反映不同类型网络的技术特征。由于网络覆盖的地理范围不同，它们所采用的传输技术也就不同，从而形成了不同的网络技术特点与网络服务功能。按照网络的分布范围来分类，计算机网络可以分为局域网、城域网和广域网 3 种。

① 局域网（Local Area Network，LAN）是人们最常见、应用最广的一种网络。所谓局域网，就是在局部地区范围内的网络，它所覆盖的地区范围较小，通常在几米到 10km。局域网在计算机数量配置上没有太多的限制，少的可以只有两台，多的可达几百台，其分布范围局限在一个办公室、一幢大楼或一个校园内，用于连接个人计算机、工作站和各类外围设备，以实现资源共享和信息交换。它的特点是分布距离近、传输速度高、连接费用低、数据传输可靠、误码率低等。

② 城域网（Metropolitan Area Network，MAN）的分布范围介于局域网和广域网之间，这种网络覆盖范围可以在 10km ~ 100 km。MAN 与 LAN 相比，覆盖的范围更大，连接的计算机数量更多，在地理范围上可以说是 LAN 的延伸。在一个大型城市或都市地区，一个 MAN 通常连接着多个 LAN。

③ 广域网（Wide Area Network，WAN）也称远程网，它的联网设备分布范围广，一般从数千米到数百至数千千米。广域网通过一组复杂的分组交换设备和通信线路将各主机与通信子网连接起来，因此网络所涉及的范围可以是市、地区、省、国家，乃至世界范围。由于它的这一特点使得单独建造一个广域网是极其昂贵和不现实的，所以，常常借用传统的公共传输（电报、电话）网来实现。此外，由于传输距离远，又依靠传统的公共传输网，所以错误率较高。

因特网（Internet）不是一种独立的网络，它将同类或不同类的物理网络（局域网与广域网）互连，并通过高层协议实现各种不同类型网络间的通信。Internet 是跨越全世界的最大的网络。

2. 按照网络的拓扑结构分类

抛开网络中的具体设备，把网络中的计算机等设备抽象为点，把网络中的通信媒体抽象为线，这样从拓扑学的观点去看计算机网络，就形成了由点和线组成的几何图形，从而抽象出网络系统的具体结构。这种采用拓扑学方法描述各个节点机之间的连接方式称为网络的拓扑结构。计算机网络常采用的基本拓扑结构有总线型拓扑结构、环形拓扑结构、星形拓扑结构，具体见 6.3 节计算机局域网。

6.1.5　计算机网络体系结构和 TCP/IP 参考模型

1. 计算机网络体系结构

1974 年，IBM 公司首先公布了世界上第一个计算机网络体系结构（System Network Architecture，SNA），凡是遵循 SNA 的网络设备都可以很方便地进行互连。1977 年 3 月，国际标准化组织（International Organization for Standardization，ISO）的第 97 技术委员会（TC97）成立了一个新的技术分委会 SC16 专门研究"开放系统互联（Open System Interconnection，OSI）"，并于 1983 年提出了开放系统互连参考模型（Open System Interconnection Reference Model，OSI/RM），即著名的 ISO 7498 国际标准（我国相应的国家标准是 GB 9387）。在 OSI 中采用了三级抽象：参考模型（即体系结构）、服务定义和协议规范（即协议规格说明），自上而下逐步求精。OSI/RM 并不是一般的工业标准，而是一个为制定标准用的概念性框架。

OSI 与 TCP/IP 体系结构的比较

经过各国专家的反复研究，在 OSI/RM 中，采用了表 6.1 所示的 7 层协议模型。它们由低到高分别是物理层、数据链路层、网络层、传输层、会话层、表示层和应用层。每层完成一定的功能，每层都直接为其上层提供服务，并且所有层之间都互相支持。第 4 层到第 7 层主要负责互操作性，而第 1 层到第 3 层则用于创造两个网络设备间的物理连接。

表 6.1　　　　　　　　　　　　　　　　　OSI/RM 7 层协议模型

层号	名称	主要功能简介
7	应用层	作为与用户应用进程的接口，负责用户信息的语义表示，并在两个通信者之间进行语义匹配，它不仅要提供应用进程所需要的信息交换和远地操作，而且要作为互相作用的应用进程的用户代理来完成一些为进行语义上有意义的信息交换所必需的功能
6	表示层	对源站点内部的数据结构进行编码，形成适合于传输的比特流，到了目的站点再进行解码，转换成用户所要求的格式并进行解码，同时保持数据的意义不变。主要用于数据格式转换
5	会话层	提供一个面向用户的连接服务，它给合作的会话用户之间的对话和活动提供组织和同步所必需的手段，以便对数据的传送提供控制和管理；主要用于会话的管理和数据传输的同步
4	传输层	从端到端经网络透明地传送报文，完成端到端通信链路的建立、维护和管理
3	网络层	负责分组传送、路由选择和流量控制，主要用于实现端到端通信系统中中间节点的路由选择
2	数据链路层	通过一些数据链路层协议和链路控制规程，在不太可靠的物理链路上实现可靠的数据传输
1	物理层	实行相邻计算机节点之间比特数据流的透明传送，尽可能地屏蔽掉具体传输介质和物理设备的差异

OSI/RM 对各层的划分遵循下列原则。

① 网中各节点都有相同的层，相同的层具有同样的功能。

② 同一节点内相邻层之间通过接口通信。

③ 每层使用下层提供的服务，并向其上层提供服务。

④ 不同节点的对等层按照协议实现对等层之间的通信。

2. TCP/IP 参考模型

TCP/IP 参考模型使用范围极广，是目前异种网络通信使用的唯一协议体系，适用于连接多种机型，既可用于局域网，又可用于广域网，许多厂商的计算机操作系统和网络操作系统产品都采用或含有 TCP/IP 参考模型。TCP/IP 参考模型已成为目前事实上的国际标准和工业标准。TCP/IP 参考模型也是一个分层的网络协议，不过它与 OSI/RM 所分的层有所不同。TCP/IP 参考模型从底至顶分为网络接口层、网际层、传输层、应用层共 4 层，各层的功能如下。

① 网络接口层。这是 TCP/IP 参考模型的最底层，包括有多种逻辑链路控制和媒体访问协议。网络接口层的功能是接收 IP 数据报并通过特定的网络进行传输，或从网络上接收物理帧，抽取

出 IP 数据报并转交给网际层。

② 网际层（IP 层）。该层包括以下协议：网际协议（Internet Protocol，IP）、因特网控制报文协议（Internet Control Message Protocol，ICMP）、地址解析协议（Address Resolution Protocol，ARP）、反向地址解析协议（Reverse Address Resolution Protocol，RARP）。该层负责相同或不同网络中计算机之间的通信，主要处理数据报和路由。在 IP 层中，ARP 用于将 IP 地址转换成物理地址，RARP 用于将物理地址转换成 IP 地址，ICMP 用于报告差错和传送控制信息。IP 在 TCP/IP 中处于核心地位。

③ 传输层。该层提供传输控制协议（Transmission Control Protocol，TCP）和用户数据报协议（User Datagram Protocol，UDP）两个协议，它们都建立在 IP 的基础上，其中，TCP 提供可靠的面向连接服务，UDP 提供简单的无连接服务。传输层提供端到端，即应用程序之间的通信，主要功能是数据格式化、数据确认和丢失重传等。

④ 应用层。TCP/IP 参考模型的应用层相当于 OSI/RM 的会话层、表示层和应用层，它向用户提供一组常用的应用层协议，其中包括 Telnet、SMTP、DNS 等。此外，在应用层中还包含用户应用程序，它们均是建立在 TCP/IP 参考模型之上的专用程序。

OSI/RM 与 TCP/IP 参考模型都采用了分层结构，都是基于独立的协议栈的概念。OSI/RM 有 7 层，而 TCP/IP 参考模型只有 4 层，即 TCP/IP 参考模型没有表示层和会话层，并且把数据链路层和物理层合并为网络接口层。

6.2　计算机网络硬件

6.2.1　网络传输介质

传输介质是网络连接设备间的中间介质，也是信号传输的媒体，常用的介质有双绞线、同轴电缆、光纤（见图 6.3）以及微波、卫星等。

计算机网络传输
介质和交换设备

同轴电缆

带有接头的光纤

带有接口的双绞线

图 6.3　几种传输介质外观

1. 双绞线

双绞线（Twisted-Pair）是最普通的传输介质，它由两条相互绝缘并扭绞在一起的铜线组成，典型直径为 1mm。两根线绞接在一起是为了防止其电磁感应在邻近线对中产生干扰信号。现行双绞线电缆中一般包含 4 个双绞线对，如图 6.4 所示，具体为橙 1/ 橙 2、蓝 4/ 蓝 5、绿 6/ 绿 3、棕 3/ 棕白 7。计算机网络使用 1—2、3—6 两组线对分别来发送和接收数据。双绞线接头为具有国际标准的 RJ-45 插头接口（见图 6.5）和插座。双绞线分为屏蔽双绞线（Shield Twisted Pair，STP）和非屏蔽双绞线（Unshielded Twisted Pair，UTP）。非屏蔽双绞线有线缆外皮作为屏蔽层，适用于网络流量不大的场合中；屏蔽式双绞线具有一个金属甲套（Sheath），对电磁干扰（Electromagnetic Interference，EMI）具有较强的抵抗能力，适用于网络流量较大的高速网络协议应用。

图 6.4　双绞线的结构

图 6.5　RJ-45 插头接口图

双绞线最多应用于基于载波侦听多路访问 / 冲突检测（Carrier Sense Multiple Access/Collision Detection，CMSA/CD）的技术，即 10Base-T（10 Mbit/s）和 100Base-T（100 Mbit/s）的以太网（Ethernet），具体有以下规定。

① 一段双绞线的最大长度为 100m，只能连接一台计算机。

② 双绞线的每端需要一个 RJ-45 插件（头或座）。

③ 各段双绞线通过集线器（Hub 的 10Base-T 重发器）互连，利用双绞线最多可以连接 64 个站点到重发器（Repeater）。

④ 10Base-T 重发器可以利用收发器电缆连到以太网同轴电缆上。

2. 同轴电缆

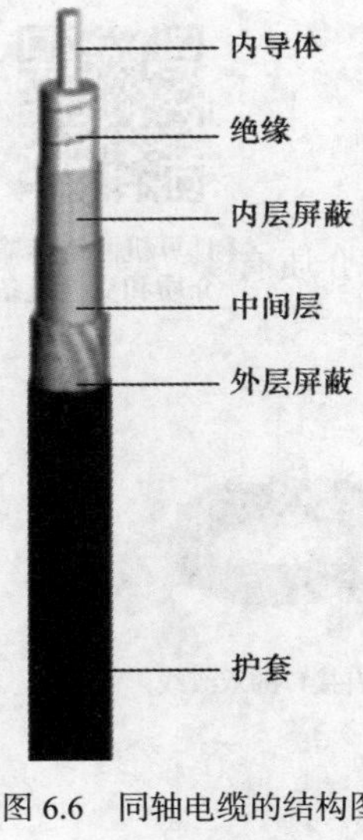

广泛使用的同轴电缆（Coaxial Cable）有两种：一种为 50Ω（指沿电缆导体各点的电磁电压对电流之比）同轴电缆，用于数字信号的传输，即基带同轴电缆；另一种为 75Ω 同轴电缆，用于宽带模拟信号的传输，即宽带同轴电缆。同轴电缆以单根铜导线为内芯，外裹一层绝缘材料，外覆密集网状全封闭导体的金属屏蔽层，最外面是一层保护性塑料，如图 6.6 所示。金属屏蔽层能将中心导体产生的磁场反射回中心导体，同时也使中心导体免受外界干扰，故同轴电缆比双绞线具有更高的带宽和更好的噪声抑制特性。

现行以太网同轴电缆的接法有两种：直径为 0.4cm 的 RG-11 粗缆采用凿孔接头接法；直径为 0.2cm 的 RG-58 细缆采用 T 型头接法。粗缆要符合 10Base-5 介质标准，使用时需要一个外接收发器和收发器接口，单根最大标准长度为 500m，可靠性强，最多可接 100 台计算机，两台计算机的最小间距为 2.5m。细缆按 10Base-2 介质标准直接连到网卡的 T 型头连接器（即 BNC 连接器）上，单段最大长度为 185m，最多可接 30 个计算机，两个计算机的最小间距为 0.5m。

内导体
绝缘
内层屏蔽
中间层
外层屏蔽
护套

图 6.6　同轴电缆的结构图

3. 光纤

光纤（Fiber Optic）是软而细的、利用内部全反射原理来传导光束的传输介质，有单模和多模之分。单模光纤多用于通信业，多模光纤多用于网络布线系统。

光缆一般为圆柱状，由多个光纤、保护套、中心加强件、填充物等组成，如图 6.7 所示，每根光纤往往也是由 3 个同心部分组成——纤芯、包层和护套。通常每路光纤包括两根，一根负责接收，另一根负责发送。用光纤作为网络介质的 LAN 技术主要是光纤分布式数据接口（Fiber-optic Data Distributed Interface，FDDI）。与同轴电缆比较，光纤可提供极宽的频带且功率损耗小，传输距离长（2km 以上）、传输率高（可达数千 Mbit/s）、抗干扰性强（不会受到电子监听），是构建安全性网络的理想选择。

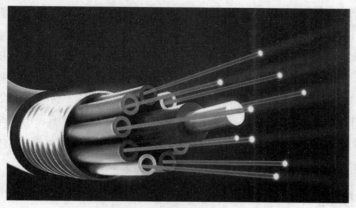

图 6.7　光缆的结构图

4. 微波传输和卫星传输

这两种传输都属于无线通信，传输方式均以电磁波为传输介质，以电磁波为传输载体，联网方式较为灵活，适合应用在不易布线、覆盖面积大的地方。通过一些硬件的支持，可实现点对点或点对多点的数据、语音通信，通信方式分别如图 6.8 和图 6.9 所示。

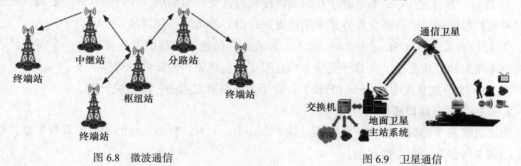

图 6.8　微波通信　　　　　　　　　　　　　图 6.9　卫星通信

6.2.2　网卡

网卡也称网络适配器或网络接口卡（Network Interface Card，NIC），在局域网中用于将用户计算机与网络相连，大多数局域网采用以太网卡，如 NE2000 网卡、PCMCIA 卡等。

网卡是一块插入计算机 I/O 槽中，用来发出和接收不同的信息帧、计算帧检验序列、执行编码译码转换等以实现计算机通信的集成电路卡。它主要完成以下功能。

① 读入由其他网络设备（路由器、交换机、集线器或其他网卡）传输过来的数据包（一般是帧的形式），经过拆包，将其变成客户机或服务器可以识别的数据，通过主板上的总线将数据传输到所需 PC 设备中（CPU、内存或硬盘）。

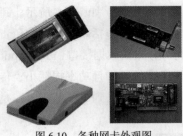

图 6.10 各种网卡外观图

② 将 PC 设备发送的数据，打包后输送至其他网络设备中。网卡按照总线类型可分为 ISA 网卡、EISA 网卡、PCI 网卡等，如图 6.10 所示。其中，ISA 网卡的数据传送以 16 位进行，EISA 网卡和 PCI 网卡的数据传送量为 32 位，速度较快。

网卡有 16 位与 32 位之分，16 位网卡的代表产品是 NE2000，市面上非常流行其兼容产品，一般用于工作站；32 位网卡的代表产品是 NE3200，一般用于服务器，市面上也有兼容产品出售。

网卡的接口大小不一，其旁边还有红、绿两个小灯。网卡的接口有 3 种规格：粗同轴电缆接口（AUI 接口）、细同轴电缆接口（BNC 接口）和无屏蔽双绞线接口（RJ-45 接口）。一般的网卡仅有一种接口，但也有两种甚至 3 种接口的，称为二合一或三合一卡。红、绿两个小灯是网卡的工作指示灯，红灯亮时表示正在发送或接收数据，绿灯亮时则表示网络连接正常，否则就不正常。值得说明的是，倘若连接两台计算机线路的长度大于规定长度（双绞线为 100 m，细同轴电缆是 185 m），即使连接正常，绿灯也不会亮。

6.2.3 交换机

交换机可以根据数据链路层的信息作出帧转发决策，同时构造自己的转发表。交换机运行在数据链路层，可以访问 MAC 地址，并将帧转发至该地址。交换机的出现，导致了网络带宽的增加。

1. 数据交换的 3 种方式

① 直通交换方式（Cut-through）：封装数据包进入交换引擎后，在规定时间内丢到背板总线上，再送到目的端口，这种交换方式交换速度快，但容易出现丢包现象。

② 存储转发方式（Store & Forward）：封装数据包进入交换引擎后被存在一个缓冲区，由交换引擎转发到背板总线上，这种交换方式克服了丢包现象，但降低了交换速度。

③ 无碎片转发方式（Fragment Free）：介于上述两者之间的一种解决方案。

2. 背板带宽与端口速率

交换机将每个端口都挂在一条背板总线（Core Bus）上，背板总线的带宽即背板带宽，端口速率即端口每秒吞吐多少数据包。

3. 模块化与固定配置

交换机从设计理念上讲只有两种，一种是机箱式交换机（也称为模块化交换机），另一种是独立式固定配置交换机。

机箱式交换机最大的特色就是具有很强的可扩展性，它能提供一系列扩展模块，如吉比特以太网模块、FDDI 模块、ATM 模块、快速以太网模块、令牌环模块等，所以能够将具有不同协议、不同拓扑结构的网络连接起来。它最大的缺点就是价格昂贵。机箱式交换机一般作为骨干交换机来使用。

图 6.11 固定配置交换机

固定配置交换机，一般具有固定端口的配置，如图 6.11 所示。固定配置交换机的可扩展性不如机箱式交换机，但是成本低得多。

6.2.4　路由器

路由器（Router）是工作在 OSI/RM 第 3 层（网络层）上，具有连接不同类型网络的能力并能够选择数据传送路径的网络设备，如图 6.12 所示。路由器有 3 个特征：工作在网络层上；能连接不同类型的网络；具有路径选择能力。

图 6.12　几种路由器

1. 路由器工作在网络层上

路由器是第 3 层网络设备，这样说比较难以理解，为此先介绍一下集线器和交换机。集线器工作在第 1 层（即物理层），它没有智能处理能力，对它来说，数据只是电流而已，当一个端口的电流传到集线器中时，它只是简单地将电流传送到其他端口，至于其他端口连接的计算机接收不接收这些数据，它就不管了。交换机工作在第 2 层（即数据链路层），它要比集线器智能一些，对它来说，网络上的数据就是 MAC 地址的集合，它能分辨出帧中的源 MAC 地址和目的 MAC 地址，因此可以在任意两个端口之间建立联系，但是交换机并不知道 IP 地址，它只知道 MAC 地址。路由器工作在第 3 层（即网络层），它比交换机还要"聪明"一些，它能理解数据中的 IP 地址，如果它接收到一个数据包，就会检查其中的 IP 地址，如果目标地址是本地网络的就不理会，如果是其他网络的，就将数据包转发出本地网络。

2. 路由器能连接不同类型的网络

常见的集线器和交换机一般都是用于连接以太网的，但是如果将两种网络类型连接起来，如以太网与 ATM 网，集线器和交换机就派不上用场了。路由器能够连接不同类型的局域网和广域网，如以太网、ATM 网、FDDI 网、令牌环网等。不同类型的网络传送的数据单元——帧（Frame）的格式和大小是不同的，就像公路运输是以汽车为单位装载货物的，而铁路运输是以车皮为单位装载货物的一样，从汽车运输改为铁路运输，必须把货物从汽车上挪到火车车皮上，网络中的数据也是如此，数据从一种类型的网络传输至另一种类型的网络，必须进行帧格式转换。路由器就具有这种能力，而交换机和集线器都没有。实际上，我们所说的"互联网"，就是由各种路由器连接起来的，因为互联网上存在各种不同类型的网络，集线器和交换机根本不能胜任这个任务，所以必须由路由器来担当这个角色。

3. 路由器具有路径选择能力

在互联网中，从一个节点到另一个节点，可能有许多路径，路由器可以选择通畅快捷的近路，会大大提高通信速度，减轻网络系统通信负荷，节约网络系统资源，这是集线器和交换机所不具备的性能。

6.3　计算机局域网

6.3.1　局域网概述

自 20 世纪 70 年代末以来，微型计算机由于价格不断下降而获得了日益广泛的使用，这就促使计算机局域网技术得到了飞速发展，并在计算机网络中占有非常重要的地位。

1. 局域网的特点

局域网最主要的特点是，网络为一个单位所拥有，并且地理范围和站点数目均有限。在局域网刚刚出现时，局域网比广域网具有较高的数据率、较低的时延和较小的误码率。但随着光纤技术在广域网中普遍使用，现在广域网也具有很高的数据率和很低的误码率。

一个工作在多用户系统下的小型计算机，也基本上可以完成局域网所能做的工作，二者相比，局域网具有以下一些主要优点。

① 能方便地共享昂贵的外部设备、主机以及软件、数据，从一个站点可访问全网。

② 便于系统的扩展和逐渐演变，各设备的位置可灵活调整和改变。

③ 提高了系统的可靠性、可用性和残存性。

2. 局域网拓扑结构

计算机网络
的拓扑结构

网络拓扑结构是指一个网络中各个节点之间互连的几何形状。任意一种局域网的访问控制方式都规定了它们各自的网络拓扑结构，局域网的网络拓扑结构通常分为 3 种：总线型拓扑结构、星形拓扑结构和环形拓扑结构。

以太网（Ethernet）是采用总线型拓扑结构的典型产品，随着 10Base-T 的推出，以太网也可以按照星形拓扑结构组网，而且可以通过集线器（Hub）将总线型拓扑结构和星形拓扑结构混合，连接在同一网络中。令牌环（Token Ring）网和 FDDI 网都是采用环形拓扑结构的典型产品。通常，每种局域网的网络拓扑结构都有其对应的局域网介质访问控制协议，每种局域网产品，都有具体的网络拓扑规则及每段最大电缆长度、每段可容纳的最大站点数量、网络的最大电缆长度等。

（1）总线型拓扑结构。

总线型拓扑结构的所有节点都通过相应硬件接口连接到一条无源公共总线上，任意一个节点发出的信息都可沿着总线传输，并被总线上其他任意一个节点接收。它的传输方向是从发送点向两端扩散传送，是一种广播式结构。在局域网中，采用 CSMA/CD 方式传输数据。每个节点的网卡上有一个收发器，当发送节点发送的目的地址与某一节点的接口地址相符时，该节点即接收该信息。总线型拓扑结构的优点是安装简单，易于扩充，可靠性高，一个节点损坏不会影响整个网络工作；缺点是一次仅能一个端用户发送数据，其他端用户必须等到获得发送权，才能发送数据，介质访问获取机制较复杂。总线型拓扑结构如图 6.13 所示。

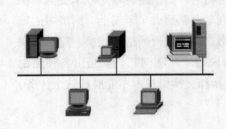

图 6.13　总线型拓扑结构示意图

（2）星形拓扑结构。

星形拓扑结构也称为辐射网，它将一个点作为中心节点，该点与其他节点均有线路连接。具有 N 个节点的星形网至少需要 N−1 条传输链路。星形拓扑结构网络的中心节点就是转接交换中心，其余 N−1 个节点之间相互通信都要经过中心节点来转接。中心节点可以是主机或集线器。因而核心节点的设备的交换能力和可靠性会影响该网络内所有用户。星形拓扑结构的优点是：利用中心节点可以方便地提供服务和重新配置网络；单个连接点的故障只影响一个设备，不会影响全网，容易检测和隔离故障，便于维护；任何一个连接只涉及中心节点和一个站点，因此介质访问控制的方法很简单，从而访问协议也十分简单。星形拓扑结构的缺点是：每个站点直接与中心节点相连，需要大量电缆，因此费用较高；如果中心节点产生故障，则全网不能工作，所以对中心节点的可靠性和冗余度要求很高，中心节点通常采用双机热备份来提高系统的可靠性。星形拓扑结构示意如图 6.14 所示。

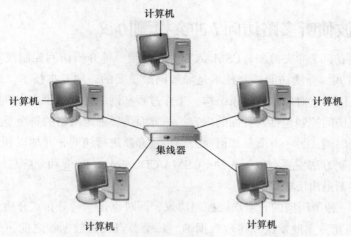

图 6.14　星形拓扑结构示意图

（3）环形拓扑结构。

环形拓扑结构中的各节点通过有源接口连接在一条闭合的环形通信线路中，是点对点结构。环形拓扑结构中每个节点发送的数据流按环路设计的流向流动。为了提高可靠性，可采用双环或多环等冗余措施。目前的环形拓扑结构中，采用了一种多站访问部件（Multistation Access Unit，MAU），当某个节点发生故障时，可以自动旁路，隔离故障点，这也使可靠性得到了提高。环形拓扑结构的优点是实时性好，信息吞吐量大，网的周长可达 200km，节点可达几百个。但因环路是封闭的，所以扩充不便。IBM 于 1985 年率先推出令牌环网，目前的 FDDI 网就使用这种双环结构。环形拓扑结构示意如图 6.15 所示。

3. 局域网参考模型

1982 年 2 月，电气和电子工程师协会（Institute of Electrical and Electronics Engineers，IEEE）成立了 IEEE 802 委员会，之后该委员会制定了一系列的局域网标准，称为 IEEE 802 标准。1983 年，该标准被美国国家标准协会（American National Standards Institute，ANSI）接收为美国国家标准。1984 年 3 月，ISO 将该标准作为国际标准。

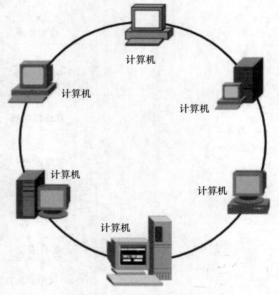

图 6.15　环形拓扑结构示意图

按照 IEEE 802 标准，局域网体系结构由物理层、介质访问控制（Medium Access Control，MAC）子层和逻辑链路控制（Logical Link Control，LLC）子层组成。

在局域网中采用了两级寻址，用 MAC 地址标识局域网的一个站，LLC 子层提供了服务访问点（Service Accessing Point，SAP）地址，SAP 指定了运行在一台计算机或网络设备上的一个或多个应用进程地址。

6.3.2　载波侦听多路访问 / 冲突检测协议

载波侦听多路访问 / 冲突检测（CSMA/CD）协议是一种介质访问控制技术，也就是计算机访问网络的控制方式。介质访问控制技术是局域网最重要的一项基本技术，也是网络设计和组成的最根本问题，因为它对局域网体系结构、工作过程和网络性能产生决定性的影响。

局域网的介质访问控制包括两方面的内容：一方面是要确定网络的每个节点能够将信息发送到介质上去的特定时刻；另一方面是如何对公用传输介质进行访问，并加以利用和控制。常用的局域网介质访问控制方法主要有以下 3 种：CSMA/CD、Token Ring 和令牌总线（Token Bus）。后两种现在已经逐渐退出历史舞台。

CSMA/CD 是一种争用型的介质访问控制协议，同时也是一种分布式介质访问控制协议。网内的所有节点都相互独立地发送和接收数据帧。每个节点发送数据帧之前，先要对网络进行载波侦听，如果网络上有其他节点正在进行数据传输，则该节点推迟发送数据，继续进行载波侦听，直到发现介质空闲，才允许发送数据。如果两个或者两个以上节点同时检测到介质空闲并发送数据，则发生冲突。在 CSMA/CD 中，采取一边发送一边侦听的方法对数据进行冲突检测。如果发现冲突，将会立即停止发送，并向介质上发出一串阻塞脉冲信号来加强冲突，以便让其他节点都知道已经发生冲突。冲突发生后，要发送信号的节点将随机延时一段时间，再重新争用介质，直到发送成功。CSMA/CD 发送数据帧的工作原理如图 6.16 所示。

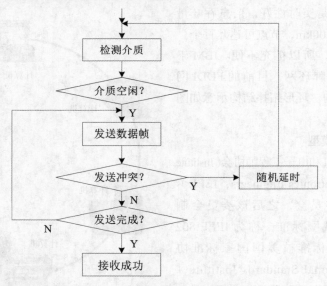

图 6.16　CSMA/CD 发送数据帧的工作原理

6.3.3　以太网

以太网又叫作 IEEE 802.3 标准网络。以太网最初由美国施乐（Xerox）公司研制成功，当时的传输速率只有 2.94Mbit/s。1981 年，施乐公司与数字设备公司（DEC）及英特尔公司（Intel）

合作，联合提出了以太网的规约 DIX Ethernet。后来以太网的标准由 IEEE 来制定，DIX Ethernet 就成了 IEEE 802.3 协议标准的基础。IEEE 802.3 标准是 IEEE 802 系列中的一个标准，由于是从 DIX Ethernet 标准演变而来，通常又叫作以太网标准。

作为传输介质的以太网叫作 10Base-T 使用双绞线。10Base-T 网络中引入 Hub，网络采用树形拓扑或总线型和星形混合拓扑。这种结构具有良好的故障隔离功能，当网络上任一线路或某工作站点出现故障时，均不影响网络上的其他站点，使得网络更加易于维护。

随着数据业务的增加，10 Mbit/s 网络已经不能满足业务需求。1993 年诞生了快速以太网 100Base-T，在 IEEE 标准里为 IEEE 802.3u。快速以太网的出现大大提升了网络速度，再加上快速以太网设备的价格低廉，所以很快就成为局域网的主流。快速以太网从传统以太网上发展起来，保持了相同的数据格式，也保留了 CSMA/CD 介质访问控制方式。目前，正式的 100Base-T 标准定义了 3 种物理规范以支持不同介质：100Base-T 用于使用两对线的双绞线电缆，100Base-T4 用于使用四对线的双绞线电缆，100Base-FX 用于光纤。

吉比特以太网是 IEEE 802.3 标准的扩展，在保持与以太网和快速以太网设备兼容的同时，提供 1000Mbit/s 的数据带宽。IEEE 802.3 工作组建立了 IEEE 802.3z 以太网小组来建立吉比特以太网标准。吉比特以太网继续沿袭了以太网和快速以太网的主要技术，并在线路工作方式上进行了改进，提供了全新的全双工工作方式。吉比特以太网可支持双绞线电缆、多模光纤、单模光纤等介质。目前吉比特以太网设备已经普及，主要被用在网络的骨干部分。

10 吉比特以太网技术的研究开始于 1999 年底。2002 年 6 月，IEEE 802.3ae 标准正式发布。目前支持 $9\mu m$ 单模、$50\mu m$ 多模和 $62.5\mu m$ 多模 3 种光纤。在物理层上，主要分为两种类型，一种为可与传统以太网实现连接速率为 10GMbit/s 的局域网物理层（LAN PHY），另一种为可连接光同步数字传输网（SONET/SDH）、速率为 9.58464Gbit/s 的广域网物理层（WAN PHY）。两种物理层连接设备都可使用 10GBase-S（850nm 短波）、10GBase-L（1310nm 长波）、10GBase-E（1550nm 长波）3 种规格，最大传输距离分别为 300m、10km、40km。另外，LAN PHY 还包括一种可以使用密集型光波复用（Dense Wavelength Division Multiplexing，DWDM）技术的 10GBase-LX4 规格。WAN PHY 与 SONET OC-192 帧结构融合，可与 OC-192 电路、SONET/SDH 设备一起运行，可保护传统基础投资，使运营商能够在不同地区通过城域网提供端到端以太网。

6.4　Internet 的基本技术与应用

6.4.1　Internet 概述

1. 什么是 Internet

因特网技术
与应用

Internet 是一个全球性的"互联网"，中文名称为"因特网"。它并非一个具有独立形态的网络，而是将分布在世界各地的、类型各异的、规模大小不一的、数量众多的计算机网络互连在一起而形成的网络集合体，已成为当今最大的和最流行的国际性网络。

Internet 采用 TCP/IP 作为共同的通信协议，将世界范围内，许许多多计算机网络连接在一起，只要与 Internet 相连，就能利用这些网络资源，还能以各种方式和其他 Internet 用户交流信息。但 Internet 又远远超出一个提供丰富信息服务机构的范畴，它更像一个面对公众的自由松散的社会团体，一方面有许多人通过 Internet 进行信息交流和资源共享，另一方面又有许多人和机构资源将时间和精力投入到 Internet 中进行开发、运用和服务。Internet 正逐步深入到社会生活的各个角落，成为生活中不可缺少的部分。网民对 Internet 的正面作用评价很高，认为 Internet 对工作、学习有很大帮助的网民占 93.1%，尤其是娱乐方面，认为 Internet 丰富了网民的娱乐生活的比例高达 94.2%。前 7 类网络应用按照使用率从高到低排序排在前 7 位的依次是：网络音乐、即时通信、网络影视、网络新闻、搜索引擎、网络游戏、电子邮件。Internet 除了上述 7 种用途外，还常用于电子政务、网络购物、网上支付、网上银行、网上求职、网络教育等。

2. Internet 的起源和发展

Internet 是由美国国防部高级研究计划署（Advanced Research Projects Agency，ARPA）于 1969 年 12 月建立的实验性网络 ARPAnet 发展演化而来的。ARPAnet 是全世界第一个包交换网，是一个实验性的计算机网络，用于军事目的。设计要求是支持军事活动，特别是研究如何建立网络才能经受如核战争那样的破坏或其他灾害性破坏，当网络的一部分（某些主机或部分通信线路）受损时，整个网络仍然能够正常工作。与此不同，Internet 用于民用目的，最初它主要是面向科学与教育界的用户，后来才转到其他领域，为一般用户服务，成为非常开放性的网络。ARPAnet 模型为网络设计提供了一种思想：网络的组成成分可能是不可靠的，当从源计算机向目标计算机发送信息时，应该对承担通信任务的计算机而不是对网络本身赋予一种责任——保证把信息完整无误地送达目的地，这种思想始终体现在以后计算机网络通信协议的设计以至 Internet 的发展过程中。

Internet 的真正发展是从 NSFnet 的建立开始的。最初，美国国家自然科学基金会（National Science Foundation，NSF）曾试图用 ARPAnet 作为 NSFnet 的通信干线，但这个决策没有取得成功。20 世纪 80 年代是网络技术取得巨大进展的年代，不仅大量涌现出诸如以太网电缆和工作站组成的局域网，而且奠定了建立大规模广域网的技术基础，正是在这时他们提出了发展 NSFnet 的计划。1988 年底，NSF 把在全国建立的五大超级计算机中心用通信干线连接起来，组成全国科学技术网 NSFnet，并以此作为 Internet 的基础，实现同其他网络的连接。现在，NSFnet 连接了全美国上百万台计算机，拥有几百万用户，是 Internet 最主要的成员网。采用 Internet 的名称是在军用网 MILnet（由 ARPAnet 分离出来）实现和 NSFnet 连接后开始的。此后，其他联邦部门的计算机网相继并入 Internet，如能源科学网（ESnet）、航天技术网（NASAnet）、商业网（COMnet）等。之后，NSF 巨型计算机中心一直肩负着扩展 Internet 的使命。

随着近年来信息高速公路建设的热潮，Internet 在商业领域的应用得到了迅速发展，加之个人计算机的普及，越来越多的个人用户也加入进来。至今，Internet 已开通到全世界大多数国家和地区，据 1995 年年中的估计，有 150 多个国家和地区的 6 万多个网络同 Internet 连接，入网计算机约 450 万台，直接使用 Internet 的用户达 4000 万人，有几千万人在 Internet 上进行信息交流。由于 Internet 还在不断扩大之中，这些统计数字几乎每天都在变更。

3. Internet 在我国的发展

中国作为第 71 个国家级网加入 Internet，1994 年 5 月，以"中科院—北大—清华"为核心的中国国家计算机网络设施（The National Computing and Network Facility Of China，NCFC，国

内也称中关村网）已与 Internet 连通。目前，Internet 已经在我国开放，通过中国公用互联网络（Chinanet）或中国教育科研计算机网（CERnet）都可与 Internet 连通。只要有一台 486 计算机、一部调制解调器和一部国内直拨电话就能与 Internet 相连。

Internet 在中国的发展历程可以大略划分为 3 个阶段。

第一阶段为 1986 年 6 月—1993 年 3 月，是研究试验阶段（E-mail Only）。

在此期间中国一些科研部门和高等院校开始研究 Internet 联网技术，并开展了科研课题和科技合作工作。这个阶段的网络应用仅限于小范围内的电子邮件服务，而且仅为少数高等院校、研究机构提供电子邮件服务。

第二阶段为 1994 年 4 月—1996 年，是起步阶段（Full Function Connection）。

1994 年 4 月，中关村地区教育与科研示范网络工程进入 Internet，实现和 Internet 的 TCP/IP 连接，从而开通了 Internet 全功能服务。从此中国被国际上正式承认为有 Internet 的国家。之后，Chinanet、CERnet、中国科学技术网（CSTnet）、中国金桥信息网（ChinaGBnet）等多个 Internet 网络项目在全国范围相继启动，Internet 开始进入公众生活，并在中国得到了迅速的发展。1996 年底，中国 Internet 用户数已达 20 万，利用 Internet 开展的业务与应用逐步增多。

第三阶段为 1997 年至今，是快速增长阶段。

国内 Internet 用户数自 1997 年以后增长迅速，据中国互联网络信息中心（CNNIC）公布的统计报告显示，截至 2020 年 3 月，我国网络购物用户规模达 7.10 亿。

目前互联网网站规模显现出平稳发展势头，截至 2019 年底，中国网站规模达到 497 万个。国家顶级域名 .CN 的注册量也保持较高数字：2019 年底 .CN 域名注册量达到 341 万个，较 2018 年底增长 4.6%。

4. 信息高速公路与下一代 Internet

"信息高速公路"是由美国于 1994 年提出的，目前各国所关注的"信息高速公路"建设主要是指国家信息基础设施（National Information Infrastructure，NII）和全球信息基础设施（Global Information Infrastructure，GII）的规划和实施。它以高速度、大容量和高精度的声音、数据、文字、图形、影像等交互式多媒体信息服务，来最大幅度和最快速度地改变着我们生活的面貌和方式以及社会的景观和进步。

从技术角度来讲，"信息高速公路"实质是一个多媒体信息交互高速通信的广域网，它可以实现诸如实时电视点播（Video on Demand，VoD）等多媒体通信服务，因此要求传输速率很高。

"信息高速公路"与 Internet 并不是等同的，二者不应混淆。Internet 虽然是一个国际性的广域网，但目前还谈不上"高速"。因此，Internet 与"信息高速公路"之间还相差很远，可以说，Internet 构成了当今信息时代的基础框架，是通向未来"信息高速公路"的基础和雏形。

美国政府在 1993 年提出 NII 之后，1996 年 10 月又提出了下一代 Internet（Next Generation Internet，NGI）初期行动计划，表明要进行第二代 Internet（Internet 2）的研制。

NGI 的主要任务之一是开发、试验先进的组网技术，研究网络的可靠性、多样性、安全性、业务实时能力（如广域分布式计算）、远程操作及远程控制试验设施等问题。研究的重点是网络扩展设计、端到端服务质量（Quality of Service，QoS）和安全性 3 个方面。

中国的 Internet 自 1994 年 4 月 20 日开通，成为正式的国际 Internet 成员以来，得到了非常快速的发展。中国的 Internet 应用，尤其是在科研方面的应用已经到了更上一个台阶的时候，这同美国 Internet 2 的目标十分相似。中国第二代因特网协会（中国 Internet 2）也已成立。该协会纯属学术性组织，将联合众多的大学和研究院，主要以学术交流为主，进行选择并提供正确的发展方向。其工作主要涉及网络环境、网络结构、协议标准以及应用。

6.4.2　Internet 的接入

Internet 是"网络的网络"，它允许用户随意访问任何连入其中的计算机，但如果要访问其他计算机，首先要把计算机系统连接到 Internet 上。

与 Internet 的连接方法大致有 6 种，简单介绍如下。

1. ISDN

综合业务数字网（Integrated Service Digital Network，ISDN）的接入技术俗称"一线通"，它采用数字传输和数字交换技术，将电话、传真、数据、图像等多种业务综合在一个统一的数字网络中进行传输和处理。用户利用一条 ISDN 用户线路，可以在上网的同时拨打电话、收发传真，就像两条电话线一样。ISDN 基本速率接口有两条 64Kbit/s 的信息通路和一条 16Kbit/s 的信令通路，简称 2B+D，当有电话拨入时，它会自动释放一个 B 信道来进行电话接听。

就像普通拨号上网要使用 Modem 一样，用户使用 ISDN 也需要专用的终端设备，主要由网络终端 NT1 和 ISDN 适配器组成。网络终端 NT1 好像有线电视上的用户接入盒一样必不可少，它为 ISDN 适配器提供接口和接入方式。ISDN 适配器和 Modem 一样又分为内置和外置两类，内置的一般称为 ISDN 内置卡或 ISDN 适配卡，外置的 ISDN 适配器则称之为 TA。最初，ISDN 内置卡价格在 300 元 ~ 400 元，而 TA 则在 1000 元左右。

用户采用 ISDN 拨号方式接入需要申请开户，各种测试数据表明，双线上网速度并不能翻番，从发展趋势来看，窄带 ISDN 也不能满足高质量的 VoD 等宽带应用。

2. DDN

数字数据网（Digital Data Network，DDN）是随着数据通信业务发展而迅速发展起来的一种新型网络。DDN 的主干网传输介质有光纤、数字微波、卫星信道等，用户端多使用普通电缆和双绞线。DDN 将数字通信技术、计算机技术、光纤通信技术以及数字交叉连接技术有机地结合在一起，提供了高速度、高质量的通信环境，可以向用户提供点对点、点对多点透明传输的数据专线出租电路，为用户传输数据、图像、声音等信息。DDN 的通信速率可根据用户需要在 N×64Kbit/s（N=1 ~ 32）进行选择，当然速度越快租用费用也越高。DDN 主要面向集团公司等需要综合运用的单位。

3. ADSL

非对称数字用户线路（Asymmetrical Digital Subscriber Line，ADSL）是一种能够通过普通电话线提供宽带数据业务的技术，也是目前极具发展前景的一种接入技术。ADSL 素有"网络快车"之美誉，因其下行速率高、频带宽、性能优、安装方便、不需交纳电话费等特点而深受广大用户喜爱，成为继 Modem、ISDN 之后的又一种全新的高效接入方式。

ADSL 接入方式如图 6.17 所示。ADSL 方案的最大特点是不需要改造信号传输线路，完全可以利用

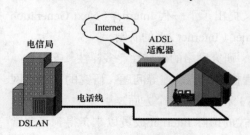

图 6.17　ADSL 接入方式

普通双绞线作为传输介质，配上专用的 Modem 即可实现数据高速传输。ADSL 支持上行速率为 640 Kbit/s ~ 1 Mbit/s，下行速率为 1 Mbit/s ~ 8 Mbit/s，其有效的传输距离在 3km ~ 5km。在 ADSL 接入方案中，每个用户都有单独的一条线路与 ADSL 局端相连，它的结构可以看作是星形结构，数据传输带宽是由每个用户独享的。

4. VDSL

超高速数字用户线路（Very-high-bit-rate Digital Subscriber loop，VDSL）比 ADSL 传输速度还要快。使用 VDSL，短距离内的最大下传速率可达 55 Mbit/s，上传速率可达 2.3 Mbit/s（将来可达 19.2 Mbit/s，甚至更高）。VDSL 使用的传输介质是一对双绞线，有效传输距离可超过 1km。

目前有一种基于以太网方式的 VDSL，接入技术使用正交振幅调制（Quadrature Amplitude Modulation，QAM）方式，它的传输介质也是一对双绞线，在 1.5km 之内能够达到双向对称的 10 Mbit/s 的速率传输，即达到以太网的速率。如果这种技术用于宽带运营商社区的接入，可以大大降低成本。方案是在机房增加 VDSL 交换机，在用户端放置客户前置设备（Customer Premise Equipment，CPE），二者之间通过室外 5 类线连接，每栋楼只放置一个 CPE，而室内部分采用综合布线方案。这样做的原因是：近两年宽带建设带动社区用户上网率的提升并不明显，一般在 5% ~ 10%，为了节省接入设备和提高端口利用率，故采用此方案。

5. 光纤入户

无源光网络（Passive Optical Network，PON）技术是一种点对多点的光纤传输和接入技术，下行采用广播方式，上行采用时分多址方式，可以灵活地组成树形、星形、总线型等拓扑结构，在光分支点不需要节点设备，只需要安装一个简单的光分支器即可，具有节省光缆资源、带宽资源共享、节省机房投资、设备安全性高、建网速度快、综合建网成本低等优点。

6. 无线接入

伴随着 3G、4G、5G 技术的不断成熟和发展，在一些不便于有线接入或有线接入成本过高的地方，可以通过无线接入的形式实现网络连接。

随着 Internet 的爆炸式发展，在 Internet 上的商业应用和多媒体等服务也得以迅猛推广，宽带网络一直被认为是构成信息社会最基本的基础设施。要享受 Internet 上的各种服务，用户必须以某种方式接入网络。为了实现用户接入 Internet 的数字化、宽带化，提高用户上网速度，光纤到户、5G 接入是用户网今后发展的必然方向。

6.4.3　IP 地址与 MAC 地址

1. 网络 IP 地址

由于网际互连技术是将不同物理网络技术统一起来的高层软件技术，因此在统一的过程中，首先要解决的就是地址的统一问题。

TCP/IP 对物理地址的统一是通过上层软件完成的，确切地说，是在网际层中完成的。IP 提供一种在 Internet 中通用的地址格式，并在统一管理下进行地址分配，保证一个地址对应网络中的一台主机，这样物理地址的差异被网际层屏蔽。网际层所用到的地址就是经常所说的 IP 地址。

IP 地址是一种层次型地址，携带关于对象位置的信息。它所要处理的对象比广域网要庞杂得多，无结构的地址是不能担此重任的。Internet 在概念上分 3 个层次，

IP 协议和
IP 地址

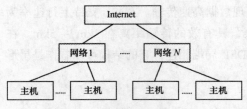

图 6.18 Internet 在概念上的 3 个层次

如图 6.18 所示。

IP 地址正是对上述结构的反映，Internet 由许多网络组成，每一网络中有许多主机，因此必须分别为网络主机加以标识，以示区别。这种地址模式明显地携带位置信息，给出一台主机的 IP 地址，就可以知道它位于哪个网络。

IP 地址是一个 32 位的二进制数，是将计算机连接到 Internet 的网际协议地址，它是 Internet 主机的一种数字型标识，一般用以小数点隔开的十进制数表示，如 166.160.66.119，而实际上并非如此。IP 地址由网络标识（NetID）和主机标识（HostID）两部分组成，网络标识用来区分 Internet 上互连的各个网络，主机标识用来区分同一网络上的不同计算机（即主机）。

IP 地址由 4 部分数字组成，每部分都不大于 256，各部分之间用小数点分开。例如，某 IP 地址的二进制表示为

11001010　11000100　00000100　01101010

则其十进制表示为 202.196.4.106。

IP 地址通常分为以下 3 类。

① A 类：IP 地址的前 8 位为网络号，其中第 1 位为 "0"，后 24 位为主机号，其有效范围为 1.0.0.1~126.255.255.254。此类地址的网络全世界仅可有 126 个，每个网络可连接

$$2^8 \times 2^8 \times (2^8-2)=16777214 \text{ 个}$$

主机节点，所以通常供大型网络使用。

② B 类：IP 地址的前 16 位为网络号，其中第 1 位为 "1"，第 2 位为 "0"，后 16 位为主机号，其有效范围为 126.0.0.1~191.255.255.254。该类地址的网络全球共有

$$2^6 \times 2^8=16384 \text{ 个}$$

每个网络可连接的主机数为

$$2^8 \times (2^8-2)=65024 \text{ 个}$$

所以通常供中型网络使用。

③ C 类：IP 地址的前 24 位为网络号，其中第 1 位为 "1"，第 2 位为 "1"，第 3 位为 "0"，后 8 位为主机号，其有效范围为 192.0.0.1~222.255.255.254。该类地址的网络全球共有

$$2^5 \times 2^8 \times 2^8=2097152 \text{ 个}$$

每个网络可连接的主机数为 254 台，所以通常供小型网络使用。

2. 子网掩码

从 IP 地址的结构中可知，IP 地址由网络地址和主机地址两部分组成。这样 IP 地址中具有相同网络地址的主机应该位于同一网络内，而同一网络内的所有主机的 IP 地址中网络地址部分也应该相同。不论是在 A、B 或 C 类网络中，具有相同网络地址的所有主机构成了一个网络。

通常一个网络本身并不只是一个大的局域网，它可能是由许多小的局域网组成。因此，为了维持原有局域网的划分，便于网络的管理，允许将 A、B 或 C 类网络进一步划分成若干个相对独立的子网。A、B 或 C 类网络通过 IP 地址中的网络地址部分来区分。在划分子网时，将网络地址部分进行扩展，占用主机地址的部分数据位。在子网中，为识别其网络地址与主机地址，引出一个新的概念：子网掩码（Subnet Mask）或网络屏蔽字（NetMask）。

子网掩码的长度也是 32 位，其表示方法与 IP 地址的表示方法一致。其特点是：它的 32 位二进制数码可以分为两部分，第一部分全部为"1"，而第二部分则全部为"0"。子网掩码的作用在于，利用它来区分 IP 地址中的网络地址与主机地址。其操作过程为：将 32 位的 IP 地址与子网掩码进行二进制的逻辑与操作，得到的便是网络地址。例如，IP 地址为 166.111.80.16，子网掩码为 255.255.126.0，则该 IP 地址所属的网络地址为 166.111.0.0，而 IP 地址为 166.111.129.32，子网掩码为 255.255.126.0，则该 IP 地址所属的网络地址为 166.111.126.0，原本为一个 B 类网络的两种主机被划分为两个子网。由 A、B 以及 C 类网络的定义中可知，它们具有默认的子网掩码。A 类地址的子网掩码为 255.0.0.0，B 类地址的子网掩码为 255.255.0.0，而 C 类地址的子网掩码为 255.255.255.0。

这样，便可以利用子网掩码来进行子网的划分。例如，某单位拥有一个 B 类网络地址 166.111.0.0，其默认的子网掩码为 255.255.0.0。如果需要将其划分成为 256 个子网，则应该将子网掩码设置为 255.255.255.0。于是，就产生了从 166.111.0.0 到 166.111.255.0 总共 256 个子网地址，而每个子网最多只能包含 254 台主机。此时，便可以为每个部门分配一个子网地址。

子网掩码通常用来进行子网的划分，它还有另外一个用途，即进行网络的合并，这一点对于新申请 IP 地址的单位很有用处。由于 IP 地址资源的匮乏，如今 A、B 类地址已分配完，即使具有较大的网络规模，所能够申请到的也只是若干个 C 类地址（通常会是连续的）。当用户需要将这几个连续的 C 类地址合并为一个网络时，就需要用到子网掩码。例如，某单位申请到连续 4 个 C 类网络合并成为一个网络，可以将子网掩码设置为 255.255.252.0。

3. IP 地址的申请组织及获取方法

IP 地址必须由国际组织统一分配。分配 IP 地址的组织分 A、B、C、D、E 共 5 类，A 类分配最高级 IP 地址。

① 分配最高级 IP 地址的国际组织—NIC。

国际网络信息中心（Network Information Center，NIC）负责分配 A 类 IP 地址、授权分配 B 类 IP 地址的组织——自治区系统、有权重新刷新 IP 地址。

② 分配 B 类 IP 地址的国际组织——InterNIC、APNIC 和 ENIC。

目前全世界有 3 个自治区系统组织：ENIC 负责欧洲地区的 IP 地址的分配工作，InterNIC 负责北美地区，APNIC 负责亚太地区（设在日本东京大学）。我国属 APNIC，被分配 B 类地址。

③ 分配 C 类地址：由各国和地区的网管中心负责分配。

4. MAC 地址

在局域网中，硬件地址又称为物理地址或 MAC 地址（因为这种地址用在 MAC 帧中）。

在所有计算机系统的设计中，标识系统（Identification System）是一个核心问题。在标识系统中，地址就是为识别某个系统的一个非常重要的标识符。

严格地说，名字应当与系统的所在地无关。这就像每一个人的名字一样，不随所处的地点而改变。但是 802 标准为局域网规定了一种 48bit 的全球地址（一般都简称为"地址"），是指局域网上的每台计算机所插入的网卡上固化在 ROM 中的地址。

假定连接在局域网上的一台计算机的网卡坏了而更换了一个新的网卡，那么这台计算机的局域网的"地址"也就改变了，虽然这台计算机的地理位置一点也没变化，所接入的局域网也没有任何改变。

假定将位于南京的某局域网上的一台笔记本电脑转移到北京,并连接在北京的某局域网。虽然这台笔记本电脑的地理位置改变了,但只要笔记本电脑中的网卡不变,那么该笔记本电脑在北京的局域网中的"地址"仍然和它在南京的局域网中的"地址"一样。

现在 IEEE 的注册管理委员会(Registration Authority Committee,RAC)是局域网全球地址的法定管理机构,它负责分配地址字段的 6 个字节中的前 3 个字节(即高位 24bit)。世界上凡要生产局域网网卡的厂家都必须向 IEEE 购买由这 3 个字节构成的一个号(即地址块),这个号的正式名称是机构唯一标识符(Organizationally Unique Identifier,OUI),通常也叫作公司标识符(Company-Identifier)。例如,3Com 公司生产的网卡的 MAC 地址的前 6 个字节是 02-60-8C;地址字段中的后 3 个字节(即低位 24bit)则是由厂家自行指派,称为扩展标识符(Extended Identifier),只要保证生产出的网卡没有重复地址即可。可见用一个地址块可以生成 224 个不同的地址。用这种方式得到的 48bit 地址称为 MAC-48,它的通用名称是 EUL-48。这里 EUI 表示扩展的唯一标识符(Extended Unique Identifier)。EUI-48 的使用范围更广,不限于硬件地址,如用于软件接口。但应注意,24bit 的 OUI 不能够单独用来标志一个公司,因为一个公司可能有几个 OUI,也可能有几个小公司合起来购买一个 OUI。在生产网卡时这种 6 字节的 MAC 地址已被固化在网卡的只读存储器(ROM)中。因此,MAC 地址也常常叫作硬件地址(Hardware Address)或物理地址。可见"MAC 地址"实际上就是网卡地址或网卡标识符 EUI-48。当这块网卡插入到某台计算机后,网卡上的标识符 EUI-48 就成为这台计算机的 MAC 地址了。

5. IPv6

IP 是 Internet 的核心协议。现在使用的 IP(即 IPv4)是在 20 世纪 70 年代末期设计的,无论从计算机本身发展还是从 Internet 规模和网络传输速率来看,现在 IPv4 已很不适用了。这里最主要的问题就是 32bit 的 IP 地址不够用。

要解决 IP 地址耗尽的问题,可以采用以下 3 个措施。

① 采用无分类编址(Classless Inter-Domain Routing,CIDR),使 IP 地址的分配更加合理。

② 采用网络地址转换(Network Address Translation,NAT)方法,可节省许多全球 IP 地址。

③ 采用具有更大地址空间的新版本的 IP,即 IPv6。

尽管上述前两项措施的采用使得 IP 地址耗尽的日期退后了不少,但并不能从根本上解决 IP 地址即将耗尽的问题。因此,治本的方法应当是上述的第③种方法。

及早开始过渡到 IPv6 的好处是:有更多的时间来规划平滑过渡;有更多的时间培养 IPv6 的专门人才;及早提供 IPv6 服务比较便宜。因此,现在有些互联网服务提供商(Internet Service Provider,ISP)已经开始进行 IPv6 的过渡。

IETF 早在 1992 年 6 月就提出要制订下一代的 IP(IP Next Generation,IPng)。IPng 现在正式称为 IPv6。1998 年 12 月发表的"RFC 2460-2463"已成为 Internet 草案标准协议。应当指出,换一个新版的 IP 并非易事。世界上许多团体都从 Internet 的发展中看到了机遇,因此在新标准的制订过程中出于自身的经济利益而产生了激烈的争论。

IPv6 仍支持无连接的传送,但将协议数据单元(Protocol Data Unit,PDU)称为分组,而不是 IPv4 的数据报。为方便起见,本书仍采用数据报这一名词。

IPv6 所引进的主要变化如下。

① 更大的地址空间。IPv6 将地址从 IPv4 的 32bit 增大到了 128bit,使地址空间增大了 2^{96} 倍。

这样大的地址空间在可预见的将来是不会用完的。

②扩展的地址层次结构。IPv6 由于地址空间很大，因此可以划分为更多的层次。

③灵活的首部格式。IPv6 数据报的首部和 IPv4 的并不兼容。IPv6 定义了许多可选的扩展首部，不仅可提供比 IPv4 更多的功能，而且可提高路由器的处理效率，这是因为路由器对扩展首部不进行处理。

④改进的选项。IPv6 允许数据报包含有选项的控制信息，因而可以包含一些新的选项，而 IPv4 所规定的选项是固定不变的。

⑤允许协议继续扩充。这一点很重要，因为技术总是在不断地发展的（如网络硬件的更新），而新的应用也还会出现，但 IPv4 的功能是固定不变的。

⑥支持即插即用（即自动配置）。

⑦支持资源的预分配。IPv6 支持实时视像等要求保证一定的带宽和时延的应用。

IPv6 将首部长度变为固定的 40bit，称为基本首部（Base Header）。将不必要的功能取消了，首部的字段数减少到只有 8 个（虽然首部长度增大一倍）。此外，还取消了首部的检验和字段（考虑到数据链路层和运输层都有差错检验功能）。这样就加快了路由器处理数据报的速度。

IPv6 数据报在基本首部的后面允许有零个或多个扩展首部（Extension Header），再后面是数据。但请注意，所有的扩展首部都不属于数据报的首部。所有的扩展首部和数据合起来叫作数据报的有效载荷（Payload）或净负荷。

6. IPv6 地址及其表示方案

IPv6 地址有 3 类：单播、组播和泛播地址。单播和组播地址与 IPv4 的地址非常类似，但 IPv6 中不再支持 IPv4 中的广播地址（IPv6 对此的解决办法是使用一个"所有节点"组播地址来替代那些必须使用广播的情况，同时，对那些原来使用了广播地址的场合，则使用一些更加有限的组播地址），而增加了一个泛播地址。本节介绍的是 IPv6 的寻址模型、地址类型、地址表达方式以及地址中的特例。

一个 IPv6 的 IP 地址由 8 个地址节组成，每节包含 16 个地址位，以 4 个十六进制数书写，节与节之间用冒号分隔。IPv6 地址的基本表达方式是 X:X:X:X:X:X:X:X，其中 X 是一个 4 位十六进制整数（16 位）。每一个数字包含 4 位，每个整数包含 4 个数字，每个地址包括 8 个整数，共计 128 位（4 × 4 × 8 = 128）。请注意这些整数是十六进制整数，其中 A ~ F 表示的是 10 ~ 15。地址中的每个整数都必须表示出来，但起始的 0 可以不必表示。

这是一种比较标准的 IPv6 地址表达方式，此外还有另外两种更加清楚和易于使用的方式。某些 IPv6 地址中可能包含一长串的 0，当出现这种情况时，标准中允许用"空隙"来表示这一长串的 0。例如，地址 2000:0:0:0:0:0:0:1 可以被表示为 2000::1。这两个冒号表示该地址可以扩展到一个完整的 128 位地址。在这种方法中，只有当 16 位组全部为 0 时才会被两个冒号取代，且两个冒号在地址中只能出现一次。

在 IPv4 和 IPv6 的混合环境中可能有第 3 种方法。IPv6 地址中的最低 32 位可以用于表示 IPv4 地址，该地址可按照一种混合方式表达，即 X:X:X:X:X:X:d.d.d.d，其中 X 表示一个 16 位整数，而 d 表示一个 8 位十进制整数。例如，地址 0:0:0:0:0:0:10.0.0.1 就是一个合法的 IPv4 地址。把两种可能的表达方式组合在一起，该地址也可以表示为 ::10.0.0.1。

7. IPv4 向 IPv6 的过渡

由于现在整个 Internet 上使用 IPv4 的路由器的数量太大，因此，"规定一个日期，从这一天起所有的路由器一律都改用 IPv6"，显然是不可行的。这样，向 IPv6 过渡只能采用逐步演进的办法，同时，还必须使新安装的 IPv6 系统能够向后兼容。这就是说，IPv6 系统必须能够接收和转发 IPv4 分组，并且能够为 IPv4 分组选择路由。

下面介绍两种向 IPv6 过渡的策略，即使用双协议栈和使用隧道技术。

双协议栈（Dual Stack）是指在完全过渡到 IPv6 之前，使一部分主机（或路由器）装有两个协议栈，即一个 IPv4 协议栈和一个 IPv6 协议栈。因此，双协议栈主机（或路由器）既能够和 IPv6 的系统进行通信，又能够和 IPv4 的系统进行通信。双协议栈的主机（或路由器）记为 IPv6/IPv4，表明它具有两个 IP 地址：一个 IPv6 地址和一个 IPv4 地址。

双协议栈主机在和 IPv6 主机通信时采用 IPv6 地址，而和 IPv4 主机通信时就采用 IPv4 地址。但双协议栈主机怎样知道目的主机采用哪一种地址呢？它使用域名系统（Domain Name System，DNS）来查询的。若 DNS 返回的是 IPv4 地址，双协议栈的源主机就使用 IPv4 地址。而当 DNS 返回的是 IPv6 地址时，源主机就使用 IPv6 地址。

向 IPv6 过渡的另一种方法是隧道技术（Tunneling）。这种方法的要点就是在 IPv6 数据报要进入 IPv4 网络时，将 IPv6 数据报封装成为 IPv4 数据报（整个 IPv6 数据报变成了 IPv4 数据报的数据部分），然后 IPv6 数据报就在 IPv4 网络的隧道中传输，当 IPv4 数据报离开 IPv4 网络中的隧道时再将其数据部分（即原来的 IPv6 数据报）交给主机的 IPv6 协议栈。要使双协议栈的主机知道 IPv4 数据报里面封装的数据是一个 IPv6 数据报，就必须将 IPv4 首部的协议字段的值设置为 41（41 表示数据报的数据部分是 IPv6 数据报）。

截至 2018 年 12 月，我国 IPv6 地址数量为 41079 块 /32，年增长率为 75.3%；在 IPv6 方面，我国正在持续推动 IPv6 大规模部署，进一步规范 IPv6 地址分配与追溯机制，有效提升 IPv6 安全保障能力，从而推动 IPv6 的全面应用。

6.4.4　WWW 服务

1. WWW 服务概述

万维网（World Wide Web，WWW）的字面解释意思是"布满世界的蜘蛛网"，也称为环球网、Web、3W 等。WWW 是一个基于超文本（Hypertext）方式的信息浏览服务，它为用户提供了一个可以轻松驾驭的图形化用户界面，以查阅 Internet 上的文档。这些文档与它们之间的链接一起构成了一个庞大的信息网，称为 WWW 网。

现在 WWW 服务是 Internet 上最主要的应用，通常所说的上网、看网站一般说来就是使用 WWW 服务。WWW 技术最早是在 1992 年由欧洲粒子物理实验室（CERN）研制的，它可以通过超链接将位于全世界 Internet 上不同地点的不同数据信息有机地结合在一起。对用户来说，WWW 带来的是世界范围的超级文本服务，这种服务是非常易于使用的。只要操纵计算机的鼠标进行简单的操作，就可以通过 Internet 从全世界任何地方调来用户所希望得到的文本、图像（包括活动影像）、声音等信息。

Web 允许用户通过跳转或"超级链接"从某一页跳到其他页。可以把 Web 看作是一个巨大的图书馆，Web 节点就像一本本书，而 Web 页好比书中特定的页。Web 页可以包含新闻、图像、动画、声音、3D 世界以及其他任何信息，而且能存放在全球任何地方的计算机上。由于它良好的易用性和通用性，使得非专业的用户也能非常熟练地使用它。另外，它制定了一套标准的、易为人们掌握的超文本标记语言（Hyper Text Markup Language，HTML）、信息资源的统一定位格式（Uniform Resource Locator，URL）和超文本传送通信协议（Hyper Transfer Protocol，HTTP）。

随着技术的发展，传统的 Internet 服务如 Telnet、FTP、Gopher（Internet 上的信息检索系统）和 Usenet News（Internet 的电子公告板服务）现在也可以通过 WWW 的形式实现了。通过使用 WWW，一个不熟悉网络的人也可以很快成为 Internet 的行家，自由地使用 Internet 的资源。

2. WWW 的工作原理

WWW 有如此强大的功能，那么它是如何运作的呢？

WWW 中的信息资源主要由一篇篇的 Web 文档，或称 Web 页为基本元素构成。这些 Web 页采用超级文本（Hyper Text）的格式，即可以含有指向其他 Web 页或其本身内部特定位置的超级链接，或简称链接。可以将链接理解为指向其他 Web 页的“指针”。链接使得 Web 页交织为网状，这样，如果 Internet 上的 Web 页和链接非常多的话，就构成了一个巨大的信息网。

当用户从 WWW 服务器取到一个文件后，用户需要在自己的屏幕上将它正确无误地显示出来。由于将文件放入 WWW 服务器的人并不知道将来阅读这个文件的人到底会使用哪一种类型的计算机或终端，要保证每个人在屏幕上都能读到正确显示的文件，必须以一种各类型的计算机或终端都能“看懂”的方式来描述文件，于是就产生了超文本标记语言（Hype Text Markup Language，HTML）。

HTML 对 Web 页的内容、格式及 Web 页中的超级链接进行描述，而 Web 浏览器的作用就在于读取 Web 网点上的 HTML 文档，再根据此类文档中的描述组织并显示相应的 Web 页面。

HTML 文档本身是文本格式的，用任何一种文本编辑器都可以对它进行编辑。HTML 有一套相当复杂的语法，专门提供给专业人员用来创建 Web 文档，一般用户并不需要掌握它。在 UNIX 系统中，HTML 文档的后缀为“.html”，而在 DOS 或 Windows 系统中则为“.htm”。图 6.19 和图 6.20 所示分别为人邮教育社区（https://www.ryjiaoyu.com）的 Web 页面及其对应的 HTML 文档。

3. WWW 服务器

WWW 服务器是任何运行 Web 服务器软件、提供 WWW 服务的计算机。理论上来说，这台计算机应该有一个非常快的处理器、一个巨大的硬盘和大容量的内存，但是，所有这些技术需要的基础就是它能够运行 Web 服务器软件。

下面给出 Web 服务器软件的一个详细定义。

① 支持 WWW 的协议：HTTP（基本特性）。

② 支持 FTP、Usenet、Gopher 和其他的 Internet 协议（辅助特性）。

③ 允许同时建立大量的连接（辅助特性）。

④ 允许设置访问权限和其他不同的安全措施（辅助特性）。

⑤ 提供一套健全的例行维护和文件备份的特性（辅助特性）。

⑥ 允许在数据处理中使用定制的字体（辅助特性）。

⑦ 允许俘获复杂的错误和记录交互情况（辅助特性）。

图 6.19　人邮教育的 Web 页面

```
1  <!DOCTYPE html>
2  <html lang="zh-CN">
3  <head>
4      <meta charset="utf-8">
5      <title>首页-人邮教育社区</title>
6      <meta http-equiv="X-UA-Compatible" content="IE=edge,chrome=1">
7      <meta name="viewport" content="width=device-width, initial-scale=1.0, minimum-scale=1.0, maximum-scale=1.0, user-scalable=no" />
8      <meta name="apple-mobile-web-app-capable" content="yes" />
9      <meta name="format-detection" content="telephone=no" />
10     <link rel="shortcut icon" href="/staticptp/img/favicon.png">
11
12     <link href="/simditor/css?v=_neK4tpmdW2VO8owABRz2n6qMOrQPXoWnQJjCZADrz01" rel="stylesheet"/>
13
14     <link href="/markdown-editor/css?v=HB-xmQrGLrhZS4Oxz3Iu2FdvEPbVwxEEvEgvCjarPoz1" rel="stylesheet"/>
15
16     <link href="/kendo/css?v=b5aE2dK_TS2QmD-dFuGeYS31GWOltYi03icPTaos5zA1" rel="stylesheet"/>
17
18     <link href="/educom/css?v=Vnu1zvDxoetYAMrmK1rS23lnNs1_UMiB1PQd35-d6qE1" rel="stylesheet"/>
19
20     <link href="//nos.netease.com/vod163/nep.min.css" rel="stylesheet">
21
22     <script src="/educom/js?v=ajbvRjuEDwrAWkFuP4diyA9GFs1XO2a07gP4vcWvCiE1"></script>
23
24     <script src="/bundles/simditor?v=-vTZZScL3HjsPvcqQj4RhuCOLQAwJ11HOMqcKXGj_wY1"></script>
25
26     <script src="/bundles/kendo?v=Ep7XxB9YsQs_sUggoppp1nXkei68WQq0u3sLcOISbsE1"></script>
27
28     <script src="//nos.netease.com/vod163/nep.min.js"></script>
29
30 </head>
31 <body>
32     <div id="head-login" class="head-login">
33         <div class="container clearfix">
34             <form>
35                 <div class="row">
36                     <div class="col-sm-12">
37                         <div class="login">
38                             <a href="https://account.ryjiaoyu.com/log-in?returnUrl=https%3a%2f%2fwww.ryjiaoyu.com%2f" id="loginLink"><span class="ryi-login-user"></span>
39 登录</a>
40                             <a href="https://account.ryjiaoyu.com/register?returnUrl=https%3a%2f%2fwww.ryjiaoyu.com%2f" id="registerLink"><span class="ryi-login-new">
41 </span> 注册</a>
42                             <a href="/user/cart"><span class="ryi-login-cart"></span> 购书单(0)</a>
43                         </div>
44                         <div class="navbar-close"><a href="#nav-user" class="ryi-nav-close"></a></div>
45                     </div>
46                 </div>
47             </form>
48         </div>
49     </div>
```

图 6.20　人邮教育的 HTML 部分文档

　　对于用户来说，存在不同品牌的 Web 服务器软件可供选择，除了 FrontPage 中包括的个人网络服务器（Personal Web Server，PWS），Microsoft 还提供了另外一种流行的 Web 服务器，名为互联网信息服务（Internet Information Server，IIS）。

4. WWW 的应用领域

　　WWW 是 Internet 发展最快、最吸引人的一项服务，它的主要功能是提供信息查询，不仅图文并茂，而且范围广、速度快。所以 WWW 几乎应用在人类生活、工作的所有领域。最突出的有以下 7 个方面。

① 交流科研进展情况，这是最早的应用。

② 宣传单位。企业、学校、科研院所、商店、政府部门，都通过单位的主页介绍自己。许多个人也拥有自己的主页，让世界了解自己。

③ 介绍产品与技术。通过单位的主页介绍本单位开发的新产品、新技术，并进行售后服务，越来越成为企业、商家的促销渠道。

④ 远程教学。Internet 流行之前的远程教学方式主要是广播电视。有了 Internet，在一间教室安装摄像机，全世界都可以听到该教师的讲课。另外，学生、教师可以不同时联网，学生仍可以通过 Internet 获取自己感兴趣的内容。

⑤ 新闻发布。各大报纸、杂志、通讯社、体育、科技都通过 WWW 发布最新消息。例如，彗星与木星碰撞的照片，由世界各地的天文观测中心及时通过 WWW 发布。世界杯足球赛、NBA、奥运会，都通过 WWW 提供图文动态信息。

⑥ 世界各大博物馆、艺术馆、美术馆、动物园、自然保护区和旅游景点介绍自己的珍品，成为人类共有资源。

⑦ 休闲娱乐交朋友，下棋、打牌、看电影，丰富人们的业余生活。

5. WWW 浏览器

在 Internet 上发展最快、人们使用最多、应用最广泛的是 WWW 浏览服务，且在众多的浏览器软件中，Microsoft 公司的 IE（Internet Explorer）和由 Google 公司开发的开放原始码网页浏览器 Google Chrome 的使用量较多，国内的 QQ 浏览器、360 浏览器的使用量也较多。

Microsoft 公司的 IE。Microsoft 公司为了争夺和占领浏览器市场，在操作系统 Windows 95 之后大量投入人力、财力加紧研制用于 Internet 的 WWW 浏览器，并在后续的 Windows 95 OEM 版本以及后来的 Windows 98 中捆绑免费发行，一举从网景公司手中夺得大片浏览器市场。IE 流行的版本有 V3.0、V4.0、V5.0、V5.5、V6.0、V7.0、V8.0 等，现在已经可以下载使用 IE V11.0 版本。

Google Chrome 浏览器。Google 公司开发的浏览器，又称 Google 浏览器。Chrome 在中国的通俗名字，音译是 kuomu，中文字取"扩目"，取意"开阔你的视野"，Chrome 包含了"无痕浏览"（Incognito）模式（与 Safari 的"私密浏览"和 Internet Explorer 8 的类似），这个模式可以"让你在完全隐秘的情况下浏览网页，因为你的任何活动都不会被记录下来"，同时也不会存储 Cookies。当在窗口中启用这个功能时"任何发生在这个窗口中的事情都不会进入你的计算机"。

Chrome 搜索更为简单，Chrome 的标志性功能之一是位于浏览器顶部的一款通用工具条 Omnibox。用户可以在 Omnibox 中输入网站地址或搜索关键字，或者同时输入这两者，Chrome 会自动执行用户希望的操作。Omnibox 能够了解用户的偏好，如果一个用户喜欢使用 PCWorld 网站的搜索功能，一旦用户访问该站点，Chrome 会记得 PCWorld 网站有自己的搜索框，并让用户选择是否使用该站点的搜索功能。如果用户选择使用 PCWorld 网站的搜索功能，系统将自动执行搜索操作。

在国内，浏览器更是如雨后春笋，不断涌出，目前使用量较多的有 360 浏览器、QQ 浏览器、搜狗浏览器、百度浏览器、UC 浏览器、猎豹浏览器、火狐浏览器等。

6. Web 2.0 简介

Web 2.0 是人们对 Internet 发展新阶段的一个概括。无法准确定义 Web 2.0 是什么，但可以对其特征进行简单归纳，下面在 Web 2.0 与 Web 1.0 的对比中认识什么是 Web 2.0。

英国人蒂姆·伯纳斯·李（Tim Berners Lee）1989 年在欧洲共同体的一个大型科研机构任职时发明了 WWW。Internet 上的资源，可以在一个网页里比较直观的表示出来，而且资源之间可以在网页上互相链接。这种以内容为中心，以信息的发布、传输、分类、共享为目的的 Internet 称为 Web 1.0。在这种模式中绝大多数网络用户只充当了浏览者的角色，话语权是掌握在各大网站的手里。

如果说 Web 1.0 是以数据（信息）为核心，那 Web 2.0 是以人为核心，旨在为用户提供更人性化的服务。Web 1.0 到 Web 2.0 的转变，具体地说，从模式上，由单纯的"读"向"写"发展，由被动地接收 Internet 信息向主动创造 Internet 信息迈进；从基本构成单元上，由"网页"向"发表/记录信息"发展；从工具上，由 Internet 浏览器向各类浏览器、RSS 阅读器等内容发展；运行机制上，由"Client Server"向"Web Services"转变；从作者看，由程序员等专业人士向全部普通用户发展。

在 Web 2.0 中用户可读写。在 Web 1.0 阶段，大多数用户只是信息的读者，而不是作者，例如，一个普通的用户只能浏览新浪网的信息而不能进行编辑；在 Web 2.0 阶段人人都可以成为信息的提供者，例如，每个人都可以在自己的博客上发表言论而无须经过审核，从而完成了从单纯的阅读者到信息提供者角色的转变。

Web 2.0 倡导个性化服务。在 Web 1.0 阶段 Internet 的交互性没有得到很好的发挥，网络提供的信息没有明确的针对性，最多只是对信息进行了分类，使信息针对特定的人群，还是没有针对到具体的个人。Web 2.0 中允许个人根据自己的喜好进行订阅，从而获取自己需要的信息与服务。

Web 2.0 实现人的互联。在 Web 1.0 中实质上是数据（信息）的互联，是以数据（信息）为中心的；而 Web 2.0 中最终连接的是用户，如以用户为核心来组织内容的博客就是个典型代表，每个人在网络上都可以是一个节点，博客的互联本质上是人的互联。

Web 1.0 和 Web 2.0 的对比情况，如表 6.2 所示。

表 6.2　　　　　　　　　　　　　　　Web 1.0 和 Web 2.0 对比

	Web 1.0	Web 2.0
核心理念	用户只是浏览者，以内容为中心，广播化	用户可读写，个性化服务，社会互连，以人为本
典型应用	新闻发布、信息搜索	博客、RSS
代表网站	搜狐、百度	各种博客网站

7. Web 3.0 简介

Web 3.0 只是由业内人员制造出来的概念词语，最常见的解释是，网站内的信息可以直接和其他网站相关信息进行交互，能通过第三方信息平台同时对多家网站的信息进行整合使用；用户在互联网上拥有自己的数据，并能在不同网站上使用；完全基于 Web，用浏览器即可实现复杂系统程序才能实现的系统功能；用户数据审计后，与网络数据同步。

6.4.5　域名系统

1. 什么是域名

前面讲到的 IP 地址，是 Internet 上互连的若干主机进行内部通信时，区分和识别不同主机的数字型标志，这种数字型标志对于上网的一般用户而言却有着很大的缺点，它既无简明的含义，又不容易被用户很快记住。因此，为解决这个问题，人们又规定了一种字符型标志，称之为域名（Domain Name）。如同每个人的姓名和每个单位的名称一样，域名是 Internet 上互连的若干主机（或称网站）的名称。一般网络用户能够很方便地用域名访问 Internet 上自己感兴趣的网站。

从技术上讲，域名只是 Internet 上用于解决地址对应问题的一种方法，可以说只是一个技术名词。

从社会科学的角度看，由于 Internet 已经成为全世界人的 Internet，域名也自然地成为一个社会科学名词，成为 Internet 文化的组成部分。

从商界看，域名已被誉为"企业的网上商标"。没有一家企业不重视自己产品的标识——商标，而域名的重要性和其价值，已经被全世界的企业所认识。1998 年 3 月一个月内，世界上注册了 179331 个通用顶级域名（据精品网络有关资料），平均每天注册 5977 个域名，每分钟 25 个。这个记录正在以每月 7% 的速度增长。中国国内域名注册的数量，从 1996 年年底之前累计的 300 多个，至 1998 年 11 月猛增到 16644 个，每月增长速度为 10%。截至 2018 年年底，域名总数为 3792.8 万个，其中".cn"域名总数为 2124.3 万个，占域名总数的 56.0%。

2. 为什么要注册域名

Internet 这个信息时代的宠儿，已经走出了襁褓，为越来越多的人所认识，电子商务、网上销售、网络广告已成为商界关注的热点。"上网"已成为不少人的口头禅。但是，要想在网上建立服务器并发布信息，则必须首先注册自己的域名，只有有了自己的域名才能让别人访问到自己。所以，域名注册是在 Internet 上建立任何服务的基础。同时，由于域名的唯一性，尽早注册又是十分必要的。

域名一般是由一串用点分隔的字符串组成，组成域名的各个不同部分常称为子域名（Sub-Domain），它表明了不同的组织级别，从左往右可不断增加，类似于通信地址一样从广泛的区域到具体的区域。理解域名的方法是从右向左来看各个子域名，最右边的子域名称为顶级域名，它是对计算机或主机最一般的描述。越往左看，子域名越具有特定的含义。域名的结构是分层结构，从右到左的各子域名分别说明不同国家或地区的名称、组织类型、组织名称、分组织名称和计算机名。

注意，在 Internet 地址中不得有任何空格的存在，而且 Internet 地址不区分英文字母的大小写，但作为一般的原则，在使用 Internet 地址时，建议全用小写字母。

顶级域名可以分成两大类，一类是组织性顶级域名，另一类是地理性顶级域名。常用的组织性顶级域名及地理性顶级域名如表 6.3 所示。

表 6.3　　　　　　　　　　　　　组织性顶级域名及地理性顶级域名

组织性顶级域名		地理性顶级域名			
域　名	含　义	域　名	含　义	域　名	含　义
com	商业组织	au	澳大利亚	it	意大利
edu	教育机构	ca	加拿大	jp	日本
gov	政府机构	cn	中国	sg	新加坡
int	国际性组织	de	德国	uk	英国
mil	军队	fr	法国	us	美国
net	网络技术组织	in	印度		
org	非营利性组织				

组织性顶级域名是为了说明拥有并对 Internet 主机负责的组织类型。它是在国际性 Internet 产生之前的地址划分，主要是在美国国内使用，随着 Internet 扩展到世界各地，新的地理性顶级域名便产生了，它仅用两个字母的缩写形式来完全表示某个国家或地区。如果一个 Internet 地址的顶级域名不是地理性顶级域名，那么该地址一定是美国国内的 Internet 地址，换句话讲，Internet 地址的地理性顶级域名的默认值是美国，即表中 us 顶级域名通常没有必要使用。

为保证 Internet 上的 IP 地址或域名地址的唯一性，避免导致网络地址的混乱，用户需要使用 IP 地址或域名地址时，必须通过电子邮件向网络信息中心（Network Information Center，NIC）提出申请。目前世界上有 3 个网络信息中心：InterNIC（负责美国及其他地区）、RIPENIC（负责欧洲地区）和 APNIC（负责亚太地区）。

在中国，网络域名的顶级域名为 cn，二级域名分为类别域名和行政区域名两类。类别域名如表 6.4 所示。行政区域名共 34 个，包括各省、自治区、直辖市，如表 6.5 所示。此外，由中国教育和科研计算机网（China Education and Research Network，CERNET）网络中心受理二级域名 edu 下的三级域名注册申请，中国互联网络信息中心（China Internet Network Information Center，CNNIC）受理其余二级域名下的三级域名注册申请。

表 6.4　　　　　　　　　　　　　　　中国的二级类别域名

域　名	含　义
ac	科研机构
com	工、商、金融等企业
edu	教育机构
gov	政府部门
net	因特网络，接入网络的信息中心和运行中心
org	非营利性组织

表 6.5　　　　　　　　　　　　　　　行政区域名

bj: 北京市	sh: 上海市	tj: 天津市	cq: 重庆市	he: 河北省	sx: 山西省
ln: 辽宁省	jl: 吉林省	hl: 黑龙江	js: 江苏省	zj: 浙江省	ah: 安徽省
fj: 福建省	jx: 江西省	sd: 山东省	ha: 河南省	hb: 湖北省	hn: 湖南省
gd: 广东省	gx: 广西	hi: 海南省	sc: 四川省	gz: 贵州省	yn: 云南省
xz: 西藏	sn: 陕西省	gs: 甘肃省	qh: 青海省	nx: 宁夏	xj: 新疆
nm: 内蒙古	tw: 台湾省	hk: 香港特别行政区	mo: 澳门特别行政区		

3. 网络域名注册

一段时间以来，社会各界就"域名抢注"一事炒得沸沸扬扬，不乏危言耸听之词。其实"域名抢注"与商标抢注根本不可同日而语。按照国际惯例，中国企业域名应该在国内注册，舍近求远并不明智，并且在国内注册域名是免费的。

申请注册三级域名的用户首先必须遵守国家对 Internet 的各种规定和法律，还必须拥有独立法人资格。在申请域名时，各单位的三级域名原则上采用其单位的中文拼音或英文缩写，二级域名 com 下每个公司只登记一个域名。

顶级域名 cn 下域名命名的规则如下。

（1）遵照域名命名的全部共同规则。

（2）只能注册三级域名，三级域名用字母（A ~ Z，a ~ z，大小写等价）、数字（0 ~ 9）和连接符（-）组成，各级域名之间用实点（.）连接，三级域名长度不得超过 20 个字符。

（3）不得使用，或限制使用以下名称。

① 注册含有"china""chinese""cn""national"等经国家有关部门（指部级以上单位）正式批准。

② 公众知晓的其他国家或者地区名称、外国地名、国际组织名称不得使用。

③ 县级以上（含县级）行政区划名称的全称或者缩写，相关县级以上（含县级）人民政府正式批准。

④ 行业名称或者商品的通用名称不得使用。

⑤ 他人已在中国注册过的企业名称或者商标名称不得使用。

⑥ 对国家、社会或者公共利益有损害的名称不得使用。

⑦ 经国家有关部门（指部级以上单位）正式批准和相关县级以上（含县级）人民政府正式批准是指，相关机构要出据书面文件表示同意 XXXX 单位注册 XXXX 域名。

国内用户申请注册域名，应向 CNNIC 提出，该中心是由国务院信息化工作领导小组办公室授权的提供因特网域名注册的唯一合法机构。

6.4.6 电子邮件

电子邮件（E-mail）是 Internet 应用最广的服务，通过网络的电子邮件系统，用户可以用非常低廉的价格（不管发送到哪里，都只需负担网费即可），以非常快速的方式（几秒钟之内可以发送到世界上任何指定的目的地），与世界上任何一个角落的网络用户联系。这些电子邮件可以是文字、图像、声音等各种文件。同时，可以得到大量免费的新闻、专题邮件，并实现轻松的信息搜索。正是由于电子邮件的使用简易、投递迅速、收费低廉、易于保存、全球畅通无阻，使得电子邮件被广泛地应用，它使人们的交流方式得到了极大的改变。

近年来随着 Internet 的普及和发展，万维网上出现了很多基于 Web 页面的免费电子邮件服务，用户可以使用 Web 浏览器访问和注册自己的用户名与口令，一般可以获得存储容量达数 GB 的电子邮箱，并可以立即使用注册用户登录，收发电子邮件。如果经常需要收发一些大的附件，Gmail、Yahoo mail、Hotmail、MSN mail、网易 163 mail、126 mail、Yeah mail 等都能够满足要求。

用户使用 Web 电子邮件服务时几乎无须设置任何参数，直接通过浏览器收发电子邮件，阅读与管理服务器上个人电子信箱中的电子邮件（一般不在用户计算机上保存电子邮件），大部分电子邮件服务器还提供了自动回复功能。电子邮件具有使用简便、安全可靠、便于维护等优点，缺点是用户在编写、收发、管理电子邮件的全过程都需要联网，不利于采用计时付费上网的用户。由于现在电子邮件服务被广泛应用，用户都会使用，所以具体操作过程不再赘述。

6.4.7 文件传输

文件传输的意思很简单，就是指把文件通过网络从一台计算机复制到另一台计算机的过程。在 Internet 中，实现这一功能的是文件传输协议（File Transfer Protocol，FTP）。像大多数的 Internet 服务一样，FTP 也采用客户机／服务器模式，当用户使用 FTP 时，就和远程主机上的服务程序相连了。若用户输入一个命令，要求服务器传送一个指定的文件，服务器就会响应该命令，并传送这个文件；用户的客户机接收这个文件，并把它存入用户指定的目录中。从远程计算机上复制文件到自己的计算机上，称为"下载"（Downloading）文件；从自己的计算机上复制文件到远程计算机上，称为"上传"（Uploading）文件。使用 FTP 程序时，用户应输入 FTP 命令和想要连接的远程主机的地址。一旦程序开始运行并出现提示符"ftp"后，就可以输入命令，来回复制文件，或做其他操作了。例如，可以查询远程计算机上的文档，也可以变换目录等。远程登录是由本地计算机通过网络，连接到远端的另一台计算机上作为这台远程主机的终端，可以实时地使用远程计算机上对外开放的全部资源，也可以查询数据库、检索资料或利用远程计算机完成大量的计算工作。

Internet 上的文件传输功能是依靠 FTP 实现的。UNIX 或 Windows 系统都包含这一协议文件。

在实现文件传输时，需要使用 FTP 程序。IE 和很多主流的浏览器都带有 FTP 程序模块，当然也有专门的 FTP 应用软件，如 BatchFTP。一般情况下，可以在浏览器窗口的地址栏中直接输入远程主机的 IP 地址或域名，浏览器将自动调用 FTP 程序。

若用户没有账号，则不能正式使用 FTP，但可以匿名使用 FTP。匿名 FTP 允许没有账号和口令的用户以"anonymous"或"FTP"特殊名来访问远程计算机，当然，这样会有很大的限制。匿名用户一般只能获取文件，不能在远程计算机上建立文件或修改已存在的文件，对可以复制的文件也有严格的限制。当用户以"anonymous"或"FTP"登录后，FTP 可接受任何字符串作为口令，但一般要求用电子邮件的地址作为口令，这样服务器的管理员就能知道是谁在使用，当需要时可以及时联系。

6.5　搜索引擎

随着网络的普及，Internet 日益成为信息共享的平台。各种各样的信息充满整个网络，既有很多有用信息，也有很多垃圾信息。如何快速准确地在网上找到真正需要的信息已变得越来越重要。搜索引擎（Search Engine）是一种网上信息检索工具，在浩瀚的网络资源中，它能帮助用户迅速而全面地找到所需要的信息。

6.5.1　搜索引擎的概念和功能

搜索引擎是在 Internet 上对信息资源进行组织的一种主要方式。从广义上讲，是用于对网络信息资源管理和检索的一系列软件，是在 Internet 上查找信息的工具或系统。

搜索引擎的主要功能包括以下 3 个方面。

（1）信息搜集。

各个搜索引擎都拥有蜘蛛（Spider）或机器人（Robots）这样的"页面搜索软件"，在各网页中爬行，访问网络中公开区域的每个站点，并记录其网址，将它们带回到搜索引擎，从而创建出一个详尽的网络目录。由于网络文档的不断变化，机器人也不断把以前已经分类组织的目录进行更新。

（2）信息处理。

将"网页搜索软件"带回的信息进行分类整理，建立搜索引擎数据库，并定时更新数据库内容。在进行信息分类整理阶段，不同的搜索引擎会在搜索结果的数量和质量上产生明显的差异。有的搜索引擎把"网页搜索软件"发往每个站点，记录下每页的所有文本内容，并收入到数据库中，从而形成全文搜索引擎；而另一些搜索引擎只记录网页的地址、篇名、特点的段落和重要的词。因此，有的搜索引擎数据库很大，而有的则较小。当然，最重要的是数据库的内容必须经常更新、重建，以保持与信息世界的同步发展。

（3）信息查询。

每个搜索引擎都必须向用户提供一个良好的信息查询界面，一般包括分类目录及关键词两种信息查询途径。分类目录查询是以资源结构为线索，将网上的信息资源按内容进行层次分类，使用户能按线性结构逐层逐类检索信息。关键词查询是利用建立的网络资源索引数据库向网上用户提供查询"引擎"。用户只要把想要查找的关键词或短语输入查询框中，并单击"搜索"（Search）按钮，搜索引擎就会根据输入的内容，在索引数据库中查找相应的词语，并进行必要的逻辑运算，最后给出查询的命中结果（均为超文本链接形式）。用户只要通过搜索引擎提供的链接，就可以立刻访问到相关信息。

6.5.2　搜索引擎的类型

搜索引擎可以根据不同的方式分为多种类型。

1. 根据组织信息的方式分类

（1）目录式分类搜索引擎。

目录（Directory）式分类搜索引擎将信息系统加以归类，利用传统的信息分类方式来组织信息，用户按分类查找信息，最具代表性的是 Yahoo。由于网络目录中的网页是由专家人工精选得来，故有较高的查准率，但查全率低，搜索范围较窄，适合那些希望了解某一方面信息但又没有明确目的的用户。

（2）全文搜索引擎。

全文搜索（Full-text search）引擎实质是能够对网站的每个网页中的每个单字进行搜索的引擎。最典型的全文搜索引擎是 Altavista、Google 和百度。全文搜索引擎的特点是查全率高，搜索范围较广，提供的信息多而全。缺点是缺乏清晰的层次结构，查询结果中重复链接较多。

（3）分类全文搜索引擎。

分类全文搜索引擎是综合全文搜索引擎和目录式分类搜索引擎的特点而设计的，通常是在分类的基础上，再进一步进行全文检索。现在大多数的搜索引擎都属于分类全文搜索引擎。

（4）智能搜索引擎。

这种搜索引擎具备符合用户实际需要的知识库。搜索时，引擎根据知识库来理解检索词的意义，并以此产生联想，从而找出相关的网站或网页。同时还具有一定的推理能力，它能根据知识库的知识，运用人工智能方法进行推理，这样就大大提高了查全率和查准率。

典型的智能搜索引擎有 FSA、Eloise 和 FAQ Finder。FSA 和 Eloise 专门用于搜索美国证券交易委员会的商业数据库。FAQ Finder 则是一个具有回答式界面的智能搜索引擎，它在获取用户问题后，查询 FAQ 文件，然后给出适当的结果。

2. 根据搜索范围分类

（1）独立搜索引擎。

独立搜索引擎建有自己的数据库，搜索时检索自己的数据库，并根据数据库的内容反馈出相应的查询信息或链接站点。

（2）元搜索引擎。

元搜索引擎是一种调用其他独立搜索引擎的引擎。搜索时，它用用户的查询词同时查询若干其他搜索引擎，做出相关度排序后，将查询结果显示给用户。它的注意力集中在改善用户界面，以及用不同的方法过滤从其他搜索引擎接收到的相关文档，包括消除重复信息。典型的元搜索引擎有 MetaSearch、MetaCrawler、Digisearch 等。用户利用这种搜索引擎能够获得更多、更全面的网址。

6.5.3　常用搜索引擎

1. 百度

百度是国内最大的商业化全文搜索引擎，占国内 80％的市场份额。百度的搜索页面如图 6.21 所示。百度功能完备，搜索精度高，除数据库的规模及部分特殊搜索功能外，其他方面都可与当前的搜索引擎业界领军人物 Google 相媲美，在中文搜索支持方面甚至超过了 Google，是目前国内技术水平最高的搜索引擎。

图 6.21　百度的搜索页面

百度目前主要提供中文（简 / 繁体）网页搜索服务。如无限定，默认以关键词精确匹配方式搜索。支持"-""."" | "" link:"" 《》"等特殊搜索命令。在搜索结果页面，百度还设置了关联搜索功能，方便访问者查询与输入关键词有关的其他方面的信息。其他搜索功能包括新闻搜索、MP3 搜索、图片搜索、Flash 搜索等。

2. 搜狐

搜狐公司于 1998 年推出中国首家大型分类查询搜索引擎，经过数年的发展，已经发展成为中国影响力较大的分类搜索引擎。累计收录中文网站达 150 多万个，每日页面浏览量超过 800 万次，每天收到 2000 多个网站登录请求。

搜狐的目录导航式搜索引擎完全是由人工加工而成，相比机器人加工的搜索引擎来讲具有很高的精确性、系统性和科学性。分类专家层层细分类目，组织成庞大的树状类目体系。利用目录导航系统可以很方便地查找到一类相关信息。

搜狐的搜索页面如图 6.22 所示。搜狐的搜索引擎可以查找网站、网页、新闻、网址、软件 5 类信息。搜狐的网站搜索是以网站作为收录对象的，具体的方法是将每个网站首页的 URL 提供给搜索用户，并且将网站的题名和整个网站的内容简单描述一下，但是并不揭示网站中每个网页的信息。网页搜索就是将每个网页作为收录对象，揭示每个网页的信息，信息的揭示比较具体。

图 6.22　搜狐的搜索页面

新闻搜索可以搜索到搜狐新闻的内容。搜狐的搜索引擎叫作搜狗（Sogou），是嵌入在搜狐的首页中的，当然也可以直接使用搜狗搜索的网址直接访问。

文献检索

FTP 工具软件使用

习题 6

1. 名词解释：

   ① 主机；② TCP/IP；③ IP 地址；④ 域名；⑤ URL；⑥ 网关。

2. 简述 Internet 的发展史。说明 Internet 都提供哪些服务，接入 Internet 有哪几种方式。

3. 简述 Internet 与物联网、云计算之间的区别以及联系。

4. 什么是 WWW？什么是 FTP？它们分别使用什么协议？

5. IP 地址和域名的作用是什么？

6. 分析以下域名的结构：

   ① www.xxx.com；② www.xxx.com.cn；③ www.xxx.edu.cn。

7. Web 服务器使用什么协议？简述 Web 服务程序和 Web 浏览器的基本作用。

8. 什么是计算机网络？它主要涉及哪几方面的技术？其主要功能是什么？

9. 从网络的地理范围来看，计算机网络如何分类？

10. 常用的 Internet 连接方式是什么？

11. 什么是网络的拓扑结构？常用的网络拓扑结构有哪几种？

12. 简述网络适配器的功能、作用及组成。

13. 搜索信息时，如何选择搜索引擎？

第7章
多媒体技术

多媒体技术应用十分广泛，它具有直观、信息量大、易于接受、传播迅速等显著的特点。本章介绍多媒体技术的基本概念和特征，以及素材的采集与多媒体素材制作工具，使读者了解计算机对文本、图形图像、音频和视频处理的原理与特点。本章在操作技能方面重点介绍 Photoshop CS5 图像处理软件和 Flash CS5 动画软件两款多媒体素材制作工具。

【知识要点】

- 多媒体技术的基本概念。
- 多媒体计算机系统组成。
- 多媒体信息类别及文件格式。
- 多媒体数据压缩技术。
- 多媒体技术的应用。
- 多媒体素材的采集及制作工具。

7.1　多媒体技术概论

7.1.1　多媒体技术的相关概念

媒体（Media）是人与人之间实现信息交流的中介，简单地说，就是能够存储和传播信息的载体，也称为媒介。按照国际电信联盟电信标准化部门（International Telecommunication Union– Telecommunication Standardization Sector，ITU-T）的建议，媒体有 5 种类型，分别是感觉媒体、表示媒体、显示媒体、存储媒体和传输媒体。

多媒体的定义

多媒体（Multimedia）一词是由 Multiple 和 Media 复合而成，是指多个媒体的组合。通常，人们所指的多媒体就是文字、图形、图像、动画、音频、视频等媒体信息的综合。

多媒体技术（Multimedia Technology）是利用计算机对文字、声音、图形、图像、动画、视频等多媒体信息，进行数字化采集、获取、压缩/解压缩、编辑、存储、加工等处理，再以单独或合成的形式表现出来的一体化技术。利用计算机技术对媒体进行处理和重现，并对媒体进行交互式控制，就构成了多媒体技术的核心。

多媒体技术有以下 3 个主要特性。

（1）集成性。

集成性是指多媒体系统设备的集成和信息媒体的集成。多媒体系统设备的集成是指具有能处理多媒体信息的高速及并行的 CPU 系统、大容量存储器、多通道输入 / 输出设备及宽带通信网络接口等。信息媒体的集成是指将多种不同媒体信息（文字、声音、图形、图像等）有机地组合，使之成为一个完整的多媒体信息系统。

（2）交互性。

交互性是指人、机器以及相互之间的对话或通信，相互获得对方的信息。多媒体采用交互的方式可以增加对信息的注意力和理解力，延长信息的保留时间。

（3）信息载体的多样性。

多样性指的是信息媒体的多样化或多维化。利用计算机技术可以综合处理文字、声音、图形、图像、动画、视频等多种媒体信息，从而创造出集多种表现形式于一体的新型信息处理系统。处理信息的多样化可使信息的表现方式不再单调，而是有声有色，生动逼真。

7.1.2　多媒体计算机系统

多媒体计算机系统是指能综合处理多媒体信息，使多种信息建立联系，并具有交互性的计算机系统。多媒体计算机系统是多媒体技术的灵魂，它能灵活地调度和使用多种媒体信息，使之与硬件协调地工作，因此多媒体计算机系统是一种由多媒体硬件系统和多媒体软件系统相结合组成的复杂系统。

1. 多媒体硬件系统

多媒体硬件系统主要包括以下 6 个部分。

① 多媒体主机：如个人计算机、工作站、超级微型计算机等。

② 多媒体输入设备：如摄像机、电视机、话筒、录像机、视盘、CD-ROM、扫描仪等。

多媒体计算机系统

③ 多媒体输出设备：如打印机、绘图仪、音响、电视机、喇叭、录音机、高分辨率屏幕等。

④ 多媒体存储设备：如硬盘、光盘、声像磁带等。

⑤ 多媒体功能卡：如视频卡、声音卡、压缩卡、家电控制卡、通信卡等。

⑥ 操纵控制设备：如鼠标、操作杆、键盘、触摸屏等。

2. 多媒体软件系统

多媒体软件主要分为系统软件和应用软件。

（1）多媒体系统软件。

多媒体系统软件是多媒体系统的核心，它不仅具有综合各种媒体、灵活调度多媒体数据进行传输和处理的能力，而且要控制各种媒体硬件设备和谐统一地工作，即将种类繁多的硬件有机地组织到一起，使用户能灵活控制多媒体硬件设备和组织，处理多媒体数据。多媒体系统软件除具有一般系统软件特点外，还要反映多媒体软件的特点，如数据压缩、媒体硬件接口的驱动与集成、新型交互方式等。

（2）多媒体应用软件。

多媒体应用软件是在多媒体开发平台上设计开发的面向领域的软件系统。通常由多媒体应用领域的专家和多媒体开发人员共同协作、配合完成。开发人员利用开发平台、创作工具制作组织各种多媒体素材，最终生成多媒体应用程序，并在应用领域中测试、完善，最终成为多媒体产品。多媒体应用软件主要有：多媒体数据库管理系统、多媒体压缩 / 解压缩软件、多媒体声像同步软件、多媒体通信软件等。例如，各种多媒体教学系统、培训软件、声像俱全的电子图书，这些产品可以以磁盘或光盘形式面世。

7.1.3 计算机中的多媒体信息

计算机中的多媒体信息主要包括文本、图形、静态图像、视频、音频、动画等。

1. 文本

文本指各种文字，包括符号和语言文字两种类型，它是媒体的主要类型，由各种字体、尺寸、格式及色彩组成。文本是计算机文字处理程序的基础，通过对文本显示方式的组织，多媒体应用系统可以使显示的信息更容易理解。

文本数据可以先用文本编辑软件，如 Microsoft Word、WPS 等制作，然后输入到多媒体应用程序中，也可以直接在制作图形的软件或多媒体编辑软件中一起制作。

建立文本文件的软件很多，随之有许多种文本格式，有时文本需要进行文本格式转换才能被识别。

2. 图形

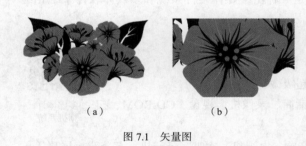

（a）　　　　　（b）

图 7.1　矢量图

图形又称矢量图，一般指用计算机绘制的画面，它是对图像进行抽象化的结果，是以指令集合的形式来描述反映图像最重要的特征，这些指令描述一幅图中所包含的直线、圆、弧线以及矩形的大小和形状，例如，一个圆可以定义为 Circle a，b，c，一个矩形可以定义为 Rect 0，0，10，10。也可以用更为复杂的形式来表示图像中曲面、光照和材质等效果。将矢量图放大后，图形仍能保持原来的清晰度，且色彩不失真，如图 7.1（a）和图 7.1（b）所示。

3. 静态图像

静态图像又称位图，它是由输入设备捕捉的实际场景画面，或以数字化形式存储的任意画面构成。一幅图像就如一个矩阵，矩阵中的每个元素（称为一个像素）对应于图像中的一个点，而相应的值对应于该点的灰度（颜色）等级，当灰度（颜色）等级越多时，图像就越逼真，如图 7.2（a）所示。

静态图像的定义

位图中的位用来定义图中每个像素点的颜色和亮度。对于黑白线条图常用 1 位值表示，对于灰度图常用 4 位（16 种灰度等级）或 8 位（256 种灰度等级）表示该点的亮度，而彩色图像则有多种描述方法。彩色图像需由硬件（显示卡）合成显示。

位图适合于表现层次和色彩比较丰富，包含大量细节的图像，具有灵活和富于创造力等特点。

图像的关键技术是图像的扫描、编辑、压缩、快速解压、色彩一致性等。进行图像处理时一般要考虑以下 3 个因素。

（1）分辨率。

影响位图质量的重要因素是分辨率，分辨率有两种形式：屏幕分辨率和图像分辨率。

屏幕分辨率：是计算机的显示器在显示图像时的重
要特征指标之一。它表明计算机显示器在横向和纵向上
能够显示的点数，如图 7.2（a）所示。

图像分辨率：是用水平和垂直方向的像素多少来表
示组成一幅图像所拥有的像素数目。它既反映了图像的
精细程度又反映了图像在屏幕中显示的大小。如果图像
分辨率很低，当图像放大到一定程度就会出现"马赛克"
现象，如图 7.2（b）所示。

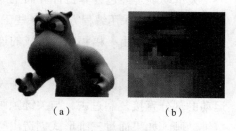

（a）　　　　　　　　（b）

图 7.2　位图的特征

（2）颜色深度。

颜色深度（或称图像灰度）是数字图像的另外一个重要指标，它表示图像中每个像素上用
于表示颜色的二进制位数。对于彩色图像来说，颜色深度决定该图像可以使用的最多颜色数目。
颜色深度越高，显示的图像色彩越丰富，画面越逼真。

（3）图像数据的容量。

一幅数字图像保存在计算机中要占用一定的存储空间，这个空间的大小就是数字图像文件
的数据量大小。一幅色彩丰富，画面自然、逼真的图像，像素越多，图像深度越大，则图像的
数据量就越大。

图像文件的大小影响图像从硬盘或光盘读入内存的传送时间，为了减少该时间，可以采用
缩小图像尺寸或采用图像压缩技术，来减少图像文件的大小。

4. 视频

视频影像实质上是快速播放的一系列静态图像，当这些图像是实时获取的人文和自然景物图
时，称为视频影像。计算机视频是数字的，视频图像可来自录像带、摄像机等视频信号源的影像，
这些视频图像使多媒体应用系统功能更强、更精彩。

视频有模拟视频（如电影）和数字视频，它们都是由一系列静止画面组成的，这些静止的
画面称为帧。一般来说，帧率低于 15 帧 / 秒，连续运动视频就会有停顿的感觉。我国采用的电
视标准是逐行倒相（Phase Alteration Line，PAL）制，它规定视频帧率为 25 帧 / 秒（隔行扫描方
式），每帧 625 个扫描行。当计算机对视频进行数字化时，就必须在规定的时间内（如 1/25 秒内）
完成量化、压缩、存储等多项工作。

在视频中要考虑的几个技术参数为：帧率、数据量和图像质量。

5. 音频

声音是携带信息极其重要的媒体。声音的种类繁多，如人的语音、乐器声、机器产生的声
音以及自然界的雷声、风声、雨声等。这些声音有许多共同的特性，也有它们各自的特性，在
用计算机处理这些声音时，一般将它们分为波形声音、语音和音乐 3 类。

影响数字声音波形质量的主要因素有 3 个：采样频率、采样位数和通道数。

6. 动画

动画的实质是一系列静态图像快速而连续的播放。"连续播放"既指时间上的连续，也指
图像内容上的连续，即播放的相邻两幅图像之间内容相差不大。计算机动画是借助计算机生成

一系列连续图像的技术，在计算机中动画的压缩和快速播放是需要着重解决的问题。

计算机设计动画的方法有两种：一种是矢量动画，另一种是帧动画。

矢量动画是经过计算机计算而生成的动画，主要表现为变换的图形、线条和文字，其画面由关键帧决定，采用编程方式或某些工具软件制作。

帧动画则是由一幅幅图像组成的连续画面，就像电影胶片或视频画面一样，要分别设计每屏显示的画面。

计算机制作动画时，只需要做好关键帧画面，其余的中间画面可由计算机内插来完成。不运动的部分直接复制过去，与关键帧画面保持一致。当这些画面仅是二维的透视效果时，就是二维动画。如果通过三维形式创造出空间形象的画面，就是三维动画。如果使其具有真实的光照效果和质感，就成为三维真实感动画。

在各种媒体的创作系统中，创作动画的软硬件环境要求都是较高的，它不仅需要高速的CPU和较大的内存，制作动画的软件工具也比较复杂和庞大。复杂的动画软件除具有一般绘画软件的基本功能外，还提供了丰富的画笔处理功能和多种实用的绘画方式，如平滑、滤边、打高光及调色板支持丰富色彩等。

7.1.4 多媒体数据压缩技术

各种数字化的媒体信息量通常都很大，如一秒钟的视频画面要保存 15 幅 ~39 幅图像；一幅分辨率为 640 像素 ×480 像素的 24 位真彩色图像，需要 1MB 的存储容量。声音的存储容量同样也是相当惊人的。这样大的数据量，无疑给存储器的存储容量、通信信道的带宽以及计算机的运行速度都增加了极大的压力。通过多媒体数据压缩技术，可以节省存储空间，提高信息信道的传输效率，同时也使计算机实时处理音频、视频信息，播放高质量的视频、音频节目成为可能。因此，数据压缩与编码技术是多媒体技术的关键技术之一。

所谓数据压缩就是对数据重新进行编码，以减少所需存储空间的通用术语。数据压缩是可逆的，它可以恢复数据的原状。数据压缩的逆过程称为解压或展开。当数据压缩之后，文件长度大大减少，如图 7.3 所示。

图 7.3　压缩和解压过程示意图

多媒体数据压缩技术就是研究如何利用多媒体数据的冗余性来减少多媒体数据量的方法。目前常用的数据压缩方法可以分为三大类：无损压缩、有损压缩和混合压缩。

（1）无损压缩是利用数据的统计冗余进行压缩，解压缩后可完全恢复原始数据，而不引起任何数据失真。无损压缩的压缩率受到冗余理论的限制，一般为 2:1 ~ 5:1。无损压缩广泛用于文本数据、程序和特殊应用的图像数据（如指纹图像、医学图像等）的压缩。常用的无损压缩方法有行程长度编码（Run Length Encoding，RLE）、哈夫曼（Huffman）编码、LZW（Lempel Ziv Welch）编码等。

（2）有损压缩是利用人类对图像或声波中的某些频率成分不敏感的特性，允许压缩过程中损失一定的信息，解压后不能完全恢复原始数据，但压缩比较大。有损压缩方法经常用于压缩声音、图像以及视频。

（3）混合压缩利用了各种单一压缩方法的长处，在压缩比、压缩效率及保真度之间取得最佳的折中。例如，JPEG 和 MPEG 标准就采用了混合编码的压缩方法。

7.1.5　多媒体文件格式

在多媒体技术中，对媒体元素都有严谨而规范的数据描述，其数据描述的逻辑表现形式是文件格式，所以就被称为"文件格式"。多媒体文件格式非常多，包括图像文件、视频文件、声音文件等。

1. 图像文件

常见的图像文件格式包括 BMP 格式、GIF 格式以及 JPEG 格式等。

（1）BMP 格式的图像文件。

BMP（Bitmap）意为"位图"。BMP 格式的图像文件是美国 Microsoft 公司特为 Windows 环境应用图像而设计的，BMP 格式的图像是非压缩格式，文件扩展名为".bmp"。目前，随着 Windows 系统的普及和进一步发展，BMP 格式已经成为应用非常广泛的图像文件格式。

（2）GIF 格式的图像文件。

GIF（Graphics Interchange Format）格式的图像文件由 CompuServe 公司于 1987 年推出，主要是为了网络传输和 BBS 用户使用图像文件而设计的。GIF 格式图像文件的扩展名是".gif"。目前，GIF 格式的图像文件已经是网络传输和 BBS 用户使用最频繁的文件格式。特别适合于制作动画、网页以及演示文稿等。

（3）JPEG 格式的图像文件。

JPEG（Joint Photographic Experts Group）格式的图像文件具有迄今为止最为复杂的文件结构和编码方式，该格式的图像文件采用有损编码方式，原始图像经过 JPEG 编码，使 JPEG 格式的图像文件与原始图像发生很大差别。JPEG 格式图像文件的扩展名是".jpg"。

采用有损编码方式的 JPEG 格式的图像文件使用范围相当广泛，由于一个数据量很大的原始图像文件经过编码，可以用很小的数据量存储，因此，在因特网上经常用作图像传输；在广告设计中，常作为图像素材使用；在存储容量有限的条件下便于携带和传输。

2. 视频文件

（1）AVI 格式的视频文件。

AVI（Audio Video Interlaced）意为"音频视频交互"。该格式的文件是一种不需要专门的硬件支持就能实现音频与视频压缩处理、播放和存储的文件。AVI 格式的视频文件的扩展名是".avi"。AVI 格式的视频文件可以把视频信号和音频信号同时保存在文件当中，在播放时，音频和视频同步播放，所以人们把该格式文件命名为"视频文件"。AVI 格式的视频文件应用非常广泛，并且以其经济、实用而著称。该格式文件采用 320 像素 ×240 像素的窗口尺寸显示视频画面，画面质量优良，帧速度平稳，可配有同步声音，数据量小。因此，目前大多数多媒体产品均采用 AVI 格式的视频文件来表现影视作品、动态模拟效果、特技效果和纪实性新闻。

（2）MPEG 格式的视频文件。

MPEG（Motion Picture Experts Group）方式压缩的数字视频文件包括 MPEG1、MPEG2、MPEG4 在内的多种格式，我们常见的 MPEG1 格式被广泛应用于 VCD 的制作和一些视频片段的下载的网络应用中。使用 MPEG1 的压缩算法，可以把一部长 120min 的电影压缩到 1.2GB 左右。MPEG2 则是应用在 DVD 的制作方面，同时在一些高清晰度电视（High Difination Television，HDTV）和一些高要求视频编辑、处理上面也有相当的应用范围。使用 MPEG2 的压缩算法压缩一部长 120min 的电影可以到压缩到 4GB ~ 8GB 的大小。MPEG 格式的视频文件的扩展名为".mpg"。

3. 声音文件

声音文件又叫"音频文件"，它分为两大类：一类是波形音频文件，采用 WAV 格式；另一类是乐器数字化接口文件，采用 MIDI 格式。声音文件是全数字化的，对于 WAV 格式的声音文件，通过数字采样获得声音素材；而对于 MIDI 格式的文件，则通过 MIDI 乐器的演奏获得声音素材。

（1）WAV 格式的声音文件。

波形（wave），WAV 格式的音频文件表示的是一种数字化声音，WAV 格式的声音文件的扩展名为".wav"。常见的 WAV 格式的声音文件主要有两种，分别对应于单声道（11.025kHz 的采样率、8bit 的采样值）和双声道（44.1kHz 的采样率、16bit 的采样值）。WAV 格式的声音文件的特点是采样频率和采样精度越高，数字化声音与声源声音的效果越接近，数据的表达越精确，音质也越好，但音频信号数据量也会越大，每分钟的音频一般要占用 10MB 的存储空间。

（2）MP3 格式的声音文件。

动态影像专家压缩标准音频层面 3（Moving Picture Experts Group Audio LayerIII，MP3）是一种音频压缩技术，MP3 格式的声音文件的扩展名为".mp3"。MP3 的突出优点是压缩比高、音质较好、制作简单，可与 CD 音质相媲美。MP3 的压缩比为 10：1 ~ 96：1。这样，一张只能容纳十几首歌曲的光盘，可记录 150 首以上的 MP3 格式的歌曲。

（3）MIDI 格式的声音文件。

乐器数字化接口（Musical Instrument Digital Interface，MIDI）是乐器与计算机结合的产物。MIDI 提供了处于计算机外部的电子乐器与计算机内部之间的连接界面和信息交流方式，MIDI 格式的声音文件的扩展名为".mid"，通常把 MIDI 格式的声单文件简称为 MID 文件。MIDI 格式的声音文件主要用于原始乐器作品、流行歌曲的业余表演、游戏音轨以及电子贺卡等。

7.1.6　多媒体技术的应用

多媒体技术的应用领域非常广泛，几乎遍布各行各业以及人们生活的各个角落。由于多媒体技术具有直观、信息量大、易于接受、传播迅速等显著的特点，因此多媒体应用领域的拓展十分迅速。近年来，随着因特网的兴起，多媒体技术也渗透到因特网上，并随着网络的发展和延伸，不断地成熟和进步。

1. CAI 及远程教育系统

根据一定的教学目标，在计算机上编制一系列的程序，设计和控制学习者的学习过程，使学习者通过使用该系统，完成学习任务，这一系列计算机程序称为教育多媒体软件或称为计算机辅助教学（Computer Assist Instruction，CAI）。网络远程教育模式依靠现代通信技术及多媒体技术的发展,大幅度地提高了教育传播的范围和时效,使教育传播不受时间、地点、国界和气候的影响。CAI 的应用,使学生真正打破了明显的校园界限,改变了传统的"课堂教学"的概念,突破了时空的限制,可以接受到来自不同国家、教师的指导,可以获得除文本以外更丰富、直观的多媒体教学信息,共享教学资源。它可以按学习者的思维方式来组织教学内容,也可以由学习者自行控制和检测,使传统的教学由单向转向双向,实现了远程教学中师生之间、学生与学生之间的双向交流。

2. 地理信息系统

地理信息系统(Geographic Information System,GIS)用来获取、处理、操作、应用地理空间信息,主要应用在测绘、资源环境领域。与语音图像处理技术相比,地理信息系统技术成熟的相对较晚,软件应用的专业程度相对也较高,随着计算机技术的发展,地理信息技术逐步成为一门新兴产业。

3. 商业广告

多媒体技术用于商业广告,人们已经不陌生了。从影视广告、招贴广告,到市场广告、企业广告,其绚丽的色彩、变化多端的形态、特殊的创意效果,不但使人们了解了广告的意图,而且使人们得到了艺术享受。

4. 影视娱乐

影视娱乐业采用计算机技术,以适应人们日益增长的娱乐需求。多媒体技术在作品的制作和处理上,越来越多地被人们采用。例如,动画片的制作经历了从手工绘画到时尚的计算机绘画的过程,动画模式也从经典的平面动画发展到体现高科技的三维动画,使动画的表现内容更加丰富多彩,更加离奇和更具有刺激性。随着多媒体技术的发展逐步趋于成熟,在影视娱乐业中,使用先进的计算机技术已经成为一种趋势,大量的计算机效果已被注入影视作品中,从而增加了作品的艺术效果和商业价值。

7.2 多媒体素材的采集

7.2.1 文本的采集

1. 直接输入

如果文本的内容不是很多,可以在制作多媒体作品时,利用创作工具中提供的文字工具,直接输入文字。传统的文字输入方法是通过键盘输入。

2. 利用光学字符识别技术

如果要输入印刷品上的文字资料,可以使用光学字符识别(Optical Character Recognition,OCR)技术。OCR 技术是在计算机上利用光学字符识别软件控制扫描仪,对所扫描到的位图内容进行分析,将位图中的文字影像识别出来,并自动转换为 ASCII 字符。识别效果的好坏既取决于软件的技术水平,也取决于文本的质量和扫描仪的分辨率。

3. 其他方式

利用其他方法如语音识别、手写识别等,也可以将文本内容输入到计算机中。有的语音识别系统中还带有语音校稿功能等,使用非常方便。

7.2.2　图形图像的采集

图形图像属于静态视觉媒体，它的获取方法有很多，常用的获取方法如下。

1. 屏幕硬复制

在 Windows 中，通过屏幕编辑键，即按 <Print Screen> 键或 <Alt+PrintScreen> 组合键（笔记本电脑加按 <Fn> 键），可以直接抓取屏幕上的整屏或对话框，然后粘贴到需要的位置。

这里，按 <Print Screen> 键，复制当前屏幕上的图像到剪贴板上，其格式为位图格式。位图格式的文件都很大，但它包含的图像信息很丰富。

例如，当前桌面上显示的活动窗口是 Windows "日期和时间"对话框，如图 7.4（a）所示。抓取它时按 <Alt+Print Screen> 组合键，然后依次选择"开始"→"程序"→"附件"→"画图"命令，打开"画图"程序。选择"粘贴"命令，如图 7.4（b）所示，在"画图"程序的文档中已经粘贴上了"日前和时间"对话框图像，然后单击"保存"按钮命令，可将该图像保存起来。

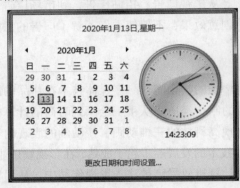
（a）

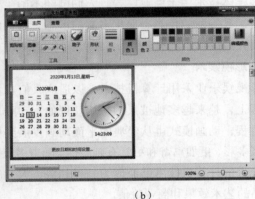
（b）

图 7.4　屏幕硬复制示例

2. 画图板创作

Windows 操作系统附件中自带有画图工具，利用它可以创作出自己需要的图像，也可以通过专业图像处理软件 Photoshop 来实现。

7.3.1 节将对 Photoshop 图像处理软件的具体使用做进一步详细介绍。

3. ACDSee

ACDSee 是使用最广泛的数字图像处理软件，常用于图片的获取、管理、浏览和优化，支持 50 种以上的常用多媒体格式。作为一款优秀的看图软件，它能快速、高质量地显示图片，如果再配以内置的音频播放器，可以使用它播放幻灯片。另外，ACDSee 还能处理数码影像，拥有去除红眼、剪切图像、锐化和曝光调整、制作浮雕特效、镜像等功能，并可进行批量处理。

4. CorelDRAW

CorelDRAW 是一款由加拿大的 Corel 公司开发的图形图像软件。CorelDRAW 界面设计友好；它提供了一整套绘图工具、塑形工具、图形精确定位和变形控制方案，以便充分地利用计算机处理信息量大、随机控制能力高的特点，给商标、标志等需要准确尺寸的设计带来极大的便利。CorelDRAW 的颜色匹配管理方案让显示、打印和印刷达到颜色的一致，这是别的软件所不能及的。另外，CorelDRAW 的文字处理与图像的输入输出构成了排版功能，支持绝大部分图像格式的输入与输出，几乎与其他软件可畅通无阻地交换和共享文件。广泛应用于商标设计、标志制作、模型绘制、插图描画、排版及分色输出等诸多领域。

5. PageMaker

PageMaker 由 Aldus 公司推出。它提供了一套完整的工具，用来处理图文编辑，产生专业、高品质的出版刊物，是平面设计与制作人员的理想伙伴。PageMaker 操作简便，功能全面，借助丰富的模板、图形及简洁直观的设计工具，对于初学者来说很容易上手。尤其是其稳定性、高品质及多变化等功能备受用户赞赏。利用 PageMaker 设计制作出来的产品在生活中随处可见，例如，说明书、画册、产品外包装、广告手提袋、广告招贴等。

6. 数码相机

数码相机是一种数字成像设备。它的特点是以数字形式记录图像，原理与扫描仪相同。关键部件都是电荷耦合器件（Charge Coupled Device，CCD），与扫描仪不同的是数码相机的 CCD 阵列不是排成一条线，而是排成一个矩形网格分布在芯片上，形成一个对光线极其敏感的单元阵列，使数码相机可以一次拍摄一整幅图像，而不是像扫描仪那样逐行地慢慢扫描图像。

衡量数码相机的技术指标主要是 CCD 像素数量，像素总数越多，图像的清晰度越高，色彩越丰富。目前，一般数码相机的 CCD 为 800 万像素左右，高级数码相机和专业数码相机的 CCD 达到 4000 万像素。其次是光学镜头、快门速度等。具体使用操作可以在不同厂家的使用说明书中看到，此处不再赘述。

7.2.3　声音的采集

多媒体中的声音来源有两种，即购买商品语音库和录音制作合成。声音的录制和播放都通过声卡完成。使用工具软件可以对声音进行各种编辑或处理，以获得较好的音响效果。最简单方便的音频捕获编辑软件是 Windows 中的录音机。录制声音时，需要一个话筒，并把它插入声卡中的话筒（Microphone，MIC）插孔，也可以连接另外的声源设备，如 CD 唱机或其他立体声设备。可以从其录音的音频输入源的类型取决于所拥有的音频设备以及声卡上的输入源。

声音采集的具体操作步骤如下。

1. 调整音量

在 Windows 7 中单击任务栏中的音量图标，弹出"音量"对话框，如图 7.5（a）所示。在该对话框中，上下拖曳滑块，可以改变音量的大小。单击底部的声音图标，则对扬声器 / 听筒静音，再次单击，则取消静音。单击"合成器"按钮，打开图 7.5（b）所示的对话框，可以分别调整设备的音量和各个应用程序的音量。单击"扬声器"图标按钮，可打开"扬声器属性"对话框，设置声音的属性，如图 7.5（c）所示。

2. 启动录音机

要录音时，确保有音频输入设备（如话筒）连接到计算机。然后依次选择"开始"→"程序"→"附件"→"录音机"命令，打开"录音机"应用程序窗口，窗口界面如图 7.6 所示。

3. 录制声音

用话筒输入声音的操作过程如下。

① 启动录音机。

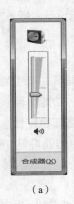
（a）

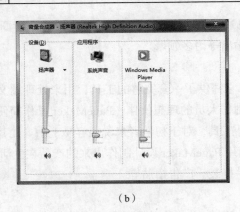
（b）

（c）

图 7.5　调整音量

② 打开话筒，单击"开始录制"按钮，录音机便开始录音，如图 7.7 所示。

③ 对着话筒说话。

图 7.6　"录音机"窗口

图 7.7　录音机正在录音

④ 单击"停止录制"按钮就可以停止录音。并出现"另存为"对话框，在"文件名"文本框中键入这个音频文件的文件名，单击"保存"按钮即可。

⑤ 如果在"另存为"对话框中单击"关闭"或"取消"按钮并返回，"录音机"窗口中将显示"继续录制"按钮，此时单击"继续录制"按钮，可以继续录音。

如果不想录自己的声音，还可以用一条输入信号线录下其他设备（如音响）发出的声音。只要把这条线的一端插入声卡后面的 Line In 孔，另一端插入音响的 Line Out 孔即可。

7.2.4　视频影像的采集

获取数字视频信息主要有两种方式。一种是将模拟视频信号数字化，即在一段时间内以一定的速度对连续的视频信号进行采集。所谓采集就是将模拟的视频信号经硬件设备数字化，然后将其数据加以存储。在编辑或播放视频信息时，将数字化数据从存储介质中读出，经过硬件设备还原成模拟信号后输出。使用这种方法，需要拥有录像机、摄像机及一块视频捕捉卡。录像机和摄像机负责采集实际景物，视频捕捉卡负责将模拟的视频信息数字化。另一种是利用数字摄像机拍摄实际景物，从而直接获得无失真的数字视频。就目前来讲，由于数字摄像机的普及，第二种方法使用的场合更多些。

7.3　多媒体素材制作工具

7.3.1　图像处理软件 Photoshop CS5

在众多图像处理软件中，比较公认的是 Adobe 公司推出的专业图形图像处理软件Photoshop，它以其强大的功能成为桌面出版、影视编辑、网页设计、多媒体设计等行业的主流设计软件。它不仅提供强大的绘图工具，可以直接绘制艺术文字、图形，还能直接从扫描仪、数码相机等设备采集图像，并可以对它们进行修改、修复，调整图像的色彩、亮度，改变图像的大小，而且可以对多幅图像进行处理，并增加特殊效果，使现实生活中很难遇见的景象十分逼真地展现出来，这些功能都为我们实现设计创意带来了方便。

1. Photoshop CS5 的工作界面

Photoshop CS5 的工作界面按其功能可分为快捷工具栏、菜单栏、工具箱、属性栏、状态栏、控制面板、工作区和图像窗口等几部分，如图 7.8 所示。下面来介绍各部分的功能和作用。

图 7.8　Photoshop CS5 的工作界面

① 快捷工具栏：在快捷工具栏中显示的是软件名称、各种快捷按钮和当前图像窗口的显示比例等。右侧的 3 个按钮，前两个用于控制界面的显示大小，最后一个用于退出 Photoshop CS5。

② 菜单栏：菜单栏中包括"文件""编辑""图像""图层""选择""滤镜""分析""3D""视图""窗口""帮助"11 个菜单。单击任意一个菜单，将会弹出相应的下拉菜单，其中包含若干个子命令，选择任意一个子命令即可执行相应的操作。

③ 工具箱：工具箱中包含各种图形绘制和图像处理工具，如对图像进行选择、移动、绘制和查看等编辑工具，在图像中输入文字的工具、3D 变换工具以及更改前景色和背景色的工具等。

④ 属性栏：属性栏显示工具箱中当前选择工具按钮的参数和选项设置。在工具箱中选择不同的工具按钮，属性栏中显示的选项和参数也各不相同。

⑤ 状态栏：状态栏位于图像窗口的底部，显示图像的当前显示比例和文件大小等信息。在比例文本框中输入相应的数值，就可以直接修改图像的显示比例。

⑥ 控制面板：利用窗口右边的控制面板可以对当前图像的色彩、大小显示、样式以及相关操作等进行设置。

⑦ 工作区：工作区是指 Photoshop CS5 工作界面中的大片灰色区域，工具箱、图像窗口和各种控制面板都在工作区内。

⑧ 图像窗口：图像窗口是表现和创作作品的主要区域，图形的绘制和图像的处理都在该区域内进行。Photoshop CS5 允许同时打开多个图像窗口，每创建或打开一个图像文件，工作区中就会增加一个图像窗口。

2. 工具箱的使用

Photoshop CS5 的工具箱位于工作界面的左边，共有 50 多个工具。要使用工具箱中的工具，只要单击该工具图标即可在文件中使用。如果该图标中还有其他工具，右键单击该图标即可弹出隐藏工具栏，选择其中的工具单击即可使用，如图 7.9 所示。

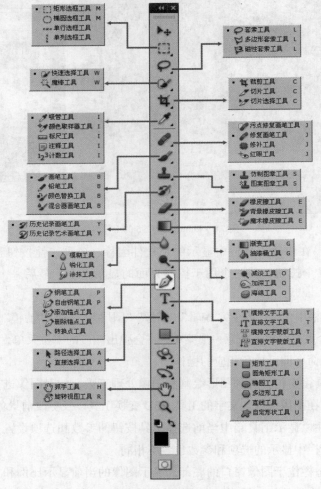

图 7.9　工具箱

单击工具箱中某个工具的同时，在属性栏中可以设置该工具的相关参数，以达到所需效果。工具箱中各工具按钮及其按钮选项的功能及作用如表 7.1 所示。

表 7.1　　　　　　　　　　　　　工具按钮及其按钮选项的功能和作用

按　钮	名　称	功能及使用
	选框	可选取一块规则的范围
	移动	可移动整张图或被选取的范围，被选取的范围会一直保留，呈浮动状态
	套索	可选取不规则的范围
	快速选择 / 魔棒	快速选择工具用来选择多个颜色相似的区域；魔棒工具用来选取图像中颜色相近的像素
	裁剪 / 切片	可在图像或涂层中裁剪下所选定的区域 用于切割图像和选择切片，主要应用于制作网页图片
	吸管 / 颜色取样器 / 标尺 / 注释	吸管工具可直接吸取图像的颜色，以作为前景或背景的颜色；颜色取样器工具用于比较图像多处的颜色；标尺工具可测量工作区内任何两点间的距离；注释工具可为图像增加文字注释
	修复画笔	可修复旧照片或有破损的图像，可修补图像
	画笔 / 铅笔 / 颜色替换 / 混合器	通过不同的参数设置可画出不同效果的图像
	图章	可将局部图像复制到其他地方
	历史记录	可将图像在编辑过程中某一状态复制到当前层中，需配合历史调板一起用
	橡皮擦	使用原理和文具橡皮擦一样
	渐变 / 油漆桶	可画出图像的线性渐变、径向渐变、旋转角度渐变、反射渐变和菱形渐变等效果，可给图片或选定的范围涂色
	模糊 / 锐化 / 涂抹	模糊工具可使图像产生局部柔化的模糊效果；锐化工具可增加图像的锐化度，使图像产生清晰的效果；涂抹工具可产生像用手指在未干的油画或水彩上涂抹的效果
	减淡 / 加深 / 海绵	减淡工具可增加图像的亮度；加深工具可加深图像的颜色；海绵工具可调整颜色饱和度
	钢笔 / 自由钢笔 / 添加锚点 / 删除锚点 / 转换点	主要用于修改图像的细微处与形状，特别是当范围选取工具无法圈选适当的范围时，用其可以完成选取工作。钢笔工具可画直线，以及画出比自由钢笔更精确光滑的曲线。添加锚点和删除锚点工具可添加或删除路径的锚点。转换点工具可选择、修改路径的锚点及调整路径的方向
	文字	输入文字，设定字形及尺寸
	路径选择	用于选择路径对象，以便进行移动、复制等操作或对锚点位置进行调整
	形状 / 直线 / 自定形状	形状工具可画各种几何图形；直线工具可用来绘制直线及带有箭头的直线；自定形状工具可绘制各种自定义的图形
	抓手	通过拖动进行图像查看
	缩放	调整图像大小
	前景 / 背景颜色	用于设定图像前景颜色或背景颜色，单击其右上角的弧形双向箭头可将前景颜色和背景颜色交换
	以标准模式编辑 / 以快速蒙版模式编辑	快速蒙版工具可将选取范围变为蒙版，在此蒙版范围上可进行修改，以便更精确地修改选取的范围；标准模式能把快速蒙版状态还原为正常模式
	标准屏幕模式 / 最大化屏幕模式 / 带有菜单栏的全屏模式 / 全屏模式	用于选择不同的屏幕显示模式

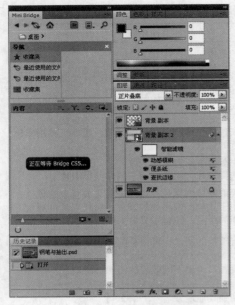

图 7.10　调板组

3. 控制面板组

Photoshop CS5 中的控制面板组（调板组）可以将不同类型的调板归类到相应对的组中并将其停靠在右边调板组中，在我们处理图像时需要哪个调板只要单击相应标签就可以快速找到相对应的调板从而不必再到菜单中打开。Photoshop CS5 版本在默认状态下，只要执行"菜单"→"窗口"命令，可以在下拉菜单中选择相应的调板，之后该调板就会出现在调板组中，如图 7.10 所示。

Photoshop CS5 为用户提供了很多调板。重复按 <Shift+Tab> 组合键，可以显示或隐藏调板组；重复按 <Tab> 键，可以显示或隐藏调板组、工具箱以及工具选项栏。按 <F5>、<P6>、<P7>、<F8>、<F9> 键，分别可以显示或隐藏画笔面板、颜色面板、图层面板、信息面板和动作面板。每个面板组的右上角都有一个三角按钮，单击该按钮可以打开相应的面板菜单。

4. Photoshop CS5 的基本操作

（1）打开文件。

启动 Photoshop CS5 →选择"文件"菜单→单击"打开"命令，弹出"打开"对话框（见图 7.11）→选择所需的图像文件→单击"打开"按钮即可。

（2）新建文件。

启动 Photoshop CS5 →选择"文件"菜单→单击"新建"命令，弹出"新建"对话框（见图 7.12）→选择相应的宽度、高度、分辨率、颜色模式和背景内容→单击"确定"按钮完成新建。

图 7.11　"打开"对话框

图 7.12　"新建"对话框

（3）保存文件。

"保存"命令可以将新建文档或处理完的图像进行存储。在菜单中选择"文件"菜单→单击"存储"命令或按 <Ctrl+S> 组合键，如果是第一次对新建文件进行保存系统会弹出图 7.13 所示的"存储为"对话框。在文件名处的文本框中键入要保存的名称，单击"保存"按钮即可保存文件。

图 7.13　"存储为"对话框

5. 利用 Photoshop CS5 给证件照换背景

在不同的使用场合，经常要求证件照的背景颜色不一样，那么我们自己怎么给证件照更换背景呢？本例将通过图像调整替换颜色的方法完成证件照的背景替换。

步骤 1：启动 Photoshop CS5 应用程序。

步骤 2：选择"文件"菜单→单击"打开"命令，找到素材所在的文件夹，选择并打开素材文件，如图 7.14 所示。

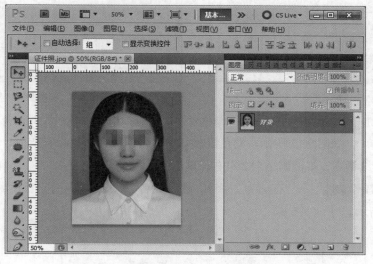

图 7.14　"证件照"原图

步骤 3：在"图层"面板中右键单击→出现"复制图层"对话框，并命名为"证件照"图层，如图 7.15 所示。（这一步骤可有可无，目的是养成保留原图的好习惯，万一做不好可以重新做一遍，或者留做他用）

步骤 4：选择"图像"→"调整"→"替换颜色"命令，打开"替换颜色"对话框，如图 7.16 所示。在该对话框中的"选区"组中选择"吸管"工具，吸取图像的背景颜色，这里是蓝色。这时候我们发现，人像是黑色，若背景变为灰色，我们调整容差，让背景转变为白色，或者使用"加号吸管"工具添加取样颜色。

图 7.15　"复制图层"对话框　　　　　图 7.16　"替换颜色"对话框

步骤 5：单击"替换"中的"结果"颜色，弹出"选择目标颜色："对话框，这里选择红色（RGB：255,0,0），如图 7.17 所示。颜色设置好后，若图片人物边缘有杂边，可以将颜色替换中的颜色容差继续调高，本例调至 152 左右，单击"确定"即可。

步骤 6：选择"文件"→"存储为"命令，保存成名为"证件照 - 背景替换后 .jpg"的图片。效果如图 7.18 所示。

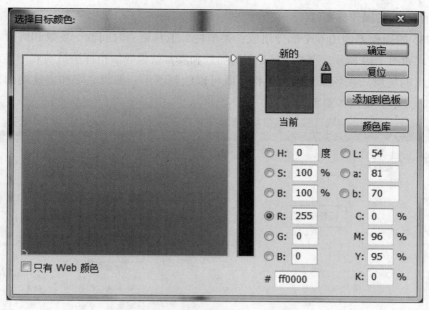

图 7.17　"选择目标颜色："对话框

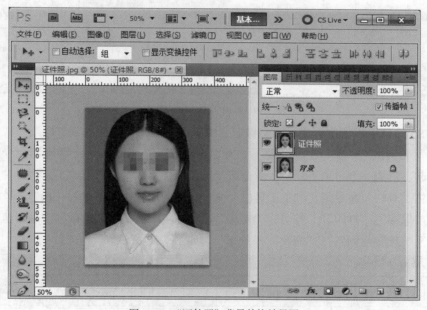

图 7.18　"证件照"背景替换效果图

7.3.2　动画制作软件 Flash CS5

　　Flash 是一种创作工具，设计人员和开发人员可使用它来创建演示文稿、应用程序和其他允许用户交互的内容。Flash 可以包含简单的动画、视频内容、复杂演示文稿和应用程序以及介于它们之间的任何内容。通常，使用 Flash 创作的各个内容单元称为应用程序，即使它们可能只是很简单的动画。也可以通过添加图片、声音、视频和特殊效果，构建包含丰富媒体的 Flash 应用程序。

1. Flash CS5 的操作界面

Flash CS5 的操作界面由 6 个部分组成：菜单栏、工具箱、时间轴、场景和舞台、浮动面板及属性面板，如图 7.19 所示。其中 Flash 中的场景和舞台就像导演指挥演员演戏一样，要给演员一个排练演出的场所。在场景和舞台工作区既可以绘制图形、编辑文字和创建动画，也可以展示图形图像、文字、动画等对象。

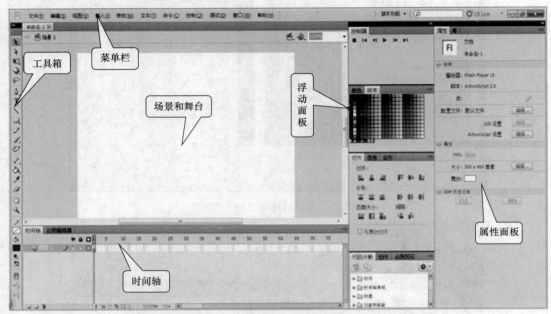

图 7.19　Flash CS5 的操作界面

Flash CS5 的菜单栏依次分为："文件""编辑""视图""插入""修改""文本""命令""控制""调试""窗口""帮助"。为方便使用，Flash CS5 将一些常用命令以按钮的形式组织在一起，形成一个"主工具栏"命令组，可以通过菜单"窗口""工具栏""主工具栏"命令显示"主工具栏"命令组。"主工具栏"命令组中的命令按钮依次为"新建""打开""转到 Bridge""保存""打印""剪切""复制""粘贴""撤销""重做""贴紧至对象""平滑""伸直""旋转与倾斜""缩放""对齐"，如图 7.20 所示。

图 7.20　主工具栏

工具箱提供了用于图形绘制和图形编辑的各种工具，如图 7.21 所示。单击按下某个工具按钮，即可激活相应的操作功能。工具按钮右下角的三角形代表该按钮是按钮工具组，单击后稍停留一会儿则可显示该按钮下的所有工具按钮。

时间轴用于组织和控制文件内容在一定时间内播放。按照功能的不同，时间轴窗口分为左右两部分，分别为图层控制区和时间线控制区，如图 7.22 所示。

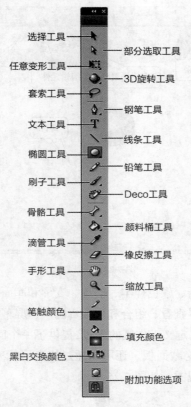

图 7.21　工具箱

选择工具 部分选取工具
任意变形工具 3D旋转工具
套索工具 钢笔工具
文本工具 线条工具
椭圆工具 铅笔工具
刷子工具 Deco工具
骨骼工具 颜料桶工具
滴管工具 橡皮擦工具
手形工具 缩放工具
笔触颜色
填充颜色
黑白交换颜色
附加功能选项

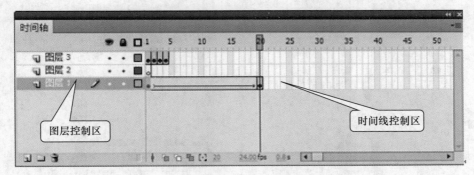

图 7.22　时间轴窗口

图层控制区

时间线控制区

场景和舞台是所有动画元素的最大活动空间。像多幕剧一样，场景可以不止一个。要查看特定场景，可以选择"视图"→"转到"命令，再从其子菜单中选择场景的名称。场景也就是常说的舞台，是编辑和播放动画的矩形区域。在舞台上可以放置、编辑向量插图、文本框、按钮、导入的位图图形、视频剪辑等对象。舞台包括大小、颜色等设置，如图 7.23 所示。

对于正在使用的工具或资源，使用"属性"面板，可以很容易地查看和更改它们的属性，从而简化文档的创建过程。当选定单个对象时，如文本、组件、形状、位图、视频、组、帧等，"属性"面板可以显示相应的信息和设置。当选定了两个或多个不同类型的对象时，"属性"面板会显示选定对象的总数，例如，"椭圆工具"的属性面板如图 7.24 所示。

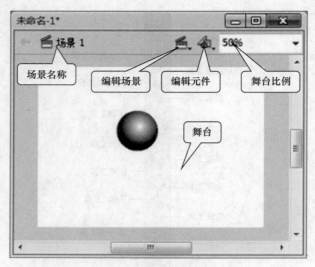

图 7.23　场景舞台

浮动面板包括对齐、混色器、颜色样本、信息、变形和库面板等，它极大地方便了对工作区对象的编辑操作。使用面板可以查看、组合和更改资源。但屏幕的大小有限，为了尽量使工作区最大，Flash CS5 提供了许多种自定义工作区的方式，提供了一个面板组可以随时打卡和关闭面板，可以通过"窗口"菜单显示或隐藏面板，还可以通过拖曳鼠标来调整面板的大小以及重新组合面板等。打开的"颜色"面板视图，如图 7.25 所示。

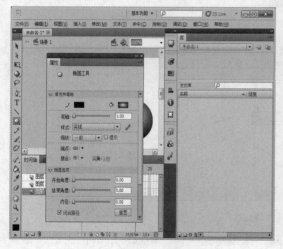

图 7.24　"椭圆工具"的属性面板

图 7.25　"颜色"面板

2. 绘制与编辑图形

使用铅笔工具 ✐ 绘制线条图形时，可以绘制任意形状的曲线矢量图形。绘制完一条线后，Flash CS5 可以自动对其进行加工，例如变直、平滑等。

编辑线条时，使用工具箱中的选择工具 ▶，将鼠标指针移动到线、轮廓线或填充的边缘处，会发现鼠标指针右下角出现一个小弧线，这时用鼠标拖曳鼠标指针所指的线，即可看到被拖曳的线形状发生了变化，如图 7.26 所示；将鼠标指向直角线，用鼠标拖曳直线，即可看到被拖曳的直角形状发生了变化，如图 7.27 所示。

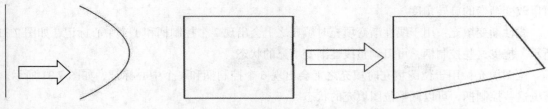

图 7.26 线形状变化   图 7.27 角形状变化

使用墨水瓶工具可以改变已经绘制线的颜色和线型等属性。单击工具箱内的墨水瓶工具，在属性面板修改了线的颜色和线型后，将鼠标移动到舞台工作区中的某条线上并单击，即可修改线条颜色和线型。如果用单击一个无轮廓线的填充，则会自动为该填充增加一条轮廓线。

使用滴管工具可以吸取舞台工作区中已经绘制的线条和填充的对象。单击工具箱中的滴管工具，然后将鼠标移动到在舞台工作区内的对象之上，此时鼠标指针变成（对象是线条）、（对象是填充）或（对象是文字）形状。单击该对象，即可将对象的属性赋给相应的面板，相应的工具也会被选中。

绘制图形时可以用椭圆、矩形和多角星形工具绘图，使用前应先设置笔触属性。用椭圆、矩形和多角星形工具绘制出的有填充的图形由两个对象组成：一个是轮廓线，另一个是填充。这两个对象是独立的，可以分离，分别操作。例如，绘制一个矩形图形后，单击工具箱中的选择工具，再将鼠标指针移动到矩形图形内，拖曳鼠标，即可把填充移开，如图 7.28 所示。

如果想要绘制星形图形，单击工具箱内的多角星形工具，然后单击属性面板内的"选项"按钮，调出"工具设置"对话框，如图 7.29 所示。

图 7.28 对象的移动   图 7.29 "工具设置"对话框

绘制的图形可以切割，切割的对象不包括组合对象。切割对象时，可以用选择工具在舞台工作区内选中图形的一部分，然后拖曳鼠标使选中的部分与原图形分开，如图 7.30 所示。

绘制的图形可以使用颜料桶工具填充，颜料桶工具的作用是对填充的属性进行修改。填充的属性有纯色（即单色）填充、放射状渐变填充、位图填充、线性渐变填充等。

对已填充的图形可以使用填充变形工具填充，填充变形工具用于图形，即可在填充之上出现一些控制柄，拖曳这些控制柄，可以调整填充的填充状态。

放射状渐变填充：用于放射状填充时填充之上会出现 4 个控制柄和 1 个中心标记，如图 7.31 所示。调整焦点，可以改变放射状渐变的焦点；调整中心点，可以改变渐变的中心点；调整宽度，可以改变渐变的宽度；调整大小，可以改变渐变的大小；调整旋转，

图 7.30 切割图形方法

可以改变渐变的旋转角度。

线性渐变填充：用于线性渐变填充时填充之上会出现 2 个控制柄和 1 个中心标记，如图 7.31 所示。拖曳这些控制柄，可以调整线性渐变填充的状态。

位图填充：用于位图填充时填充之上会出现 6 个控制柄和 1 个中心标记，如图 7.31 所示。拖曳这些控制柄，可以调整位图填充的状态。

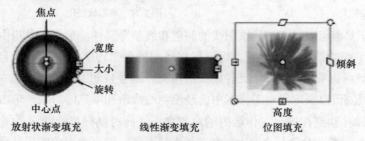

图 7.31　填充变形工具使用

3. 图层、时间轴与帧

图 7.32　Flash 中的图层

在 Flash 中，图层相当于舞台中的演员所处的前后位置，如图 7.32 所示。

时间轴是 Flash 进行动画创作和编辑的主要工具。时间轴就好像导演的剧本，它决定了各个场景的切换以及演员出场、表演的时间顺序。Flash 把动画按时间顺序分解成帧，在舞台中直接绘制的图形或从外部导入的图像，均可形成单独的帧，再把各个单独的帧画面连在一起，合成动画。每个动画都有它的时间轴，Flash 动画的时间轴如图 7.33 所示。

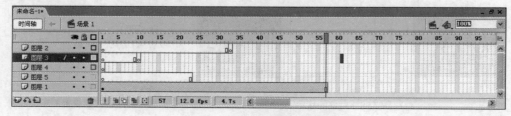

图 7.33　Flash 动画的时间轴

时间轴上的帧如图 7.34 所示。

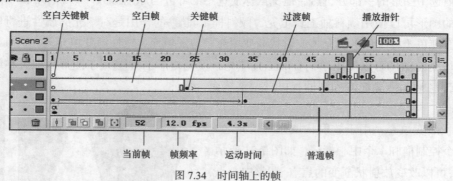

图 7.34　时间轴上的帧

时间轴上主要有以下 6 种帧。

① 空白帧：空白帧内是空的，没有任何对象，也不可以在其内创建对象。

② 空白关键帧：帧单元格内有一个空心的圆圈，表示它是一个没内容的关键帧，即空白关键帧，可以在其内创建各种对象。如果新建一个 Flash 文件，则会自动创建一个空白关键帧作为第一帧。单击选中某个空白帧，再按 <F7> 键，即可将它转换为空白关键帧。

③ 关键帧：帧单元格内有一个实心的圆圈，表示该帧内有对象，可以进行编辑。单击选中一个空白帧，再按 <F6> 键，即可创建一个关键帧。

④ 普通帧：在关键帧的右边的浅灰色背景的帧单元格是普通帧，表示它的内容与左边的关键帧内容一样。单击选中关键帧右边的一个空白帧，再按 <F5> 键，则从关键帧到选中的帧之间的所有帧均变成普通帧。

⑤ 过渡帧：过渡帧是两个关键帧之间，创建补间动画后由 Flash 计算生成的帧，无法进行编辑操作。它的底色为浅蓝色（动作动画）或浅绿色（形状动画）。

⑥ 动作帧：动作帧本身也是一个关键帧，该帧中有一个字母"a"，表示这一帧中分配有动作脚本。当动画播放到该帧时会执行相应的脚本程序。

4. 元件的操作

元件可以分为图形元件、影片剪辑元件和按钮元件。创建元件的方法如下。

（1）创建元件。

选择"插入"菜单中的"新建元件"命令，弹出图 7.35 所示的"创建新元件"对话框，在"创建新元件"对话框的"名称"文本框中输入元件名称，并根据需求选择元件类型，最后单击"确定"按钮完成元件的创建。

（2）转换为元件。

利用选择工具选取转换元件，单击"修改"菜单中的"转换为元件"命令，弹出图 7.36 所示的"转换为元件"对话框，在"转换为元件"对话框中的"名称"文本框中输入元件名称，并根据需求选择元件类型，最后单击"确定"按钮完成转换元件。

图 7.35　"创建新元件"对话框　　　　图 7.36　"转换为元件"对话框

（3）删除元件。

在库面板中单击选中要删除的元件，然后单击库面板中的"删除"按钮。

将元件放置到舞台上则称为实例，即实际用到的物体。元件可以重复使用，或作为单独个体存在，或与其他元件组成新元件。当元件应用到舞台中成为实例后，两者之间仍然保持镜像关系，即修改元件内容的同时也修改实例内容。元件的好处很多，除减少素材体积大小外，还可以制作出整体变色、变透明等特效。重要的是只有它可以执行 Flash CS5 中的运动变形动画。

7.3.3　视频处理软件简介

1. Ulead Video Studio 10.0

会声会影（Ulead Video Studio）是友立公司开发的一款功能强大，支持各类编码，完全针对家庭娱乐、个人纪录片制作之用的简便性视频编辑软件。会声会影编辑器提供了制作精彩家庭电影所需的一切工具，具有图像抓取和编修功能，可以抓取、转换 MV/DV/V8/TV 和实时记录，可在影片中加入字幕、旁白或动态标题等，提供了超过 100 种的编制功能与效果，用户只需按照简单的分步式流程操作即可完成整个过程。另外，用户还可以充分利用高清摄像机、宽银幕电视和环绕声音响，轻松地制作出具有最佳品质的图像和声音的高清视频和 HD DVD 光盘。

2. Ulead Media Studio Pro 8.0

Ulead Media Studio Pro 8.0 由友立公司开发，它包括一个编辑程序包，主要的编辑应用程序有 Video Editor、Audio Editor、CG Infinity、Video Paint，其内容涵盖了视频编辑、影片特效、2D 动画制作，是一套整合性完备、面面俱到的视频编辑套餐式软件，尤其在文本和视频着色功能方面具有特别强的处理能力。

Ulead Media Studio Pro 提供基于 PC 的纯 MPEG-2 和 DV 支持，它允许从录像机、电视、光盘或摄录一体机采集以及观看原始视频。使用 Ligos 公司的 GoMotion 技术，支持 IEEE 1394 和 MPEG-2 的 DV，确保高品质视频，并大大提高了生产效率。

3. Adobe Premiere pro CS3

Adobe Premiere pro CS3 是一款优秀的非线性视频编辑软件。作为主流的 DV 编辑工具，它为高质量的视频处理提供了完整的解决方案，在业内受到了广大视频编辑人员和视频爱好者的一致好评。Adobe Premiere pro CS3 以其全新的合理化界面和通用高端工具，兼顾了广大视频用户的不同需求，在一个并不昂贵的视频编辑工具箱中，提供了前所未有的生产能力、控制能力和灵活性。Adobe Premiere 软件目前已被广泛应用于电影、电视、多媒体、网络视频、动画设计以及家庭 DV 数码等领域的后期制作中。

7.3.4 声音编辑软件

1. Sound Forge 10.0

Sound Forge 是 Sonic Foundry 公司开发的一个专业级音频编辑软件。它包括了一个广泛的音效处理过程、工具和效果，可以处理多个音效，并且具备了与 Real Player G2 结合的功能，能够轻松完成看似复杂的音效编辑。不过需要注意的是，Sound Forge 是一个声音文件处理软件，它只能对单个的声音文件进行编辑，而不具备多轨处理能力。如果把 Sound Forge 与 Photoshop 相比，可以把前者看作一个不具备"层"概念的 Photoshop。

2. GoldWave

GoldWave 是一个功能强大的数字音乐编辑器，是一个集声音编辑、播放、录制和转换的音频工具，它还可以对音频内容进行转换格式等处理。它体积小巧，功能却不弱，可以打开的音频文件格式相当多，包括 WAV、OGG、VOC、IFF、AIFF、AIFC、AU、SND、MP3、MAT、DWD、SMP、VOX、SDS、AVI、MOV、APE 等音频文件格式，也可以从 CD、VCD、DVD 或其他视频文件中提取声音。GoldWave 内含丰富的音频处理特效，从一般特效如多普勒、回声、混响、降噪到高级的公式计算（利用公式在理论上可以产生任何想要的声音），效果非常多。

多媒体技术
的发展历史

几种压缩
编码介绍

习题 7

一、选择题

1. 所谓媒体是指（ ）。

 A. 表示和传播信息的载体   B. 各种信息的编码

 C. 计算机输入与输出的信息   D. 计算机屏幕显示的信息

2. 多媒体技术发展的基础是（ ）。

 A. 数字化技术和计算机技术的结合   B. 数据库与操作系统的结合

 C. CPU 的发展   D. 通信技术的发展

3. 多媒体 PC 是指（ ）。

 A. 能处理声音的计算机

 B. 能处理图像的计算机

 C. 能进行文本、声音、图像等多种媒体处理的计算机

 D. 能进行通信处理的计算机

4. 多媒体计算机系统的两大组成部分是（ ）。

 A. 多媒体器件和多媒体主机

 B. 音箱和声卡

 C. 多媒体输入设备和多媒体输出设备

 D. 多媒体计算机硬件系统和多媒体计算机软件系统

5. 专门的图形图像设计软件是（ ）。

 A. HyperSnap-DX   B. ACDSee

 C. WinZip   D. Photoshop

6. 帧率为 25 帧 / 秒的制式为（ ）。

 （1）PAL   （2）SECAM   （3）NTSC   （4）YUV

 A. 仅（1）   B.（1）、（2）

 C.（1）、（2）、（3）   D. 全部

7. 在美术绘画中的三原色，指的是（ ）。

 A. 橙、绿、紫   B. 白、黑、紫

 C. 红、黄、蓝   D. 红、绿、黄

8. 下列文件格式中，（ ）是声音文件格式的扩展名。

 （1）.wav   （2）.jpg   （3）.bmp   （4）.mid

 A. 仅（1）   B.（1）、（4）

 C.（1）、（2）   D.（2）、（3）

9. 下列文件格式中，（ ）是图像文件格式的扩展名。

 （1）.txt   （2）.mp3   （3）.bmp   （4）.pcd

 A. 仅（3）   B.（1）、（3）

 C.（1）、（2）   D.（3）、（4）

10. 目前多媒体计算机中对动态图像数据压缩常采用（　　）。

　　A. JPEG　　　　　　　B. GIF　　　　　　　C. MPEG　　　　　　　D. BMP

二、填空题

1. 多媒体就是由多种单媒体复合而成的人——机交互式信息交流和传播媒体，包括 ＿＿＿＿、＿＿＿＿、＿＿＿＿、视频、动画等。

2. 在众多图像处理软件中，比较公认的专业图形图像处理软件是 ＿＿＿＿ 软件。

3. 当图像分辨率为 800 像素 ×600 像素，屏幕分辨率为 640 像素 ×480 像素时，屏幕上只能显示一幅图像的 ＿＿＿＿ % 左右。

4. Flash CS5 的操作界面由 ＿＿＿＿、＿＿＿＿、时间轴、场景和舞台、浮动面板及属性面板几部分组成。

三、判断题

1. 多媒体计算机系统中，内存和光盘属于传输媒体。（　　）

2. 用数码相机可将图片输入到计算机。（　　）

3. BMP 转换为 JPG 格式，文件大小基本不变。（　　）

4. 图像分辨率是指图像水平方向和垂直方向的像素个数。（　　）

5. 计算机只能加工数字信息，因此，所有的多媒体信息都必须转换成数字信息，再由计算机处理。（　　）

6. 媒体信息数字化以后，体积减小了，信息量也减少了。（　　）

7. 能播放声音的软件都是声音加工软件。（　　）

8. 计算机对文件采用有损压缩，可以将文件压缩的更小，减少存储空间。（　　）

9. 图像分辨率是指图像水平方向和垂直方向的像素个数。（　　）

10. Wrod、WPS、PowerPoint 都是多媒体集成软件。（　　）

四、操作题

1. 用 Photoshop CS5 将一只猫头鹰和汽车标志处理成图 7.37 所示的效果。

图 7.37　合成后的猫头鹰

2. 用 Flash CS5 制作风车旋转的动画，如图 7.38 所示。

图 7.38　风车

第 8 章
程序设计基础

本章首先介绍了程序与程序设计的基本概念、程序设计的一般过程、程序设计的方法以及常用的程序设计语言，然后介绍了算法，算法是计算机问题求解的灵魂，是计算机科学的核心问题，接着具体介绍了常见的程序设计基本结构，最后简单介绍 C 语言程序设计，使学生对程序设计语言有一个初步的认识，为后续学习打下基础。

【知识要点】
- 程序设计的概念。
- 程序设计的一般过程。
- 程序设计的方法。
- 常用的程序设计语言。
- 算法的概念、特征和描述方法。
- 程序设计的基本结构。
- C 语言程序设计入门。

8.1　程序设计概述

什么是程序设计？如何进行程序设计？为什么计算机语言那么多，而没有一种通用的计算机语言呢？这些是初学者会遇到的问题，也是程序设计的基本问题和共性问题。

人们在使用计算机来完成某项工作时，通常会面临两种情况：一种是可以借助现成的应用软件完成，如文字处理可使用 Word，表格处理可使用 Excel，科学计算可选择 Matlab，图形图像处理可选择 Photoshop 等；另一种情况是没有完全合适的软件可供使用，这时就需要使用计算机语言编制程序来实现特定的功能，这就是程序设计。

程序设计是计算机基础知识的一个重要部分，学会程序设计，可以使读者更进一步的懂得计算机的工作过程，可以更容易理解计算机的强大功能。

8.1.1　程序

什么是程序？对于初学者来说，往往把程序设计简单地理解为编写一段程序，这种理解是不全面的。简单地说，程序就是解决实际问题的操作步骤，它是一个有限的操作序列，它应该包括两方面的内容：做什么和怎么做。详细来说，它是指利用计算机解决问题的全过程，它包含多方面的内容，而编写程序只是其中的一部分。使用计算机解决实际问题，通常是先对问题进行分析并建立数学模型，然后考虑数据的组织方式与算法，并用某种程序设计语言编写程序，最后调试程序，并使之运行后能产生预期的结果，这个过程称为程序设计。

程序设计概念

例如，求 a、b、c、d 四个数的较大值的程序如下。

① 输入 a、b、c、d 的值。

② 比较 a、b 的大小，把较大值放入 max。

③ 比较 max 与 c 的大小，把较大值重新放入 max。

④ 比较 max 与 d 的大小，把较大值重新放入 max。

⑤ 输出 max 的值。

显然，如果程序是由人来执行的，程序只要用自然语言来描述就行了，如果是由计算机来执行的，则必须用计算机能够接受和识别的计算机语言来描述。本章所说的程序就是用某种计算机语言描述的、计算机能完成的操作指令序列。

由于程序为计算机规定了计算步骤，一般具有目的性、分步性、有限性、有序性、可操作性的特征。

8.1.2　程序设计的一般过程

1. 为什么要学习程序设计

为什么要学习程序设计？一般来说，我们解决问题的主要流程首先是从问题的定义出发，明确问题的性质，发现问题的本质，找到解决问题的方法和途径，并确定一种建议的解决方法，从而使问题最终得到解决。无论是参与社会活动还是在处理日常问题，无论是科学实验还是制定研究规则，这个过程也是类似的。如果从发现问题、解决问题的观点出发，那么学习计算机语言并尝试进行程序设计就是一种非常好的方法。这里首先需要理解"为什么要学习程序设计"？这个问题是非常重要的，如果不知道为什么要做某件事，那么很难把这件事做好。

学过程序设计的人未必就一定要从事程序设计工作。事实上，目前学习程序设计的人相对于使用程序的人要少得多，那我们还有学习程序设计的必要吗？其实，这个问题不难回答，就像我们在大学里面人人都要学习英语，但是在毕业后并不是每个人都要时刻使用英语进行对话。那是不是不用的人就不用学习呢？其实不然。

在日常生活中，随着科学技术的发达，几乎各行各业都要用到计算机帮助我们去解决各种各样的工作和生活中的问题，这就需要各种各样的计算机软件。例如，学生写毕业论文时需要会使用文字处理软件；公司的财务人员需要用到专门的财务管理软件或者 Excel 软件帮助进行数据分析和处理；从事房屋设计的人员需要用到平面设计相关的软件等。

我们在使用这些软件处理问题时，可能都知道软件的基本使用，但常常还需要与计算机进行交互，用这些软件能更方便、更快捷地帮助我们处理工作和生活中遇到的各种问题。如果了解了计算机是如何用程序进行工作的，那么将大大方便我们的工作和学习。此外，今天我们使用的这些软件，我们无法知道几年后这些软件将会有哪些变化，能够帮助我们解决哪些问题。因此，理解程序设计比只理解怎样使用软件更有长远的意义。

计算机是各行各业人员都要使用的工具，而理解计算机建议的途径就是学习程序设计。学习程序设计，主要是为了进一步了解计算机的工作原理和工作过程。例如，知道数据是怎样存储和输入 / 输出的，知道如何解决含有逻辑判断和循环的复杂问题，知道图形是用什么方法画出来以及怎样画出来的，等等。这样在使用计算机时，不但知其然而且知其所以然，能够更好地理解计算机的工作流程和程序的运行状况，为以后维护或修改应用程序以适应新的需求而打下良好的基础。

其次，学习程序设计是计算机应用人员的基本功。一个有一定经验和水平的计算机应用人员不应当和一般的计算机用户一样，只满足于能使用某些现成的软件，而且应当具有自己开发应用程序的能力。现成的软件不可能满足一切领域的多方面的需求，即使是现在有满足需要的软件产品，但是随着时间的推移和条件的变化它也会变得不适应。因此，计算机应用人员应当具备能够根据本领域的需求进行必要的程序开发的能力。

最后，学习程序设计，可以帮助从业人员，特别是程序设计人员，养成一种严谨的软件开发习惯，熟悉软件工程的基本原则。

人们通过使用计算机来帮助人们处理事务，采用人与计算机交互过程中特定的科学符号，形成一段一段的语句指令，这些就是某种形式上的"编程"过程。即使是某些功能很强大的软件包，也不是万能的，在处理部分问题时也需要按照特定的表达形式进行"编程"，只有这样这些软件才能帮助用户完成特定的工作。

2. 程序设计的基本过程

通过前面章节的讨论，我们知道计算机依靠程序才能工作。一般认为，程序是一系列计算机能识别和执行的指令（或者称为命令），它们可以存储在计算机中，而这些指令的集合就是计算机程序设计语言。因此在这个意义上，程序设计有两种重要的思想：一种是需要把复杂的设计过程翻译成机器能够理解的执行代码；另一种是程序被存储在计算机中可以反复地被执行。

当遇到一个实际问题时，应先针对问题的性质与要求进行深入分析，从而确定求解问题的数学模型方法，接下来进行算法设计，选择合适的程序设计语言，再来编写程序就很容易了。因此，程序设计的基本步骤一般有分析问题、确定解决方案、设计算法、编写程序、调试运行与测试和整理文档等 6 个阶段，如图 8.1 所示。

图 8.1　程序设计的基本步骤

有些初学者，在没有把问题分析清楚之前就急于编写程序，导致程序编写过程中思路混乱，往往最终很难得到预期的结果。一般来说，程序设计的过程包括以下步骤。

① 分析问题。在开始解决问题之前，对要解决的问题进行调查分析，明确要实现的功能是什么？问题的已知条件和已知数据有哪些？要解决什么样的问题？需要什么样的输出信息？如果没有把问题分析清楚就急于编写程序，会导致程序编写过程中思路混乱，往往最终很难得到预期的结果。

② 确定解决方案。通过对问题的分析，找出其运算和变化规律，确定解决方案，建立数学模型。确定数学模型就是把实际问题直接或间接地转化为数字问题，直到得到求解问题的公式。当一个问题有多个解决方案时，选择适合计算机解决问题的最佳方案。确定数解决方案是计算机程序设计中的难点，也是程序设计成败的关键点。

③ 设计算法。依据问题的解决方案确定数据结构和算法，并用适当的工具描述算法。算法是求解问题的方法与步骤，设计是从给定的输入到所要输出结果的处理步骤。学习程序设计最重要的就是学习算法思想，掌握常用算法并能自己设计算法。

④ 编写程序。依据算法描述，选择一种合适的计算机语言编写程序。

⑤ 调试运行与测试。程序运行后得到计算结果，但程序是人编写设计的，因此就会出现这样那样的错误。这就需要通过反复调试和运行程序，找出程序中可能存在的错误，直到程序的运行效果达到预期目标。

⑥ 整理文档。对解决问题的整个过程的相关资料进行整理，编写程序使用说明书，生成规范的程序文档。

在程序开发过程中，上述步骤可能有反复，如果发现程序有错，就要逐步向前排查错误，修改程序。情况严重时可能会要求重新分析问题和重新设计算法。

以上介绍的是对一个简单问题的程序设计步骤，若处理的是一个很复杂的问题，则需要采用"软件工程"的方法来处理，其步骤要复杂得多。在此就不详细介绍了。

8.1.3 程序设计的方法

程序设计是一门专业的技术，需要相关的理论、技术、方法和工具来支持。在程序设计中，设计算法固然重要，但设计程序的方法也很重要。随着程序设计的方法和技术的发展，目前最常用的是结构化程序设计方法和面向对象程序设计方法。

1. 结构化程序设计

结构化程序设计（Structured Programming）的思想和方法形成于 20 世纪 70 年代，该方法在程序设计中引入了工程的思想和结构化的思想，使大型软件的开发和编写得到了极大的改善。

结构化程序设计

这种方法要求程序设计者不能随心所欲地编写程序，而要按照一定的结构形式来设计和编写程序。它强调任何程序都基于顺序、选择、循环这 3 种基本的控制结构。程序具有模块化特征，并且每个程序模块具有唯一的入口和出口。

结构化程序设计思想主要有以下 3 个方面。

① "自顶向下，逐步细化，模块化"的设计过程。程序设计时，应先考虑总体，后考虑细节；先考虑全局目标，后考虑局部目标。即首先把一个复杂的大问题分解为若干相对独立的小问题。如果小问题仍较复杂，则可以把这些小问题又继续分解成若干子问题，这样不断地分解，使得小问题或子问题简单到能够直接用程序的 3 种基本的控制结构表达为止。

② 把程序结构限制为 3 种基本的控制结构。

③ 限用 Go To 语句。Go To 语句是有害的，程序的质量与 Go To 语句的数量成反比，应该在所有高级程序设计语言中限制 Go To 语句的使用。

结构化程序设计使程序结构简单清晰、可读性好、模块化强，易于设计、易于理解、易于调试、易于修改，描述方式符合人们解决复杂问题的普遍规律，并且可以显著提高软件开发的效率。

因此，该方法在应用软件的开发中起到很大的作用。

2. 面向对象程序设计

结构化程序设计方法虽然有很多优点，但是缺点也很明显。结构化程序设计注重模块化设计，特点是程序和数据是分开存储的。随着信息技术的发展，结构化程序设计已不能满足现代化软件开发的要求，因此一种新的软件开发技术应运而生，这就是面向对象程序设计（Object Oriented Programming，OOP）。

区别与面向过程的"数据"和"功能"分离的思想，用面向对象的方法解决问题，不再将问题分解为过程而是将问题分解为对象。对象可以是现实世界中独立存在且可以区分的实体，也可以是一些概念上的实体，世界是由各种对象组成的。每个对象都有自己的数据（属性），也有作用于数据的操作（方法），将对象的属性和方法捆绑在一起，封装成一个整体称为类，供程序设计者使用。当遇到一个具体要解决的问题时，只需要将一个系统分解成一个一个对象，同时将它的状态和行为也封装在对象中。这种以"对象"的方式认识客观世界的思想就是面向对象思想。对象之间的相互作用通过消息传递来实现，尤其是现在的可视化环境，系统事先已经建立了很多类，程序设计的过程就如同"搭积木"的拼装过程。

类和对象是面向对象程序设计的基本概念，继承性、封装性和多态性是面向对象程序的基本特征。在面向对象技术中，主要用到以下一些基本概念。

（1）对象。

对象是指具有某些特性的具体事物的抽象。例如，一个人、一台计算机等都是一个对象。对象具有模块性、继承性、类比性、动态连接性、易维护性。

（2）类。

通常将具有相同属性和行为能力的对象归为一类。面向对象的程序中通过类把一组属性和一组相关的操作进行封装。类是对象的模板，对象是类的实例化。例如，水果类的对象可以是苹果、橘子和香蕉。

（3）方法。

方法是指允许作用于某个对象上的各种操作。在面向对象程序设计语言中，方法通常是封装在特定对象中可以调用的过程和函数。

（4）消息。

消息是指用来请求对象执行某一操作或回答某些问题的要求。对象之间通过收发消息相互沟通，这一点类似于人与人之间的信息传递。消息的接收对象会调用一个函数（过程），以产生预期的结果。传递消息的内容包括接收消息的对象名字，需要调用的函数名字，以及必要的信息。对象有生命周期，可以被创建和销毁。只要对象正处于其生存期，就可以与其进行通信。消息传递的过程如图 8.2 所示。

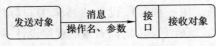

图 8.2　消息传递示意图

（5）继承。

继承是指可以让某个类型的对象获得另一个类型的对象的属性的方法。现实世界中对象与类的继承现象普遍存在，比如人类社会的文明进步就是在不断继承前人所创造的文明成果的过程中实现的。在面向对象的程序设计中，通过继承，在父类的基础上派生出子类，子类自动拥有父类所具有的所有属性和方法。类与类之间通过继承形成类的层次结构，例如，"车"是一个类，"小轿车""卡车"等都继承了"车"类的性质，因而是"车"的子类。这与人们分析问题时常用的分类方法自然吻合，从而降低了面向对象程序设计的难度。

（6）封装。

封装是指为了将对象的使用者和对象的设计者分开，将数据和代码捆绑到一起，用户只能见到对象封装界面上的信息，不必知道实现的细节，避免了外界的干扰和不确定性。

与传统的结构化分析与设计技术相比，面向对象技术具有许多明显的优点，它是站在比结构化程序设计更高、更抽象的层次上去解决问题的。当所要解决的问题被分解为低级代码模块时，仍需要结构化编程的方法与技巧。

3. 面向对象程序设计的思想

面向对象程序设计的思想主要体现在以下 3 个方面。

① 从现实世界中客观存在的事物（对象）出发，尽可能运用人类自然的思维方式去构造软件系统。

② 将事物的本质特征抽象后表示为软件系统中的类和对象，以此作为构造软件系统的单位。

③ 使软件系统能直接映射问题，并保持问题中事物及其相互关系的本质。总的来说，面向对象程序设计方法强调按照人类思维方法中的抽象、分类、继承、组合、封装等原则去分析问题和解决问题。这使得软件开发人员能够更有效地思考问题，也更容易与客户沟通，从而提高软件开发的效率，降低软件开发的成本。

4. 面向对象程序设计的步骤

面向对象程序设计的过程包括以下步骤。

（1）面向对象分析。

面向对象的分析（Object Oriented Analysis，OOA），要按照面向对象的概念和方法，从客观存在的事物和事物之间的联系中，归纳出有关的对象和对象之间的联系，并将具有相同属性和方法的对象归纳为一个类来描述，建立一个能反映真实工作情况的需求模型。

（2）面向对象设计。

根据面向对象分析阶段所形成的需求模型，对每一部分进行具体的设计，即面向对象设计（Object Oriented Design，OOD）。首先是进行类的设计（要考虑继承和派生的层次），然后以这些类为基础提出程序设计的思路和方法，包括对算法的设计。在设计阶段，并不涉及某一种具体的程序设计语言，而是用一种通用的描述工具来描述，如统一建模语言（Unified Modeling Language，UML）。

（3）面向对象编程。

根据面向对象设计的结果，用一种程序设计语言来编写程序，即面向对象编程（Object Oriented Programming，OOP）。当前主流的面向对象的程序设计语言有 Java 和 C++。

（4）面向对象测试。

在写好程序后，交付用户使用之前，必须对程序进行严格的测试。测试的目的是发现程序中存在的错误并修正它。面向对象测试（Object Oriented Testing，OOT）是用面向对象的方法进行测试，以类作为测试的基本单元。

（5）面向对象维护。

软件交付给用户之后，在使用过程中也可能会出现一些问题，或者是软件供应商想改善软件的性能，这就需要修改程序，对程序进行维护。对面向对象软件的维护即面向对象维护（Object Oriented Soft Maintenance，OOSM）面向对象的程序开发方法降低了程序维护的难度，因为类和对象的封装性，使得修改一个类对其他类的影响很小，大大提高了软件维护的效率。

8.1.4　程序设计的风格

除了好的程序设计方法和技术之外，程序设计的风格也很重要，良好的程序设计风格可以使程序结构清晰，使程序代码便于测试和维护。

要形成良好的程序设计风格，应着重考虑下列因素。

1. 源程序文档化

源程序文档化主要包括选择标识符的命名、程序注释和程序的视觉组织，旨在增强程序的可读性。

① 标识符的命名：标识符的命名要具有一定的实际含义，建议能做到"见名知意"，以便于读者对程序功能的理解。

② 程序注释：适当添加正确的程序注释，能够帮助读者理解程序。

③ 程序的视觉组织：为了使程序的结构一目了然，应该在程序中利用空格、空行、缩进等技巧使程序结构清晰、层次分明。

2. 数据声明

在编写程序时，经常对要使用的数据进行声明，需要注意数据声明的风格，以便程序中的数据声明更易于理解和维护。数据声明时，具体应注意以下 3 点。

① 数据声明的次序要规范化。

② 声明语句中变量的安排要有序化。

③ 对于复杂数据的声明，要添加适当的注释说明其结构。

3. 语句的结构

语句的结构力求简单直接，不应该为了提高效率而使语句复杂化，这样会降低程序的可读性。书写语句时一般要注意以下事项。

① 在一行内只写一条语句，并采用适当的缩进格式，使程序的结构和功能变得清晰、明确。

② 除非对程序执行效率有特殊要求，否则程序编写要本着清晰第一、效率第二的原则。

③ 数据结构要有利于程序的简化。

④ 尽可能使用库函数。

⑤ 避免使用无条件转移语句，因为它会让程序结构变得混乱。

⑥ 避免采用复杂的条件语句。

⑦ 避免过多的循环嵌套和条件嵌套。

⑧ 程序功能要模块化，功能模块要尽量单一。

⑨ 利用信息隐藏，确保每个模块的独立性，降低模块之间的耦合度。

⑩ 尽量少用全局变量。

4. 输入和输出

数据的输入/输出方式和格式，往往是决定用户对应用程序是否满意的一个重要因素，输入/输出的设计应尽可能方便用户使用。在设计和编程时，对数据的输入和输出的设计应考虑以下原则。

① 对所有的输入数据都要检验数据的合法性。

② 检查输入项的各种组合的合理性。

③ 输入格式要简单，输入的步骤和操作尽可能简洁。

④ 输入数据时，应允许使用自有格式。

⑤ 输入应允许默认值。

⑥ 输入一批数据时，建议使用输入结束标志。

⑦ 在以交互式输入/输出方式进行输入时，要在屏幕上使用提示符明确提示输入请求，同时，在数据输入过程中和输入结束时，在屏幕上给出状态信息。

⑧ 给所有的输出加注释，并设计输出报表格式。

8.2 常用程序设计语言介绍

8.2.1 程序设计语言

程序设计语言是人与计算机实现交流的工具，是进行程序设计的工具，同一个问题可以用不同的程序设计语言来进行描述。

程序设计语言又称计算机语言或编程语言，它本身是编写程序的符号和关键语法规则构成的集合，并且是计算机可以最终处理或执行的指令。一般包含用于描述程序所涉及的数据，数据之间的各种运算，程序执行过程中的控制流程，以及程序中数据的对内对外传输过程的描述。

常见的程序设计语言包括 BASIC、C、C++、Pascal、FORTRAN、Java 和 Python 等，此外还有其他一些编程语言，如 8088 汇编、Lisp、APL 和 Scratch 等。

从第一台电子计算机诞生以来，在各种实际应用需求的驱动下，程序设计语言也取得了快速的发展。目前，世界上公布的计算机语言已有上千种之多，但是只有很小一部分得到了广泛的应用。程序设计语言是怎样分类的呢？程序设计语言有几种不同的分类方式？

对于诸多的程序设计语言，根据其发展历程，可以大致分成机器语言、汇编语言和高级语言 3 类。

1. 机器语言

机器语言是用二进制代码表示的、能被计算机直接识别和执行的机器指令的集合。因此，早期人们使用计算机时，就使用机器语言编写程序，也就是说要写出一串串由"0"和"1"组成的指令序列交由计算机执行。

机器语言的优点在于它能被计算机直接识别，运行速度快。但是难记忆、移植性差。

2. 汇编语言

为了减轻使用机器语言编程的痛苦，20 世纪 50 年代初，人们发明了汇编语言。人们采用了与指令代码实际含义相近的英文缩写词、字母和数字等助记符号来取代二进制形式的指令代码，便产生了汇编语言（也称为符号语言）。例如，用"ADD"代表"加"操作，"MOV"代表数据"移动"操作等。

汇编语言由于采用了助记符号来编写程序，比用机器语言的二进制代码编程要方便些，在一定程度上简化了编程过程。但是从本质上，它与机器语言一样，都是直接对接硬件操作，尽管效率高，但过分依赖机器，使用复杂，容易出错，通用性差。这就是高级语言产生的动力。

3. 高级语言

计算机技术的发展促使人们寻求一种与人类自然语言接近且能被计算机所接受和执行的，语义明确、自然直观、通用易学的计算机语言，这种语言称为高级语言。使用高级语言编写程序时，程序员不必了解计算机的内部逻辑，而主要考虑问题的解决方法。

使用高级语言编写的源程序需要翻译成机器语言程序才能执行，通常将高级语言翻译成机器语言的方式有两种：解释方式和编译方式。

① 解释方式：让计算机运行解释程序，解释程序逐句取出源程序中的语句，对它做解释执行，输入数据，产生结果。

② 编译方式：首先运行编译程序，将源程序全部翻译为计算机可直接执行的二进制程序（称为目标程序），然后让计算机执行目标程序，输入数据，产生结果。

高级语言根据其发展历程和应用领域，可分为以下 3 类。

① 传统的高级程序设计语言。如 FORTRAN、ALGOL、COBOL 及 BASIC 等。

② 通用的结构化程序设计语言。结构化程序设计语言的特点是具有很强的过程功能和数据结构功能，并提供结构化的逻辑构造。这一类语言的代表有 Pascal、C 等。

③ 专用语言。专用语言是为特殊的应用而设计的语言。有代表性的专用语言有 Lisp、Prolog、APL（Array Processing Language）、C++、Java 等。

高级语言最主要的特点是不依赖于机器的指令系统，与具体计算机无关，是一种能方便描述算法过程的计算机程序设计语言。因此使用者可以不必过问计算机硬件的逻辑结构，而直接使用便于人们理解的英文、运算符号和实际数字来编写程序。用高级语言设计的程序比低级语言设计的程序简短、易修改、编写程序的效率高，这主要是因为高级语言的一条语句对应多条机器指令。这些优点使得很多非计算机专业的人员都乐于使用高级语言设计程序，解决具体问题。

8.2.2　程序设计语言的选择

当前计算机语言上百种之多，最常用的也有十几种，到底选择哪一种语言作为自己的程序设计语言呢？

不同语言有不同的优势，在进行程序设计时，选择程序设计语言非常重要，若选择了合适的语言，就能减少编码的工作量，产生易读、易测试、易维护的代码，提高软件开发的效率。通常从以下 6 个因素来衡量某种程序设计语言是否适合特定的项目。

① 应用领域。

② 算法和计算复杂度。

③ 软件运行环境。

④ 用户需求中关于性能方面的要求。

⑤ 数据结构的复杂性。

⑥ 软件开发人员的知识水平和心理因素等。

其中，应用领域常被作为选择程序设计语言的首要标准，这主要是因为若干主要的应用领域长期以来已固定地选用了某些标准语言。例如，C 语言经常用于系统软件开发；Ada 和 Modula — 2 对实时应用和嵌入式软件开发更有效；Cobol 适用于商业信息处理的语言；FORTRAN 适用于工程及科学计算领域；人工智能领域则使用 Lisp、Prolog；基于网络平台的应用开发则选择 Java。

8.2.3　常用程序设计语言

目前计算机程序设计语言种类繁多，而且层出不穷，随着硬件、软件的发展，版本也由低到高，特别是图形界面操作系统的出现和发展，为应用程序的设计提供了一个崭新的空间，相应的程序设计语言也出现了前所未有的拓展和提高。下面具体来看看几种常用的程序设计语言。

1. C 程序设计语言

C 程序设计语言（C 语言）是在 20 世纪 70 年代初问世的。它是一种结构化通用编程语言，广泛应用于系统软件与应用软件的开发。为了移植与开发 UNIX 操作系统，Brian W Kernighian 和 Dennis M Ritchie 以 B 语言为基础，出版了名著 *The C Programming Language*，使 C 语言成为当时世界上最流行、使用最广泛的高级程序设计语言之一。

C 语言层次清晰，便于按模块化方式组织程序，具有高效、灵活、功能丰富、表达力强和较高的可移植性等特点，在程序员中备受青睐，成为使用最为广泛的编程语言。由于 C 语言实现了对硬件的编程操作，因此 C 语言集高级语言和低级语言的功能于一体，既适用于系统软件的开发，也适用于应用软件的开发。此外，C 语言还具有效率高、可移植性强等特点，因此被广泛地移植到各种类型的计算机上，从而形成了多种版本的 C 语言。1988 年，随着微型计算机的日益普及，出现了许多 C 语言版本。由于没有统一的标准，使得这些 C 语言之间出现了一些不一致的地方。为了改变这种情况，美国国家标准学会为 C 语言制定了一套 ANSI 标准，成为现行的 C 语言标准。

目前，C 语言编译器普遍存在于各种不同的操作系统中，如 Windows、Mac OS、Linux、UNIX 等。C 语言的设计影响了众多后来的编程语言，如 C++、Java、C# 等。

2. C++ 程序设计语言

美国 AT&T 贝尔实验室的本贾尼·斯特劳斯特卢普（Bjarne Stroustrup）博士在 20 世纪 80 年代初期发明并实现了 C++ 程序设计语言（最初这种语言被称作 "C with Classes"）。一开始 C++ 是作为 C 语言的增强版出现的，从给 C 语言增加类开始，不断地增加新特性。

C++ 是当今最流行的高级程序设计语言之一，应用十分广泛。它也是一门复杂的语言，与 C 语言兼容，既支持结构化的程序设计方法，也支持面向对象的程序设计方法。

3. Visual Basic 程序设计语言

Visual Basic（VB）是 Microsoft 公司推出的 Windows 环境下的软件开发工具。它是在原有的 BASIC 语言的基础上进一步发展而来的。

Visual Basic 是一种可视化的、面向对象和采用事件驱动方式的结构化高级程序设计语言，可用于开发 Windows 环境下的各类应用程序。Visual Basic 中的 "Visual" 是指开发图形用户界面（Graphical User Interface，GUI）的方法，意思是 "可视的"，也就是直观的编程方法。在

Visual Basic 中引入了控件的概念，还有各种各样的按钮、文本框、选择框等。Visual Basic 把这些控件模式化，并且每个控件都由若干属性来控制其外观、工作方法。这样，采用 Visual 方法无须编写大量代码去描述界面元素的外观和位置，而只要把预先建立的控件加到屏幕上即可。就像使用画图之类的绘图程序，通过选择画图工具就可以画图一样。

4. Java 程序设计语言

当 1995 年 SUN 推出 Java 语言之后，全世界的目光都被这个神奇的语言所吸引。那么 Java 到底有何神奇之处呢？

Java 语言其实最早诞生于 1991 年，起初被称为 OAK 语言，是 SUN 公司为一些消费性电子产品而设计的一个通用环境。他们最初的目的只是为了开发一种独立于平台的软件技术，而且在网络出现之前，OAK 可以说是默默无闻，甚至差点夭折。但是，网络的出现改变了 OAK 的命运。

在 Java 出现以前，Internet 上的信息内容都是一些乏味死板的 HTML 文档。这对于那些迷恋于 Web 浏览的人们来说简直不可容忍。他们迫切希望能在 Web 中看到一些交互式的内容，开发人员也极其希望能够在 Web 上创建一类无须考虑软硬件平台就可以执行的应用程序，当然这些程序还要有极大的安全保障。对于用户的这种要求，传统的编程语言显得无能为力，而 SUN 工程师敏锐地察觉到了这一点，从 1994 年起，他们开始将 OAK 技术应用于 Web 上，并且开发出了 Hot Java 的第一个版本。

Java 是一种简单的、面向对象的、分布式的、解释的、安全的、结构的、中立的、可移植的、性能很优异的、多线程的、动态的语言。

5. Python 程序设计语言

Python 是一门非常容易入门，并且功能非常强大的编程语言。完全可以从零基础开始学习，同时 Python 还是一门近乎"全能"的编程语言，它可以进行数据采集，Web 开发，还可以进行数据分析与挖掘等。

Python 于 1989 年发明，1991 年公开发行了第一个版本。Python 语言的创造者吉多·范罗苏姆（Guido van Rossum）根据英国广播公司的节目"蟒蛇飞行马戏"来命名这个语言，Python 的英文本意是"巨蟒"。

Python 语言的设计参照了 C 语言、ABC 语言与 Modula-3，它的一些基本语法相对来说还是沿袭了 C 语言的语法，但是 Python 语言的语法比 C 语言更加简捷，同时也更加强大。

Python 是开源的，这非常有利于 Python 的传播与使用，也受到大量程序设计人员的喜爱与拥护。人们在使用 Python 的时候，若遇到问题可以直接修改对应的 Python 语言的源代码。

目前 Python 主要有 Python 2.x 和 Python 3.x 两个系列版本。2018 年 4 月在 TIOBE 编程语言排行榜上，Python 已上升到前 4 名。并且由于 Python 在人工智能、大数据领域应用得非常好，使用的人也越来越多，因此它的发展速度也越来越快。

8.3 算法

算法的分析和设计是程序设计过程中的重要环节，程序设计先要针对要解决的问题设计并描述算法，然后根据算法用某种程序设计语言编制程序。

算法的描述

8.3.1 算法的概念

计算机系统能完成各种工作的核心是程序，而程序应该包括两方面的内容：一方面是对数据的描述，即数据的类型和组织形式，也就是数据结构；另一方面是对操作的描述，即操作步骤也就是算法。

数据是操作的对象，操作的目的是对数据进行加工处理，进而得到期望的结果。作为程序设计人员，必须认真考虑和设计数据结构与操作步骤（即算法）。著名计算机科学家尼古拉斯·沃思（Niklaus Wirth）就提出了"程序 = 数据结构 + 算法"的观点。

算法（Algorithm）是对解决某一特定问题的方法和操作步骤的具体描述。在计算机科学领域，算法是描述计算机解决给定问题的有明确操作步骤的有限集合。计算机算法一般可分为数值计算算法和非数值计算算法。数值计算算法就是对给定的问题求数值解，如求函数的极限、方程的根等；非数值计算算法主要是指对数据的处理，如对数据的排序、分类、查找及图形图像处理等。

制订一个算法，一般要经过设计、确认、分析、编码、测试、调试、计时等阶段。

8.3.2 算法的特征

一个正确的算法应该具有以下 5 个重要的特征。

1. 确定性

算法的每个步骤都必须有确定的意义，它规定运算所执行的动作应该是无歧义性的，目的是明确的，不可以是含糊的、模棱两可的。

2. 可行性

算法中描述的每步操作必须是可行的，即通过有限次基本操作可以实现。

3. 有穷性

一个算法应该在执行有限的步骤之后结束，也就是说该算法是可达的，而不能是无限的。事实上，"有穷性"往往指"在合理的范围之内"。

4. 有零个或多个输入

一个算法可能有零个或多个输入，在算法运算开始之前给出算法所需数据的初始值，这些输入取自特定的对象集合。

5. 有一个或多个输出

作为算法运算的结果，一个算法会产生一个或多个输出，输出是同输入有某种特定关系的量。

8.3.3 算法的描述

算法的描述应直观、清晰、易懂，便于维护和修改。描述算法的方法有很多种，常用的描述方法有自然语言、流程图、N-S 图、伪代码和计算机语言等。其中最常用的是流程图和 N-S 图。

1. 自然语言

自然语言就是日常使用的语言，可以使用中文，也可以使用英文。用自然语言描述的算法，通俗易懂，但是文字冗长，准确性不好，易于产生歧义性。

【例 8.1】用自然语言描述求 sum=1+2+3+…+10 的算法。

分析：设用变量 *sum* 用来存放累加和，设初始值为 0，用 *n* 表示自然数加数，设初始值为 1，则求累加和的过程就是重复执行把 *n* 累加到 *sum* 上，然后让 *n* 加 1 变成下一个加数的操作，直至 *n* 的值超过 10 结束。

解决该问题的算法描述如下。

① 将 0 赋值给变量 *sum*。

② 将 1 赋值给变量 *n*。

③ 计算 *sum*+*n*，并将结果存入变量 *sum* 中。

④ 使 *n* 的值加 1 变成下一个加数。

⑤ 判断：若 *n* 小于或等于 10，则重复步骤③和步骤④，否则继续下一步。

⑥ 输出累加和 *sum* 的值。

2. 流程图

流程图是用一些有特定含义的图形符号、箭头和文字说明来表示算法的框图。其优点是比较直观；缺点是过于精细，比较难画，尤其是对于比较复杂的算法，相应的流程图会比较难读。对于描述比较简单的问题或模块间的流程，流程图是一种比较有效的描述方法。美国国家标准协会规定了以下一些常用的流程图符号，如表 8.1 所示。

表 8.1　　　　　　　　　　　　　　　流程图的常用符号

符 号	符 号 名 称	含 义
⬭	起止框	表示算法的开始或结束
▱	输入 / 输出框	表示输入 / 输出操作
▭	处理框	表示对框内的内容进行处理
◇	判断框	表示对框内的条件进行判断
↓ →	流向线	表示算法的流动方向
◯	连接点	表示两个具有相同标记的"连接点"相连

在画具体的流程图时，通常在各种流程图符号中加上简要的文字说明，以进一步表明该步骤所要完成的操作。

【例 8.2】用流程图描述求 sum=1+2+3+…+11 的算法，如图 8.3 所示。

3. N–S 结构图

N-S 结构图又称为盒图，是美国的两位学者艾克·纳西（Ike Nassi）和本·施奈德曼（Ben Schneiderman）共同提出的，用一个大矩形框来表示算法。其特点是直观、易读、易懂，便于结构化程序设计，但对于复杂问题的算法，仍要注意先按模块画 N-S 结构图，然后画出将各模块装配起来的 N-S 结构图或流程图。

【例 8.3】用 N-S 结构图描述求 sum=1+2+3+…+11 的算法，如图 8.4 所示。

4. 伪代码

伪代码不是一种现实存在的编程语言，使用伪代码的目的是使被描述的算法可以容易地以任何一种编程语言实现。伪代码使用介于自然语言和计算机编程语言之间的文字符号来描述算法，它可能综合使用多种编程语言中的语法、保留字，甚至会用到自然语言。优点是不用图形符号，书写方便，格式紧凑，便于向程序过渡；缺点是直观性稍差些。

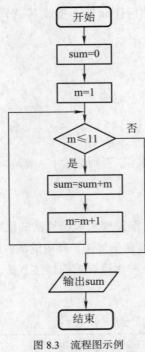

图 8.3　流程图示例　　　　　　　图 8.4　N-S 结构图示例

【例 8.4】用伪代码描述打印输出 x 的绝对值的算法如下。

```
if x 非负
print x
else
print  - x
```

5. 计算机语言

可以直接利用某种高级程序设计语言来描述算法，得到的就是相应的高级语言的源程序。

【例 8.5】用 C 语言描述求 sum=1+2+⋯+11 的算法如下。

```
#include <stdio.h>
void main()
{  int n , sum;
sum=0;
n=1;
while(n<=10)
{  sum=sum+n;
n=n+1;
}
printf("sum=%d\n", sum);
}
```

算法和程序是有区别的，算法是对解决问题的步骤的描述，算法的设计可以与计算机无关；程序是用某种计算机语言对算法的具体实现。可以用不同的计算机语言编写程序实现同一个算法，算法只有被转换成计算机程序才能在计算机上运行。

8.4　程序设计基本结构

结构化程序设计提出了顺序结构、选择（分支）结构和循环结构 3 种基本程序结构。一个程序无论大小都可以由 3 种基本结构搭建而成。

8.4.1　顺序结构

顺序结构是最简单的控制结构，其特点是操作按照先后顺序依次执行，其流程图如图 8.5 所示。

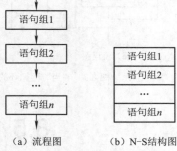

（a）流程图　　（b）N–S结构图

图 8.5　顺序结构的流程图

8.4.2　选择结构

选择结构，又称为"分支结构"，其特点是先对条件进行判断，根据判断的结果从两组操作中选择一组来执行。它包括两路分支结构和多路分支结构，其中两路分支结构如图 8.6 所示。其特点是：根据所给定的选择条件的真（分支条件成立，常用 Y 或 True 表示）与假（分支条件不成立，常用 N 或 False 表示），来决定从不同的分支中执行某一分支的相应操作。

选择结构

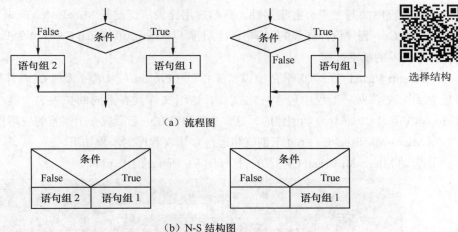

（a）流程图

（b）N-S 结构图

图 8.6　两路分支结构的流程图

8.4.3　循环结构

循环结构的特点是在一定的条件下重复执行一组操作。根据循环条件的判断先后顺序不同又可以分为"当"型循环和"直到"型循环。

"当"型循环结构是指先判断条件，当满足给定的条件时执行循环体，如此反复，当条件为假时，退出循环，如图 8.7 所示。

循环结构

"直到"型循环是指先无条件地执行一次语句，再判断条件，为真则继续执行语句，如此反复，当条件为假时退出循环，如图 8.8 所示。

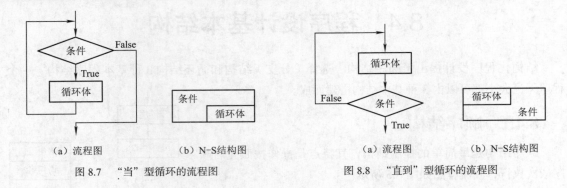

（a）流程图　　　　（b）N-S结构图　　　　　　　　（a）流程图　　　（b）N-S结构图

图 8.7　"当"型循环的流程图　　　　　　　图 8.8　"直到"型循环的流程图

8.5　C 语言程序设计入门

本节以 C 语言程序设计实例为依托，让读者了解高级语言程序结构，以及创建和运行高级语言程序的基本过程。

8.5.1　创建一个 C 语言程序

C 语言程序的开发平台有很多种，目前应用比较广泛的是 Microsoft Visual C++，很多高校用它作为 C/C++ 程序设计课程的教学平台。下面以 Microsoft Visual C++ 6.0 为开发环境，介绍 C 语言程序开发的基本过程。

Microsoft Visual C++ 6.0 平台中以"工程"（Project）为单位管理 C 语言程序，为每个工程建立一个文件夹。工程中包含一组文件，这组文件具有不同的扩展名，其中部分文件是由 Microsoft Visual C++ 6.0 自动创建的，这些文件组合在一起形成一个完整的应用程序。

在 Microsoft Visual C++ 6.0 下创建和运行 C 语言程序的步骤如下。

① 启动 Microsoft Visual C++ 6.0，打开图 8.9 所示的工作窗口。

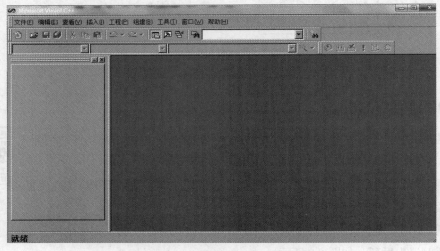

图 8.9　Microsoft Visual C++ 6.0 工作窗口

② 选择"文件"→"新建"命令，打开"新建"对话框，选择"工程"选项卡，如图 8.10 所示。

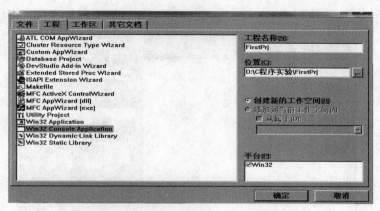

图 8.10　"新建"对话框的"工程"选项卡

在工程类型列表中选择"Win32 Console Application"选项，在"工程名称"文本框中输入工程名称（如 FirstPrj），选择工程的保存位置，然后单击"确定"按钮，则显示图 8.11 所示的对话框。

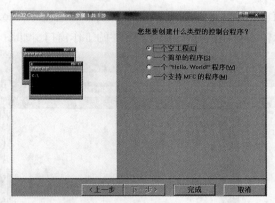

图 8.11　"Win32 Console Application"类型对话框

③ 在图 8.11 所示的对话框中单击"一个空工程"单选按钮，单击"完成"按钮，会弹出"新建工程信息"对话框，单击"确定"按钮，完成工程的创建，工作窗口变成图 8.12 所示的窗口。

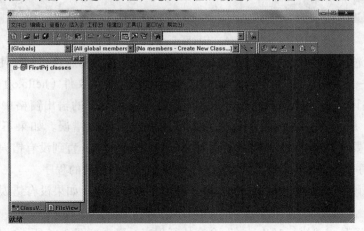

图 8.12　创建工程之后的工作窗口

④ 选择"工程"→"添加工程"→"新建"命令，弹出图 8.13 所示的"新建"对话框。

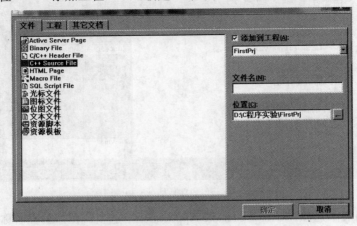

图 8.13　"新建"对话框

⑤ 在文件选项卡下选择"C++ Source File"选项，在文件名文本框中输入文件名（如 hello.c），单击"确定"按钮。在窗口的编辑区打开所创建的 C 语言源文件（hello.c，一个空白文件），并有字符输入光标闪烁提示输入程序。打开 hello.c 文件的工作窗口，如图 8.14 所示。

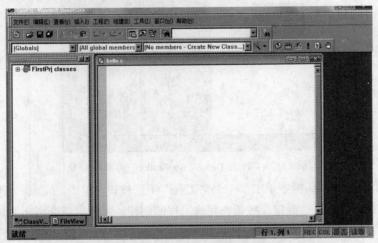

图 8.14　编辑模式下的工作窗口

⑥ 在编辑区输入文件的全部内容，注意输入的时候所有的标点符号都要使用英文标点，然后选择"文件"→"保存"命令，把输入的内容保存到所创建的文件（hello.c）中。

⑦ 选择"编译"→"编译 hello.c"命令，则工作窗口下部的输出窗格中会显示编译提示信息，如图 8.15 所示。其中最后一行说明程序中发现了多少错误。如果不是"0 error(s)，0 warning(s)"，则要检查输入的程序并纠正错误，再重复此步骤，直到没有错误为止，此时会生成相应的目标程序文件（hello.obj）。然后按照步骤⑥保存修改后的程序。

⑧ 选择"编译"→"构建 hello.exe"命令对程序进行构建，如果没有错误，则生成可执行文件（hello.exe），相应的提示信息会显示在输出窗格中。

⑨ 选择"编译"→"执行 hello.exe"命令执行程序，可看到图 8.16 所示的程序运行窗口。

图 8.15　编译 C 语言源程序

图 8.16　程序运行窗口

这个黑色窗口是控制台程序的运行窗口，这是一种最简单的 C 语言程序，也是初学 C 语言时所创建和使用的程序。观察程序运行结果后，按任意键，则程序运行窗口消失。

⑩ 程序开发并运行结束，选择"文件"→"退出"命令，关闭 Microsoft Visual C++ 6.0。

上述过程中创建的 C 语言程序的示例代码如下。

```
#include <stdio.h>
void main()
{
printf("Welcome To C Program!\n"); /* 在运行窗口输出 Welcome To C Program!*/
}
```

下面对这个程序做出一些解释，读者不必深究，只需初步了解 C 语言程序的结构。

① /* */：表示注释部分，其目的是帮助其他人理解和读懂程序，计算机在处理程序时，会忽略这部分内容。注释可以添加在程序的任何位置。为了便于理解，在注释当中可以使用汉字。

② #include：以 # 开头的行表示预处理命令，在编译器开始对 C 语言的源程序文件进行编译之前，先要对这些命令进行预处理，然后将预处理命令的结果和源程序一起再进行编译处理。这里的预处理命令 #include <stdio.h> 的功能是进行文件包含，把"stdio.h"头文件包含到当前程序中。

③ <stdio.h>：被包含的文件名。以 .h 为扩展名的文件称为头文件，文件名写在""或 <> 之间，它可以是 C 语言编译系统中现成的标准库文件，也可以是用户自定义的库文件。

标准库文件中定义了任何 C 语言程序中都可以使用的函数，称为库函数。stdio.h 文件中包含了有关输入 / 输出的库函数。

④ void main(){…}：是程序的主体部分。"main()"表示主函数，"main"是主函数名，用 {} 括起来的部分是函数体。

⑤ printf("Welcome To C Program!\n")：是一条函数调用语句，调用输出函数"printf()"在屏幕上产生一行输出"Welcome To C Program!"并换行（\n 是换行符）。函数体中的每条语句都以";"结束。

8.5.2　C 语言程序的结构

C 语言程序的结构概括为以下 6 个方面。

① 函数是构成 C 语言程序的基本单位。一个 C 语言程序中有且仅有一个主函数（main() 函数），可以有若干个其他函数。

② 主函数是 C 语言程序执行的入口，即 C 语言程序总是从 main() 函数开始执行，最终也是在 main() 函数中结束。main() 函数的书写位置灵活，可以写在源程序的前面、中间或后面。

③ 一个函数由函数首部和函数体两部分构成。如"void main()"是 main() 函数的首部；函数体用 {} 括起来，函数体中声明语句部分写在前面，执行语句部分写在后边。

④ 每条语句以";"结束，所有标点符号都要使用英文标点。

⑤ 字母区分大小写，如 A 和 a 被当作两个不同的字母。

⑥ 为了增加程序的可读性，要适当地添加注释。单行注释以 // 开头到行尾；多行注释写在 /* */ 之间。

8.5.3　C 语言程序设计实例

本节通过两个 C 语言程序的例子，帮助读者进一步了解 C 语言程序的结构和功能。

【例 8.6】通过编写程序实现：输入 4 个整数，求其中的最大值并输出。

分析：从一组数据中找最大值，可以先假定第一个数是最大值 max，然后把 max 跟剩余的数依次进行比较，如果有比 max 更大的，则修改 max 的值。其示例程序如下。

```
#include <stdio.h>
void main()
{ int a,b,c,d ,max; //定义 5 个变量，max 用于保存最大值
printf("请输入 4 个整数: ");//提示输入数据
scanf("%d%d%d%d" ,&a,&b,&c,&d); //输入 4 个数分别给 a，b，c，d
max=a; //先假定 a 的值是最大值
if(max<b) //比较 max 和 b 的值，如果 b 比 max 大，则把 b 的值赋给 max
max=b;
if(max<c)
max=c;
if(max<d)
max=d;
printf("max=%d\n", max);
}
```

该程序的运行结果，如图 8.17 所示。

图 8.17　求最大值程序的运行结果

【例 8.7】通过编写程序实现：输入两个正整数，求其最大公约数。

分析：求两个整数的最大公约数，通常用辗转相除法。即首先求出两个数的余数，然后将除数赋值给被除数，余数赋值给除数，接着求出新的余数，如此反复，一直到余数为 0 为止，此时被除数的值就是最大公约数。本例中定义一个函数 gcd() 来实现求最大公约数的功能，main() 函数中对其进行调用。其示例程序如下。

```c
#include <stdio.h>
int gcd(int m, int n) // 自定义函数 gcd() 求两个数的最大公约数
{   int r;  // 定义变量 r 表示余数
r=m%n;
while(r!=0)   // 进行辗转相除，直至余数为 0
{   m=n;
n=r;
r=m%n;
}
return (n);  // 返回求得的最大公约数
}
void main()
{  int a , b, d;
printf(" 请输入两个正整数: ");
scanf("%d%d",&a,&b);     // 输入两个正整数

d=gcd(a,b);    // 调用 gcd() 函数求 a 和 b 的最大公约数，并赋值给 d
printf(" 最大公约数 =%d\n",d);
}
```

该程序的运行结果，如图 8.18 所示。

图 8.18　求最大公约数程序的运行结果

习题 8

一、选择题

1. 对计算机进行程序控制的最小单位是（　　）。

　　A. 语句　　　　　　　B. 字节　　　　　　　C. 指令　　　　　　　D. 程序

2. 为解决某一特定问题而设计的指令序列称为（　　）。

　　A. 文档　　　　　　　B. 语言　　　　　　　C. 程序　　　　　　　D. 系统

3. 结构化程序设计中的 3 种基本控制结构是（　　）。

　　A. 选择结构、循环结构和嵌套结构　　B. 顺序结构、选择结构和循环结构

　　C. 选择结构、循环结构和模块结构　　D. 顺序结构、递归结构和循环结构

4. 编制一个好的程序首先要确保它的正确性和可靠性，除此以外，通常更注重源程序的(　　)。

　　A. 易使用性、易维护性和效率　　　　B. 易使用性、易维护性和易移植性

　　C. 易理解性、易测试性和易修改性　　D. 易理解性、安全性和效率

5. 编制程序时，应强调良好的编程风格，如选择标识符的名字时应考虑（　　）。

　　A．名字长度越短越好，以减少源程序的输入量

　　B．多个变量共用一个名字，以减少变量名的数目

　　C．选择含义明确的名字，以正确提示所代表的实体

　　D．尽量用关键字作名字，以使名字标准化

6. 与高级语言相比，用低级语言（如机器语言等）开发的程序，其结果是（　　）。

　　A．运行效率低，开发效率低　　　　　B．运行效率低，开发效率高

　　C．运行效率高，开发效率低　　　　　D．运行效率高，开发效率高

7. 程序设计语言的语言处理程序是一种（　　）。

　　A．系统软件　　　B．应用软件　　　C．办公软件　　　D．工具软件

8. 计算机只能直接运行（　　）。

　　A．高级语言源程序　　　　　　　　　B．汇编语言源程序

　　C．机器语言程序　　　　　　　　　　D．任何源程序

9. 将高级语言的源程序转换成可在计算机上独立运行的程序的过程称为（　　）。

　　A．解释　　　　　B．编译　　　　　C．连接　　　　　D．汇编

10. 下列各种高级语言中，（　　）是面向对象的程序设计语言。

　　A．BASIC　　　　B．Pascal　　　　C．C++　　　　D．C

二、简答题

1. 什么是程序？什么是程序设计？程序设计包含哪几个方面？

2. 在程序设计中应该注意哪些基本原则？

3. 什么是面向对象程序设计中的"对象""类"？

4. 什么是算法？它有哪些特点？

5. 程序的基本控制结构有几个？分别是什么？

6. 机器语言、汇编语言、高级语言有什么不同？

第9章
常用工具软件

本章将介绍一些常用的工具软件的安装及使用，让读者在了解这几种常用软件的基础上，掌握它们的安装及使用方法。

【知识要点】

- 杀毒软件的使用。
- 文件压缩 / 解压缩工具的使用。
- 网络下载软件的使用。
- 翻译工具的使用。
- 电子阅读工具的使用。
- 媒体播放工具的使用。

9.1　计算机病毒防治工具

随着计算机技术和网络技术的发展，计算机已成为人们生活和工作中必不可少的工具。与此同时，计算机信息安全也越来越重要。计算机病毒注定成为计算机应用领域中的一种顽症。因此，应该通过加强对计算机病毒的认识，及早发现并及时清除计算机病毒。而危害计算机安全的情况有 3 种：一是计算机病毒对计算机及网络的攻击；二是"黑客"对计算机的攻击和控制；三是通过破解加密数据对计算机信息数据的窃取。

计算机病毒在《中华人民共和国计算机信息系统安全保护条例》中的定义是："计算机病毒是指编制或者在计算机程序中插入的破坏计算机功能或者数据，影响计算机使用，并能自我复制的一组计算机指令或者程序代码"。简单地说，计算机病毒是一种特殊的危害计算机系统的程序，它能在计算机系统中驻留、繁殖和传播，它具有与生物学中病毒某些类似的特征：传染性、潜伏性、破坏性、变种性、隐蔽性、不可预见性等。计算机病毒的最大危害是擦除硬盘数据使硬盘不可访问或使整个网络陷于瘫痪。

随着网络的普及，网络安全已成为影响网络效能的重要问题。黑客对计算机的攻击和控制是指一些"黑客"（就是某些计算机高手）通过攻击计算机的端口，使用一些软件或多种技术手段进而取得计算机的控制权，通过远程控制计算机的使用或窃取该计算机信息数据的方式。

目前网络上的黑客软件数量之多，下载之方便已经使得稍有计算机知识的网民就能完成基本的黑客攻击了。很多用户在不设防的情况下就很可能成为黑客攻击的目标。这就迫使人们不得不加强对自身计算机网络系统的安全防护。

9.1.1 360 安全卫士介绍

360 安全卫士是一款由奇虎 360 公司推出的功能强、效果好、受用户欢迎的安全软件。360 安全卫士拥有查杀木马、清理插件、修复漏洞、电脑体检、电脑救援、保护隐私等多种功能，并独创了"木马防火墙""360 密盘"等功能，依靠抢先侦测和云端鉴别，可全面、智能地拦截各类木马，保护用户的账号、隐私等重要信息。

1. 360 安全卫士的特点

360 安全卫生有以下 5 个特点。

① 新增定时检测功能：可自定义每日、每周检测功能，无须打开 360 主界面，系统安全状况也尽在掌握。

② 新增游戏免打扰模式：游戏状态免打扰，仅针对盗号木马入侵报警，提高网游玩家体验。

③ 360 文件知识库智能查询，未知程序一网打尽。

④ 自我保护功能：阻止木马、病毒对 360 杀毒软件的恶意攻击和破坏，确保系统更安全。

⑤ 修复方式更加智能：第三方软件漏洞一键搞定，修复方式更智能，无须到网页下载，360 杀毒软件自动搞定。

2. 360 安全卫士的启动

执行以下任意一项操作，都可以启动 360 安全卫士。

① 在 Windows 任务栏中的状态区（任务栏右边的区域）单击"360 安全卫士"对应的小图标。

② 在 Windows 任务栏中，单击"开始"→"所有程序"→"360 安全中心"→"360 安全卫士"命令。

9.1.2 360 安全卫士的使用

启动 360 安全卫士后会打开图 9.1 所示的主界面。360 安全卫士界面比较简约，各功能模块一目了然，操作简单清晰。通过主界面上的按钮和菜单栏的按钮即可完成木马与病毒的查杀和对系统的安全进行管理。

（1）我的电脑。

单击"立即体检"按钮后，360 安全卫生会对计算机安全做全面体检，得出一个当前计算机安全的评价指数并给出修复建议，如图 9.2 所示。

单击"一键修复"按钮后，360 安全卫士会对提示的可以进行修复的选项进行修复。

（2）木马查杀。

单击"木马查杀"按钮，系统会对计算机进行全面的木马病毒的查杀，如图 9.3 所示。查杀结束后，用户可以选择对查出的木马病毒的处理方式。经常扫描可以帮助用户清除硬盘中的木马。

（3）电脑清理。

单击"电脑清理"按钮会打开图 9.4 所示的窗口，用户可以选择清理计算机中的垃圾、插件、使用痕迹、注册表等。

（4）系统修复。

单击"系统修复"按钮会打开图 9.5 所示的窗口，360 安全卫士会扫描并提示系统中是否有需要修复的漏洞，用户可以根据需要选择其中的一部分进行修复。

（5）软件管家。

在"软件管家"中可以对本机已经安装的软件进行卸载、修复、升级等。也可以在线选择需要安装的软件进行下载安装。

（6）功能大全。

360 安全卫士在"功能大全"中提供了几十个小工具，例如，"手机助手""带宽测速器""家庭防火墙""主页修复"等，提供了强大的系统管理功能。

图 9.1　360 安全卫士主界面

图 9.2　360 安全卫士体检结果

图 9.3　360 安全卫士查杀木马界面

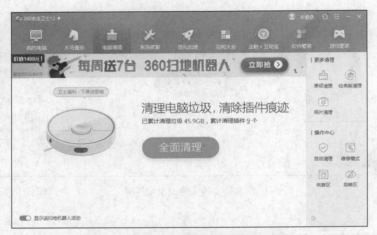

图 9.4　360 安全卫士电脑清理界面

图 9.5　360 安全卫士系统修复界面

9.2　文件压缩 / 解压缩工具

数据压缩技术一般分为有损压缩和无损压缩，无损压缩后的数据进行解压缩时可以还原，还原后得到的数据与原来的数据完全相同，这类压缩算法一般压缩比较低，常用的 WinZIP、WinRAR 等软件在压缩文件时使用的就是无损压缩方式；有损压缩是指将压缩后的数据进行重构，所得到的数据与原来的数据会有所不同，但一般不会使用户对原始资料表达的信息造成误解，这类算法的主要特点是压缩比高。一般对于大容量的文件，如音频、视频、图片等可以使用专用的软件进行有损压缩。

WinRAR 是目前较为流行的一种压缩和解压缩软件。

9.2.1　WinRAR 软件介绍

WinRAR 是管理压缩文件的共享软件，由尤金·罗谢尔（Eugene Roshal）（所以 RAR 的全名是：Roshal ARchive）研发。WinRAR 可以解压缩 CAB、ARJ、LZH、TAR、GZ、ACE、UUE、BZ2、JAR、ISO、RAR、ZIP、Z 和 7Z 等多种类型的压缩文件、镜像文件和 TAR 组合型文件；具有历史记录和收藏夹功能；新的压缩和加密算法，压缩率进一步提高，而资源占用相对较少，并可针对不同的需要保存不同的压缩配置；固定压缩和多卷自释放压缩以及针对文本、多媒体和可移植的可执行的（Portable Executable，PE）文件的优化算法是大多数压缩工具所不具备的；使用非常简单方便，配置选项也不多，仅在资源管理器中就可以完成想做的工作；对于 ZIP 和 RAR 的自释放压缩文件，单击属性就可以轻易知道此文件的压缩属性，如果有注释，还能在属性中查看其内容；对于 RAR 格式（含自释放）压缩文件提供了独有的恢复记录和恢复卷功能，使数据安全得到更充分的保障。

启动 WinRAR 后会打开图 9.6 所示的操作界面。WinRAR 的界面简洁清晰，采用了 Windows 流行的浮动式工具栏，工具栏上的按钮一目了然，单击相应的按钮便可以实现相应的常用操作。

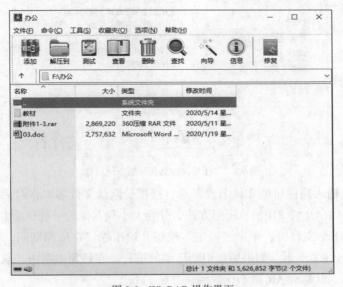

图 9.6　WinRAR 操作界面

在窗口的上半部分是菜单栏、工具栏及地址栏。菜单栏中包含了所有操作命令。工具栏中列出了常用命令的快捷图标。在窗口下半部分是文件列表框，文件列表框的使用方式和资源管理器的用法差不多，列出了当前文件夹中的所有文件和文件夹。双击一个文件夹，便可以进入该文件夹。在 WinRAR 中单击即可选择要压缩的文件，如果需要改变当前的驱动器，单击文件列表框左上侧的"向上"图标，或者单击左下角的"分区"图标，或者是选择"文件"菜单中的"打开压缩文件"命令，都可以改变当前显示的路径。

WinRAR 软件虽然界面比较简单，但功能非常强大，它可用于制作加密的压缩包，可修复被损坏的压缩包，另外它可设置的参数项也非常多，本节只介绍最常用的操作，其他功能可自行参见帮助文档。

9.2.2　文件的压缩

利用 WinRAR 创建压缩文件的方法很多，下面介绍常用的 3 种。

1. 方法一

① 在图 9.6 所示的界面中选择要压缩的文件。

② 在 WinRAR 主界面的工具栏上单击"添加"按钮，或是按 <Alt+A> 组合键，或者选择菜单中"命令"→"添加文件到压缩文件中"命令，都可以弹出图 9.7 所示的"压缩文件名和参数"对话框。

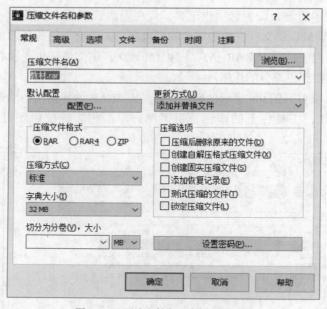

图 9.7　"压缩文件名和参数"对话框

③ 在对话框中输入目标压缩文件名或者是直接接受默认文件名。在对话框中还可以选择新建压缩文件的格式（RAR 或 ZIP）、压缩方式、分卷大小和其他的一些压缩参数。

当准备好创建压缩文件时，单击"确定"按钮开始压缩。在压缩期间，会出现一个窗口显示压缩的进度，如图 9.8 所示。如果想要中断压缩的进行，在该窗口单击"取消"按钮即可。单击"后台"按钮可以将 WinRAR 最小化放到任务区。

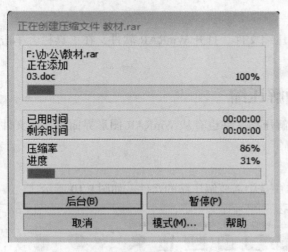

图 9.8　压缩窗口

2. 方法二

① 在"资源管理器"中选中要压缩的文件，右键单击选中的文件，在弹出的快捷菜单中选择"添加到"菜单项，如图 9.9 所示。

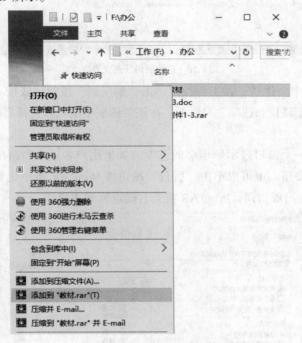

图 9.9　选择"添加到"菜单项

② 同样会弹出"压缩文件名和参数"对话框，在该对话框中输入目标压缩文件名或直接接受默认文件名。同样，在对话框中还可以选择新建压缩文件的格式（RAR 或 ZIP）、压缩方式、分卷大小和其他的一些压缩参数。

③ 当准备好创建压缩文件时，单击"确定"按钮开始压缩。创建好的压缩文件将被放在同一个文件夹下。

如果选择"添加到 *.rar"命令，则直接按 WinRAR 默认的方式进行压缩，更为快捷。

3. 方法三

利用向导方式新建压缩文件。打开 WinRAR 软件，在工具栏上单击"向导"按钮，依照其指导进行相关设置即可。

9.2.3　文件的解压缩

与压缩文件类似，解压缩文件也有从 WinRAR 图形界面解压缩文件和在"资源管理器"中解压缩等方式。

1. 方法一

① 在 WinRAR 窗口中选中需要解压缩的文件，如图 9.10 所示。

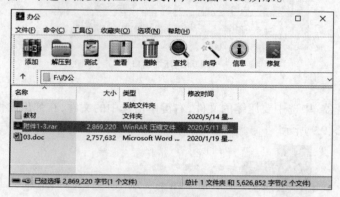

图 9.10　选中要解压的文件夹

② 选择一个或多个文件后，在工具栏中单击"解压到"按钮，或按 <Alt+E> 组合键，会弹出图 9.11 所示的"解压路径和选项"对话框。在该对话框中输入或选择目标文件夹后，单击"确定"按钮即可。

解压期间会出现一个窗口显示解压缩的进度。如果用户希望中断解压缩的进行，可以在该窗口中单击"取消"按钮，也可以单击"后台"按钮将 WinRAR 最小化到任务栏区。如果解压缩完成了，而且也没有出现错误，WinRAR 将会自动返回到主界面。

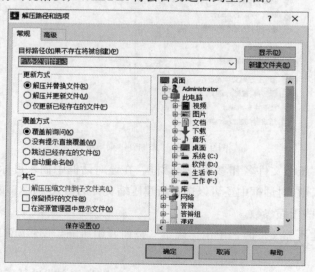

图 9.11　选择目标文件夹

2. 方法二

① 在资源管理器中右键单击要解压的文件，会弹出图 9.12 所示的快捷菜单。

② 选择"解压文件"命令，在弹出的对话框中输入目标文件夹并单击"确定"按钮。

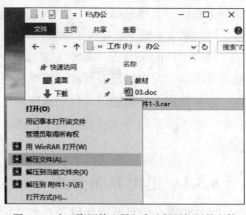

9.2.4 创建自解压文件

自解压文件是压缩文件的一种，它结合了可执行文件模块，是一种用以运行从压缩文件解压文件的模块。这样的压缩文件不需要外部程序来解压自解压文件的内容，它自己便可以运行该项操作。

图 9.12 在"资源管理器"中选择要解压的文件

自解压文件是很方便的，如果需要将压缩文件给某人，但不知道对方是否有该压缩程序的时候，就可以创建一个自解压文件，其操作步骤如下。

① 在 WinRAR 主界面选择需要压缩的文件。

② 单击任务栏上的"添加"按钮，在弹出的"压缩文件名和参数"对话框中选中"创建自解压格式压缩文件"复选框，如图 9.13 所示，单击"确定"按钮即可。

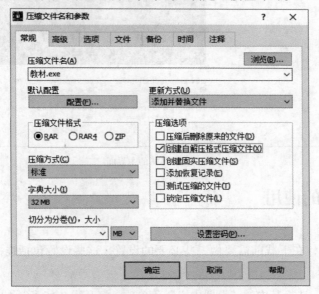

图 9.13 创建自解压文件参数设置

要将已存在的压缩文件转换为自解压文件，先选中该文件，然后选择"工具"→"压缩文件转换为自解压格式"菜单项，或直接按 <Alt+X> 组合键，在弹出的对话框中单击"确定"按钮即可。

9.3 网络下载软件

许多上网初学者会使用浏览器提供的下载功能，这种方式操作简单。在浏览过程中，只要单击想要下载的链接，浏览器就会自动启动下载；给下载的文件指定存储的路径即可正式下载了。

这种方式的下载虽然简单，但也有它的弱点，那就是不能限制速度、不支持断点续传、对于拨号上网的朋友来说下载速度也太慢。

迅雷（Thunder）是一款较为流行的下载工具，它使用的多资源超线程技术基于网格原理，能够将网络上存在的服务器和计算机资源进行有效的整合，构成独特的迅雷网络。通过迅雷网络，各种数据文件能够以最快的速度进行传输。多资源超线程技术还具有互联网下载负载均衡功能，在不降低用户体验的前提下，迅雷网络可以对服务器资源进行均衡，有效降低了服务器负载。

9.3.1　迅雷界面介绍

启动迅雷，会打开图 9.14 所示的界面。在该界面中可以选择资源进行下载，也可以对下载的任务进行管理。界面的右上角有菜单栏，可以选择不同的命令进行操作。

图 9.14　迅雷的主界面

9.3.2　迅雷的使用

1. 迅雷的设置

为提高下载速度，在下载前需要做一些必要的设置，这些设置包括连接属性的设置和下载方式的设置等。

打开"主菜单"，选择其中的"设置中心"菜单项，打开图 9.15 所示的"设置中心"界面。

2. 添加下载任务

① 打开 Web 迅雷的主界面，在右侧选择想要下载的文件类型，例如，要下载电影"深夜食堂"，先选择界面右侧的"影视库"图标按钮，然后在弹出的"影视库"页签中的搜索栏中输入"深夜食堂"，单击"搜索"按钮，会打开图 9.16 所示的搜索结果界面。

② 用户可以单击"立即播放"按钮，迅雷会跳转到不同的视频播放平台直接观看或下载，也可以单击"加入影单"按钮，将影片加入自己的影单列表中。

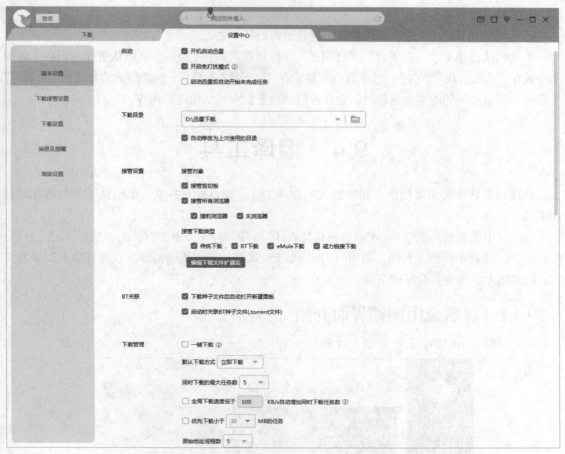

图 9.15　"设置中心"界面

图 9.16　搜索结果界面

3. 文件下载管理

迅雷可以对下载文件进行归类整理，这是迅雷的特点之一。

迅雷默认创建了"正在下载""已完成""垃圾箱"3 个主类别，在默认情况下正在下载的文件放在"正在下载"类别中；已下载的文件放在"已下载"类别中；删除后的文件放在"垃圾箱"类别中。当单击不同的类别名称时，会在右侧的列表框中显示相应的内容。

9.4　翻译工具

现在很多软件公司都提供了功能强大的翻译工具，如百度、谷歌等都提供了各具特色的翻译工具。

谷歌金山词霸是一款经典、权威的词典类软件。软件同时支持中文与英语、法语、韩语、日语、西班牙语、德语 6 种语言互译。采用时尚的 UI 设计风格，界面简洁清新，在保证原有词条数目不变的基础上，将安装包压缩至原来的 1/3，运行内存也大大降低。

9.4.1　谷歌金山词霸界面介绍

运行谷歌金山词霸，会打开图 9.17 所示的主界面。

图 9.17　谷歌金山词霸主界面

9.4.2　谷歌金山词霸的使用

1. 翻译

在主界面的文本框中输入需要翻译的字、词、句（中，英文均可）时，词霸会根据用户的输入自动在下方显示相应的内容。当用户输入结束并单击"查找"按钮，或直接按回车键，窗口下方就会显示查询结果。例如，在主界面的文本框中输入"字典"，单击"查找"按钮，窗口下方就会显示查询结果，并提供例句，操作简单，结果清晰明了，如图 9.18 所示。

在主界面单击"翻译"选项卡，用户可以在右侧的文本框中输入整段文字并选择需要翻译的语言种类，软件会根据需要给出相应的翻译结果。

2. 模糊查词

如用户忘记要查询单词的拼写，可用"*"代替零到多个字母，用"？"代替一个字母进行查询。所有符合条件的单词将会在左侧列表显示。

3. 在线功能

软件还提供了很多在线功能，例如，可以在线下载英汉 / 汉英的词库，包含百万词条，可以满足基本查词需求。听力部分提供纯正英式、美式真人语音，特别针对长词、难词和词组，中英文的句子都可以读。在使用软件查询翻译结果后，可以将单词收藏到生词本中。谷歌金山词霸在手机端也有对应的客户端，通过在手机上登录金山账户，可以将生词本中的生词同步至服务器，就可以在多个平台上同时浏览。谷歌金山词霸为用户提供"每日一句""双语资讯""情景会话"三类英文资讯，为用户学习英语提供更多资源。

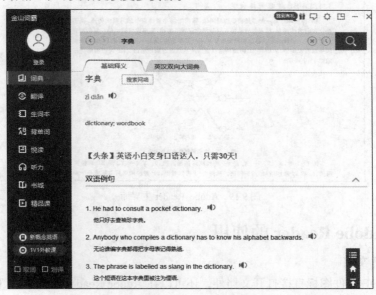

图 9.18　查询结果示意图

9.5　电子阅读工具

随着电子出版物的日益丰富和因特网的快速普及，人们可以很方便地获得大量的、各学科的电子资料。在这些资料中，愈来愈多地使用 Adobe 公司开发并推广的 PDF 格式，特别是各政府机关、学术机构、标准组织和各大公司在网上发行的各种资料与产品手册。

便携式文档格式（Portable Document Format，PDF）像 WPS 文档一样，PDF 文档也可以用来保存文本格式、图形的信息。它最大的特点是在不同的操作系统之间传送时能够保证信息的完整性和准确性。

PDF 相关软件主要有 Adobe Reader、Adobe Acrobat 等。其中 Adobe Reader 是阅读、查看和打印 PDF 文件必要的专用软件，Adobe 公司为此提供各种不同的免费版本供不同操作系统的用户下载使用。

Adobe Acrobat 则包括了 Adobe Reader 的所有功能，此外它还可以用来创建、修改和编辑 PDF 文档、文档安全性设置等，是一款适用于 CAD 和出版业的功能强大的 PDF 高端专业化商用软件。

9.5.1　Adobe Reader 界面介绍

双击桌面 Adobe Reader 的快捷图标，或者双击 PDF 文件图标，会打开图 9.19 所示的窗口。

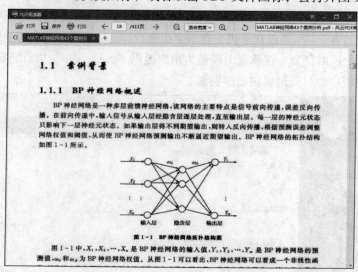

图 9.19　Adobe Reader 主界面

9.5.2　Adobe Reader 的使用

1. 打开 PDF 文档

除了双击 PDF 文件图标直接打开文档外，还可以在 Adobe Reader 软件中打开 PDF 文档。单击功能区中的"打开"按钮，在弹出的"打开"对话框中选择需要打开的文件，然后单击"打开"按钮即可。

2. 调整文档视图

（1）调整页面的位置。

可以使用手形工具 🖑 移动页面，来查看页面的不同区域。也可以直接在定位框 ← 18 /411页 → 中输入想要访问的页面。

（2）放大与缩小视图。

可以通过单击功能区中的"放大"按钮 ⊕ 或"缩小"按钮 ⊖ 来调整页面的大小。

3. 文档的搜索

在功能区的搜索栏 🔍 函数 ∧ ∨ 中输入想要的搜索的内容，然后单击搜索栏后面的向上或向下箭头，指定向前或向后查找指定的内容。

9.6　媒体播放工具

暴风影音是北京暴风科技有限公司推出的一款视频播放器，是目前最常用的视频播放软件之一。该播放器支持绝大多数的视频和音频格式，包括：RealMedia、QuickTime、MPEG2、MPEG4(ASP/AVC）、VP3/6/7．Indeo、FLV 等 流 行 视 频 格 式；AC3、DTS、LPCM、AAC、OGG、MPC、APE、FLAC、TTA、WV 等 流 行 音 频 格 式；3GP、Matroska、MP4、OGM、PMP、XVD 等媒体封装及字幕支持等。它的主要功能包括：支持播放各种在线媒体视频，并且在播放过程中能够录制视频，暴风影音还提供了本地视频及音乐资源的管理功能。

9.6.1　暴风影音界面介绍

暴风影音启动后的主界面，如图 9.20 所示。

界面右侧是在线资讯列表，提供了很多不同分类的最新资讯，用户可以直接单击选择观看。右侧的在线资讯列表可以与左边的播放界面分离或者单独关闭。

图 9.20　暴风影音主界面

单击左上角的暴风影音图标，会弹出暴风影音的主菜单，如图 9.21 所示，在该菜单中列出了所有可用的命令。

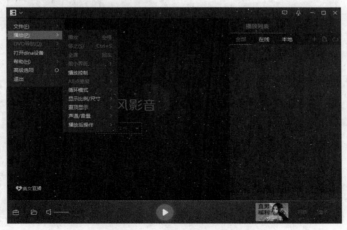

图 9.21　暴风影音主菜单

界面中间是显示区域，用于显示当前的资源内容。

界面右边是播放列表，列表中以"全部""在线"及"本地"3种方式列出存放于不同位置的媒体资源，并且可以对列表中的资源进行添加或删除，还可以指定将列表中的文件进行循环播放。

9.6.2 暴风影音的使用

1. 播放视频

暴风影音最常用的功能就是用来播放视频，单击资讯列表或播放列表中的文件会直接进行播放。也可以在"文件"菜单中选择"打开 URL 地址"菜单项，会弹出图 9.22 所示的"打开 URL 地址"对话框，在该对话框中输入所需视频文件的网址，会打开该网址上的视频。或者选择"文件"菜单中的"打开文件"菜单项，在打开的对话框中可以选择在计算机中已有的视频文件进行播放。

图 9.22　"打开 URL 地址"对话框

在播放视频的过程中，用户可以拖曳界面下方的进度条从不同位置开始观看，但是在文件较大的时候可能要有一段时间的缓冲过程才能找到指定的位置并开始播放。

播放时将鼠标移入画面，在画面上方和下方都会出现控制台，如图 9.23 所示。上方控制台主要用于设置播放模式，如用户可以设为 1 倍、2 倍或者全屏播放，也可以将播放模式设置为关灯模式或剧场模式等。下方控制台提供了左眼键，是一种画质增强技术，可以使画面播放效果更好。下方控制台还提供了截图、下载、弹幕等功能按钮。

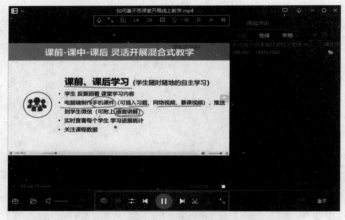

图 9.23　播放界面

2. 转码

暴风影音的转码功能，可以将已有的视频转码成为其他自己想要视频格式，例如，可以转码成手机支持的视频格式，也可以转码成其他软件支持的视频格式。转码功能在暴风影音左下角的工具箱中，如图 9.24 所示。

图 9.24　转码功能

选择"转码"命令，打开图 9.25 所示的"暴风转码"对话框，进入转码页面，在添加文件部分添加需要转码的文件，在选择设备部分设置转码后的文件支持的设备，而浏览部分则是设置转码后的文件存放的位置。

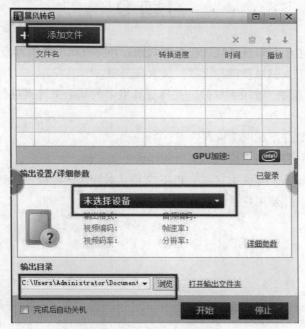

图 9.25　"暴风转码"对话框

3. 对暴风影音进行设置

暴风影音的设置比较复杂，设置的项目也比较多，不过大多数都可以按照默认设置。要进行设置可以选择主菜单里的"高级选项"菜单项，会打开图 9.26 所示的"高级选项"对话框。

在常规设置标签页中，可以对软件的基本情况进行设置，如可以设置常用的热键、截图格式及保存路径、启动与退出时的基本设置等。在播放设置标签页中，可以对播放的加速、减速的倍速进行设置，还可以设置快进、快退的时间、屏幕的大小等。

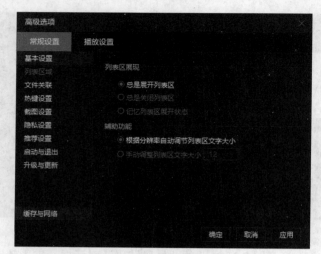

5 名著名
黑客介绍

图 9.26 "高级选项"对话框

习题 9

1．安装 360 安全卫士，对计算机进行全面扫描，并将查找出的病毒清除。

2．使用 360 安全卫士扫描硬盘并设置拦截木马选项。

3．安装 WinRAR 压缩 / 解压缩软件，选择计算机中的某个文件夹进行压缩，然后将其进行解压缩。

4．学会使用迅雷软件下载网络资料。

5．利用金山词霸软件，将一篇英文文档翻译成中文文档。

6．安装 Adobe Reader，并使用它浏览 PDF 文档，对界面进行设置，对工具进行调节。

7．安装暴风影音，并使用它播放计算机中的电影。